图 1.3

图 2.1

图 2.2

图 3.3

图 4.1

图 4.2

图 5.1

图 5.2

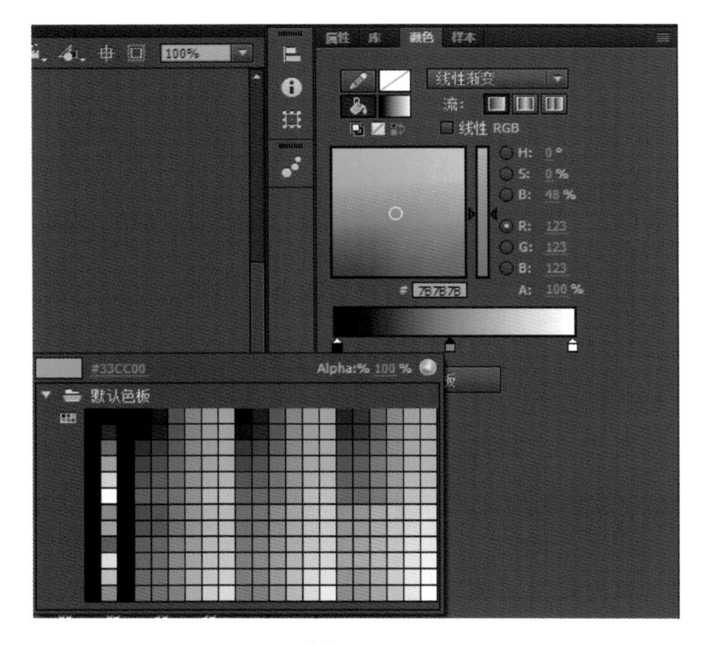

图 5.26

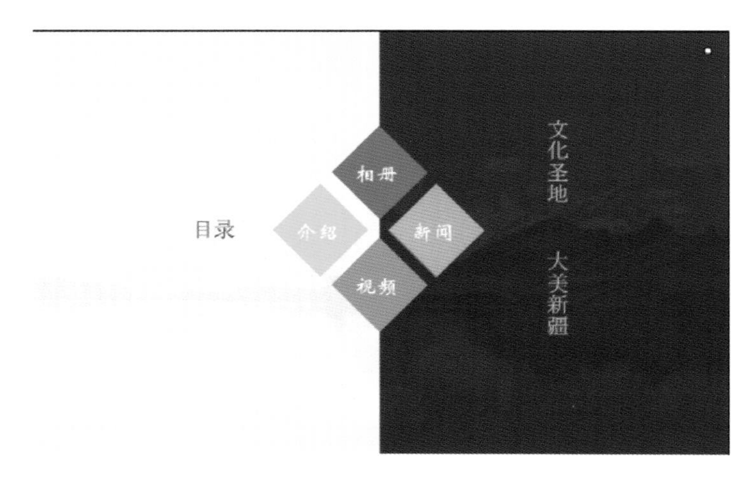

图 6.1

新片
MOVIES
多部大片上映
环球国际影院
ZOOTOPIA
盗梦空间
INCEPTION
THE
SHAWSHANK
REDEMPTION
ГОРОД
ГЕРОЕВ

图 7.3

中国传统文化
传统文学
传统节日
传统戏剧
琴棋书画

图 9.3

图　10.1

图　10.2

图　11.1

图 11.2

图 12.1

图 12.65

图 13.1

图　13.2

图　13.3

信息技术应用能力养成系列丛书

Adobe Animate 动画制作案例教学经典教程 微课版

史创明 方梦雪 陈 蝶 张 勇 编著

清華大学出版社
北京

内 容 简 介

本书设计理念先进，配套资源丰富：提供教学视频、范例与模拟案例源文件、素材、练习题、PPT、补充知识点等内容，还有配套教学网站，非常适合翻转课堂和混合式教学。全书共分 13 章，主要内容包括图形的绘制与编辑、创建和编辑元件、动画的制作过程、形状补间动画和遮罩动画、代码片断的运用、交互式导航、处理文本、IK 动画、处理声音与视频、发布到 HTML 5、发布动画文档等。

本书既可作为高等院校相关专业的教材，也可作为培训机构的教学参考用书，同时也非常适合广大动画制作爱好者自学。

图书在版编目(CIP)数据

Adobe Animate 动画制作案例教学经典教程：微课版/史创明等编著. —北京：清华大学出版社，2019(2020.10重印)
(信息技术应用能力养成系列丛书)
ISBN 978-7-302-51183-0

Ⅰ. ①A… Ⅱ. ①史… Ⅲ. ①超文本标记语言－程序设计－教材 Ⅳ. ①TP312.8

中国版本图书馆 CIP 数据核字(2018)第 210612 号

责任编辑：刘 星 李 晔
封面设计：刘 键
责任校对：胡伟民
责任印制：丛怀宇

出版发行：清华大学出版社
网　　址：http://www.tup.com.cn，http://www.wqbook.com
地　　址：北京清华大学学研大厦 A 座　　**邮　　编**：100084
社 总 机：010-62770175　　**邮　　购**：010-83470235
投稿与读者服务：010-62776969，c-service@tup.tsinghua.edu.cn
质量反馈：010-62772015，zhiliang@tup.tsinghua.edu.cn
课件下载：http://www.tup.com.cn，010-83470236
印 刷 者：北京富博印刷有限公司
装 订 者：北京市密云县京文制本装订厂
经　　销：全国新华书店
开　　本：185mm×260mm　　**印　张**：15.25　　**插　页**：3　　**字　　数**：390 千字
版　　次：2019 年 7 月第 1 版　　**印　　次**：2020 年10月第3 次印刷
印　　数：2501～4000
定　　价：49.00 元

产品编号：077144-01

前言

本套丛书的出版是作者团队三年多不懈努力的创作结果，在创作队伍中有教授、讲师、研究生和本科生，不同层次的人员各有分工：教授负责整体教学思想的设计、教法的规划、案例脚本的设计和审核、教学视频的设计和监制等工作；讲师和研究生负责案例的创作和实现、教材文字的整理、教学视频的录制、题库整理等工作；本科生做协助工作，并且还有众多的本科生进行学习试用。

1．本书特色

（1）教学资源丰富。

- 本书提供的各章范例与模拟案例源文件、素材、练习题请扫描此处二维码获取。
- 本书提供的PPT课件、教学大纲、理论题答案等资料，请到清华大学出版社网站本书页面下载。
- 配套作者精心录制的86个微课视频（Adobe Animate CC 2017版本），共计200分钟，读者可扫描书中对应位置的二维码观看视频。注意：第一次观看视频时，请扫描封四刮刮卡中的二维码进行注册。
- 作者还提供了与本书配套的学习网站（http://nclass.infoepoch.net），读者可免费观看Flash CS6版本的视频。

资料下载

（2）为翻转课堂和混合式教学量身打造，整个教学过程的设计体现了新的教学理念、新的教学方法和科学的教学设计。

（3）采用先进的教学理念"阶梯案例三步教学法"，通过实践证明可以在很大程度上提高学习效率。

（4）技能养成系列化，本书是"信息技术应用能力养成系列丛书"的动画制作部分，和其他部分（网站设计、图像处理、视频编辑、视频特效、音频处理、课件制作）一起构成完整的信息技术应用能力养成体系。

2．软件版本的选择

建议使用较高的软件版本进行学习，运行速度快，效果实现好。到目前为止，社会上主要有CS(Creative Suite)系列和CC(Creative Cloud)系列。本书配套资源有多个版本的案例文件，用户学习时可选择使用（注意：高版本可打开低版本的文件，低版本打不开高版本的文件）。

3．"阶梯案例三步教学法"简介

第一步：范例学习，每个知识单元设计一个到几个经典案例，进行手把手范例教学，按照书中的提示，由教师指导，学生自主完成。学生亦可扫描书中二维码，参照案例视频讲解，一步步训练。

第二步：模拟练习，每个知识单元提供一到多个模拟练习作品，只提供最后结果，不提供过程，学生使用提供的素材，制作出同样原理的作品。

第三步：创意设计，运用知识单元学习到的技能，自己设计制作一个包含章节知识点的作品。

在本书的编著过程中，武汉市楚楚创意信息技术有限公司给予了大力的协助。我们以科学严谨的态度，力求精益求精，但疏漏之处在所难免，敬请广大读者批评指正。

感谢您购买此书，希望本书能为您成为 Animate 动画制作的领航者铺平道路，在今后的工作中更胜一筹。

作 者

2019 年 2 月

目录

第1章

Animate动画制作快速入门

本章学习内容

1. 掌握如何新建文档
2. 了解工作区
3. 熟练使用和设置面板
4. 对动画进行预览、保存和发布

完成本章的学习大约需要1小时，可从清华大学出版社网站本书页面下载本章配套学习资源，扫描书中二维码可观看 Animate CC 2017 版本讲解视频，其他版本视频可登录学习网站观看。

知识点

由于篇幅有限，下面知识点并非在本章中都有涉及或详细讲解，在本书的学习网站有详细的资料，欢迎登录学习。

Adobe Animate CC 2017 简介
安装与卸载 Animate CC
启动与退出 Animate CC
新建 Animate 文档
打开和关闭 Animate 文档
Animate CC 工作区介绍
熟悉使用 Animate CC 中各个面板
控制舞台显示比例
使用键盘快捷键
学会使用 Animate CC 帮助文档
时间轴的基本操作
掌握各种工具的基本操作
保存和发布 Animate 文档

本章案例介绍

范例：

本章范例动画是武汉景点游玩攻略，如图 1.1 所示，介绍了一些武汉著名景点并在地图上标注其位置和图片。在本章，你将学习如何新建文件，将外部文件导入到库面板或者舞台，在“时间轴”上组织帧和图层，使用“属性”面板编辑图片和文字，以及“选择工具”“矩形工具”和“文本工具”等部分工具的简单操作。

图 1.1

模拟案例：

本章模拟案例中，将通过制作介绍武汉美食的小动画来加深对知识点的理解，如图 1.2 所示。

图 1.2

1.1 预览完成的案例

1.1 预览

(1) 右击“Lesson01/范例/complete”文件夹的“01 实例 complete (CC 2017). swf”播放动画，该动画是一份武汉景点游玩攻略。

(2) 关闭 Adobe Flash Player 播放器。

(3) 可以用 Adobe Animate CC 2017 打开源文件进行预览，在 Adobe Animate CC 2017 菜单栏中选择“文件”→“打开”命令，再选择“Lesson01/范例/complete”文件夹的“01 范例 complete (CC 2017). fla”，单击“打开”按钮。选择“控制”→“测试影片”→“在 Animate 中”即可预览动画效果，如图 1.3 所示。

在 Flash CS6 和 Flash CC 2015 版本中，此步骤应为：选择“控制”→“测试影片”→“在 Flash Professional 中”命令。

图 1.3 （见彩插）

1.2　使用 Animate CC 新建文档

1.2　使用 Animate CC 新建文档

创建一个新的 Animate 文档是制作动画的第一步。

（1）在菜单栏中，选择“文件”→“新建”命令，在“新建文档”对话框中，选择“常规”→ActionScript 3.0 命令，默认原有设置，然后单击“确定”按钮以创建一个新的 Animate 文档，文件扩展名为.fla，这是常用的 Animate 文件格式，此处的 ActionScript 3.0 是 Animate 中可编写的脚本语言，如图 1.4 所示。

图　1.4

(2) 选择“文件”→“保存”命令,把文件命名为 start01. fla,把它保存在“Lesson01/范例/start”文件夹中,舞台默认大小为宽 550px,高 400px,背景颜色为白色。

1.3 初识 Animate CC 工作区

1.3 初识 Animate CC 工作区

Animate CC 的工作区较之以前 Flash 的几个版本没有什么太大变化,也是由多个窗口构成。用户可以选择由哪些面板构成工作区或者选择已经设置好的工作区,还可以在任何时候增加或删除面板。

(1) 打开“01 范例 complete(CC 2017). fla”文件。

(2) 选择“窗口”→“工作区”,有很多工作区可供选择,一般默认使用“基本功能”工作区,如图 1.5 所示。在列表的最下面,提供了“新建工作区”“删除工作区”“重置‘基本功能’”3 个选项,“新建工作区”用于创建自己喜欢的工作区,“删除工作区”用于删除不喜欢的个人创建的工作区,“重置‘基本功能’”用于恢复工作区的默认设置。

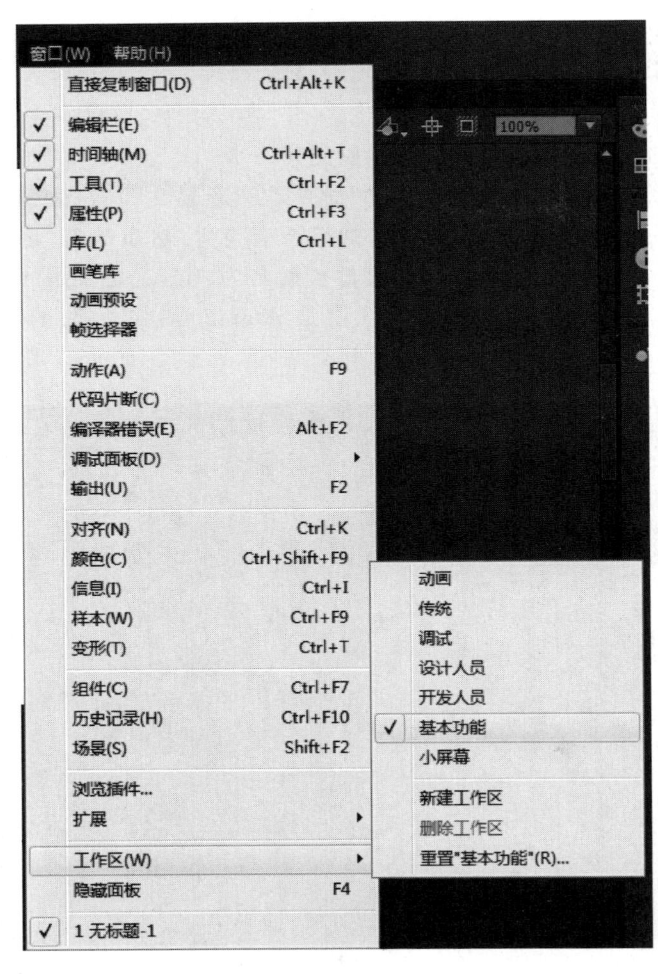

图 1.5

> CS6 在 Flash CS6 版本中，此步骤应为：在列表的最下面，提供了“重置‘基本功能’”“新建工作区”“管理工作区”这 3 个选项。

（3）默认情况下，Animate 会显示菜单栏、编辑栏、“时间轴”面板、“工具”面板、“属性”面板、“库”面板、“舞台”以及一些其他的面板，如图 1.6 所示。在 Animate 中工作时，可以打开、关闭、停放和取消停放面板，还可以在屏幕上四处移动面板，以适应每个人不同的需求。

图 1.6

1.4 “库”面板

1.4 “库”面板

“库”面板用来存储和管理外部导入的文件以及在 Animate 中创建的元件，由于 Animate 编辑位图文件和音视频文件的功能不强，所以往往会从外部导入这些文件。本实例将从外部导入.jpg 文件进行动画的制作。

（1）在菜单栏选择“文件”→“导入”→“导入到库”命令，如图 1.7 所示。在“导入到库”对话框中，选择“Lesson01/实例/素材”文件夹中的所有文件“背景 1.jpg、背景 2.jpg、背景 3.jpg、东湖.jpg、东湖 bg.jpg、注意.jpg 等”（按 Shift 键可选择多个文件），单击“打开”按钮，此时 Animate 将导入所选图片并将其存放在“库”面板中。

（2）选择“窗口”→“库”命令打开“库”面板（或者单击“属性”面板旁边的“库”）。在“库”面板中可以查看导入的位图图片，如图 1.8 所示。

> **注意**：当导入文件到 Animate 中时，可以选择“导入到舞台”或“导入到库”中。不过，“导入到舞台”上的项目也会被添加到“库”中，也可以在“舞台”上调用“库”面板中的项目。

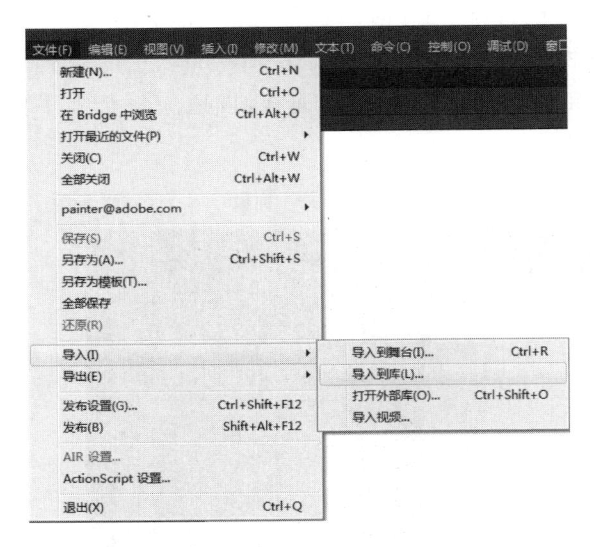

图 1.7

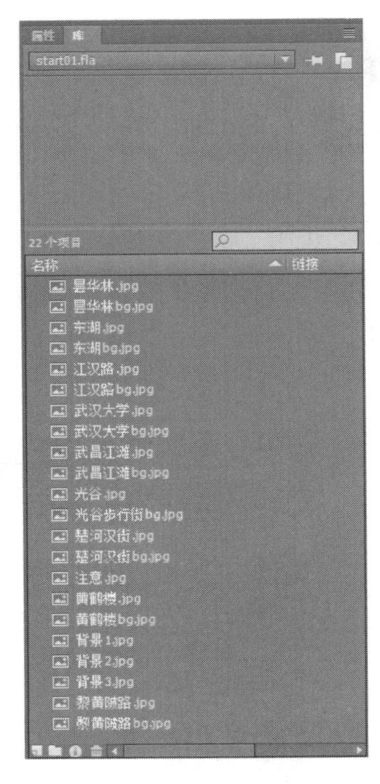

图 1.8

1.5 “舞台”面板

1.5 “舞台”面板

舞台是用户在创建 Animate 文件时放置图形、文本、视频、按钮等文件的矩形区域，也是动画显示的区域，可以在上面编辑和修改动画。在创建文档时可以设置舞台的大小和背景颜色，默认宽为 550px、高为 400px，背景颜色为白色。

在制作过程中，也可以通过“属性”面板中的“属性”选项，直接单击“大小”后的数字和“舞台”来设置它的尺寸和颜色，如图 1.9 所示。本案例中使用舞台的默认大小和背景颜色。

根据不同的需求，在工作时也可以放大或者缩小舞台，在舞台上方的弹出式菜单中可以选择“符合窗口大小”“显示帧”“显示全部”以及百分比等选项，如图 1.10 所示。若需要在舞台上准确定位，可以借助网格、辅助线和标尺。

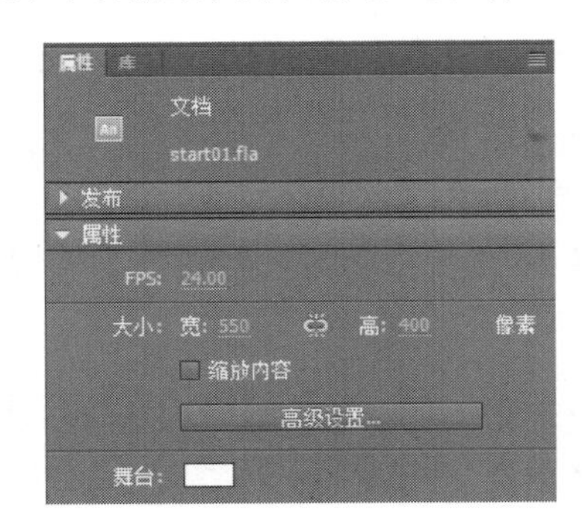

图 1.9

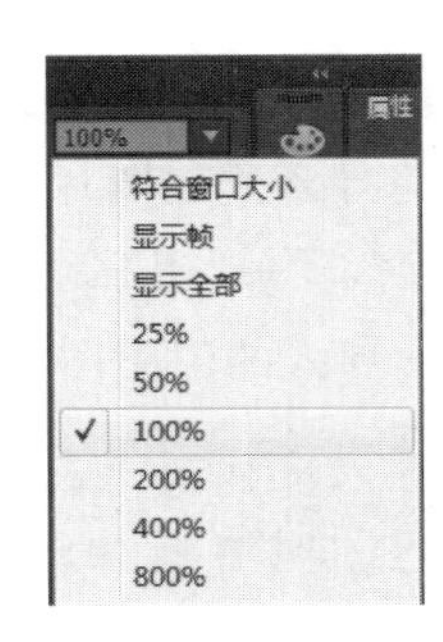

图 1.10

在本案例中，将添加一些文件到“舞台”上，如果需要使用外部导入的图片，那么只需要将“库”面板中的文件拖动至“舞台”上。打开“库”面板，将“背景 1”图片拖动到“舞台”上，打开“属性”面板，在“位置和大小”选项中设置位置 X 为 0，Y 为 0，保持宽和高的默认尺寸，如图 1.11 所示。

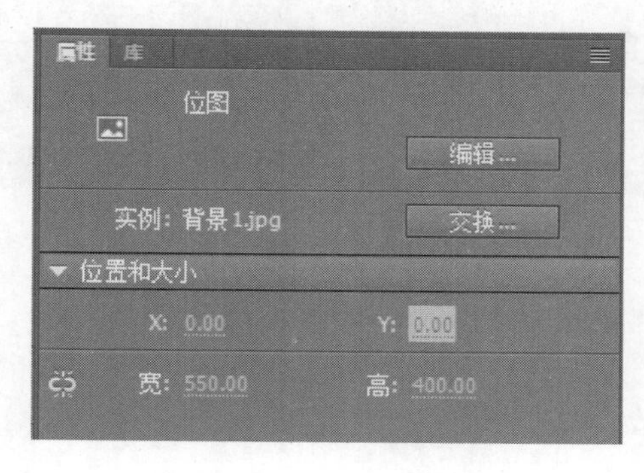

图 1.11

1.6 “时间轴”面板

1.6 “时间轴”面板

“时间轴”面板是 Animate 工作界面中的浮动面板之一，也是制作动画时操作最为频繁的面板之一，主要用于组织和控制文档内容在一定时间内播放的图层数和帧数。“时间轴”面板主要由图层、帧、播放头组成。

图层：“时间轴”中包含的图层就像是堆叠在一起的多张透明胶片，每张胶片上都包含能显示在舞台上的不同内容，将这些胶片堆叠在一起就可以组成一幅较复杂的画面。

“时间轴”中的图层是相互独立的，拥有独立的时间轴，用户可以在图层上绘制和编辑对象，并且不会影响到其他图层上的对象，但是对固定图层进行绘制编辑时，需要在时间轴上选中该图层以激活它，一次只能有一个图层处于激活状态。

图层主要有以下几种类型：普通图层、遮罩图层、引导图层。巧妙地运用这些图层可以产生一些神奇特殊的效果。

帧：在 Animate 文档中，帧为测量时间的单位，是进行 Animate 动画制作的最基本的单位。在时间轴上，每一个小方格就是一个帧。可以在时间轴上插入、选择、移动和删除帧，也可以把帧拖到同一层或不同层上的新位置。帧可以分为关键帧、空白关键帧和普通帧 3 种类型。

播放头：时间轴上红色的竖线就是播放头。当动画播放时，播放头在“时间轴”中向前移动，这样可以为不同的帧更换“舞台”上的内容；反之，若想显示某个特定帧上的内容，则可以直接在“时间轴”中把播放头移到那个帧上。

在时间轴的底部，会显示所选的帧编号、当前帧频率（每秒播放多少帧），以及到当前帧为止所用的时间，即已经播放的动画所使用的时间。

图 1.12 详细描述了“时间轴”面板的构成：A. 播放头，B. 空白关键帧，C. 帧，D. 关键帧，

E. 图层，F. 时间轴标题，G. “帧视图”弹出菜单，H. 当前帧指示器，I. 帧频指示器，J. 运行时间指示器。

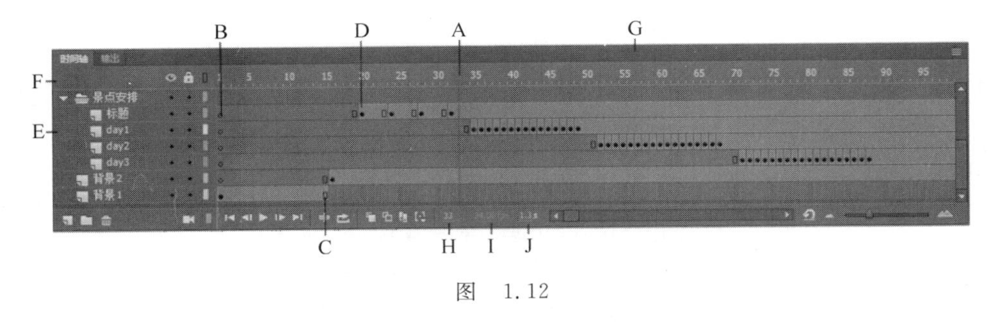

图 1.12

> **注意**：如果计算机不能足够快地计算和显示动画，在播放动画时显示的实际帧频率可能与文档设置的帧频率不一样。

1.6.1 重命名、显示或隐藏、锁定和以轮廓显示图层

修改图层的名字可以方便我们更准确地在图层上绘制和编辑对象。

(1) 在“时间轴”面板上选择“图层 1”，双击图层的名称将其重命名为“背景 1”，按回车键或者在其他地方单击即完成图层的重命名，如图 1.13 所示。

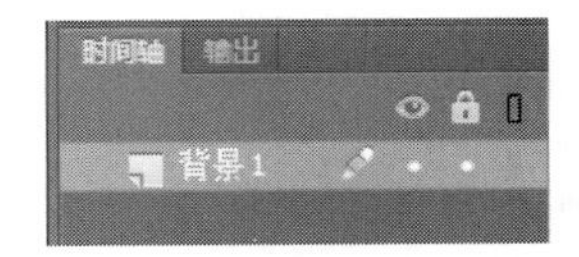

图 1.13

(2) 单击眼睛图标( )下的圆点隐藏“背景 1”图层，此时圆点的位置出现了一个“×”并且图层名称后面出现了一个带斜线的铅笔图标，表示“背景 1”图层上的内容被隐藏了，不能显示也不能被编辑，如图 1.14 所示。如果想要重新显示该图层，只需单击“×”即可。

(3) 单击锁定图标( )下的圆点锁定“背景 1”图层，此时图层名称后面出现了一个带斜线的铅笔图标，表示“背景 1”图层已经无法编辑了，如图 1.15 所示，如果想要解锁该图层，只需单击该图层上的锁定图标即可。锁定图层可以防止意外更改图层上的内容。

图 1.14

图 1.15

(4) 要区分对象所属的图层，可以用彩色轮廓显示图层上的所有对象，单击轮廓显示图层图标( )下的方块即可。要想更改图层的轮廓颜色，可双击图层名称前的图层图标，或者选择“修改”→“时间轴”→“图层属性”命令，再或者右击该图层，在弹出的快捷菜单中选择“属性”命令。在出现的“图层属性”对话框中，单击“轮廓颜色”框，选择一种新颜色，如图 1.16 所示。

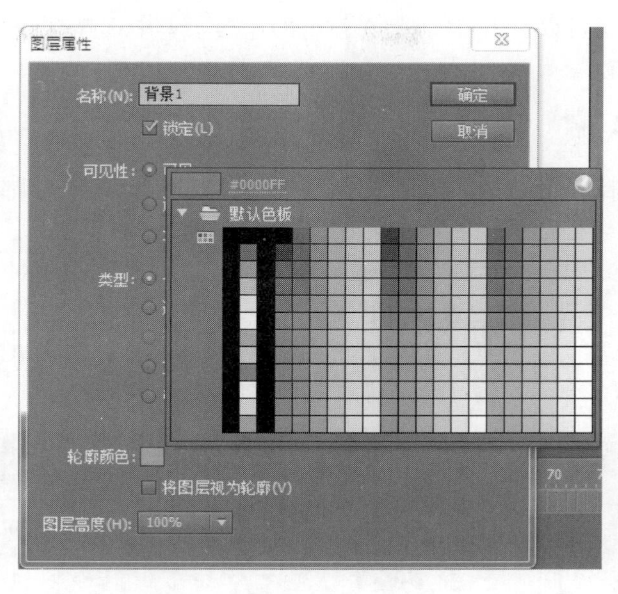

图 1.16

1.6.2 创建新图层

默认新建的 Animate 文档只有一个图层，而本章案例需要很多的图层，用户可以根据需要创建其他图层。

(1) 单击时间轴底部的“新建图层”按钮( )，也可以选择“插入”→“时间轴”→“图层”命令，还可以右击“背景 1”图层，在弹出的快捷菜单中选择“插入图层”命令，此时插入的新图层会出现在“背景 1”图层上方。

(2) 将新图层命名为“背景 2”，并依次添加“标题”、day1、day2、day3、“背景 3”“半透明矩形”“武汉文字简介”“景点所在地”“景点图片”“注意事项”、as 等图层，如图 1.17 所示。

图 1.17

1.6.3 移动、管理和删除图层

如果创建的图层过多，会不方便寻找、使用和管理图层，这时可以创建图层文件夹来管理和组织有关联的图层。

(1) 选中“标题”图层，单击时间轴底部的“新建文件夹”按钮( )，也可以选择“插入”→“时间轴”→“图层文件夹”命令，还可以右击“标题”图层，在弹出的快捷菜单中选择“插入文件夹”命令，此时插入的图层文件夹会出现在“标题”图层上方。

图 1.18

(2) 双击新的图层文件夹，将其命名为“景点安排”，并将“标题”图层、day1 图层、day2 图层、day3 图层依次拖动到“景点安排”文件夹下，如图 1.18 所示。

(3) 如果不需要某个图层，可以选中该图层，单击时间轴底部的“删除”按钮（），也可以右击该图层，在弹出的快捷菜单中选择“删除图层”命令，还可以按 Delete 键快速删除。

1.6.4 插入帧

此时舞台上的对象都处于一个帧中，如果希望时间轴上的每个帧都可以包含需要显示的内容，就必须插入更多的帧。

（1）选中“背景 1”图层的第 15 帧，选择“插入”→“时间轴”→“帧(F5)”命令，也可以右击第 15 帧，在弹出的快捷菜单中选择“插入帧”命令。

（2）按照上述步骤，在“背景 2”和“标题”的 day1、day2、day3 图层的第 100 帧处插入帧（按住 Ctrl 键可选择多个不同位置的帧），如图 1.19 所示。

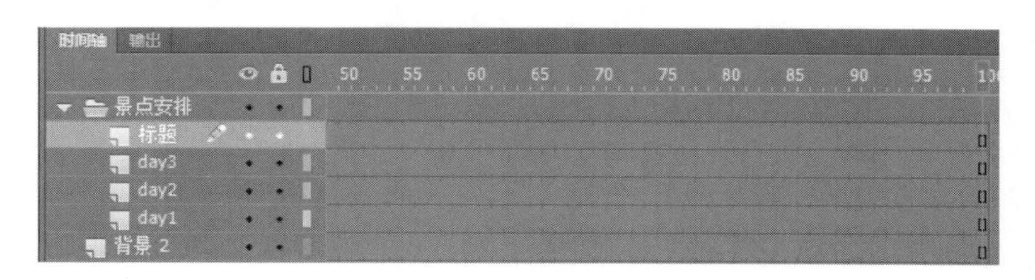

图 1.19

（3）在“背景 3”“半透明矩形”“武汉文字简介”图层的第 180 帧处插入帧。

（4）在“景点所在地”“景点图片”图层的第 540 帧处插入帧。

（5）在“注意事项”图层的第 731 帧处插入帧。

1.6.5 插入关键帧

关键帧就是用来表示动画关键状态的帧，在同一图层中，如果在前一个关键帧的后面任一帧处插入关键帧，相当于复制前一个关键帧上的对象，并可对其进行编辑操作。关键帧不同于帧，关键帧在时间轴上显示为实心的圆点，而普通帧在时间轴上显示为灰色填充的小方格。

（1）选中“背景 2”图层的第 16 帧，选择“插入”→“时间轴”→“关键帧(F6)”命令，也可以右击第 16 帧，在弹出的快捷菜单中选择“插入关键帧”命令。保持此关键帧为选中状态，从“库”面板中将“背景 2”图片拖动到舞台上。

（2）按照上述步骤，在“背景 3”图层的第 101 帧处插入关键帧，从“库”面板中将“背景 3”图片拖动到舞台上。

（3）在“景点所在地”图层的第 181 帧、第 221 帧、第 261 帧、第 301 帧、第 341 帧、第 381 帧、第 421 帧、第 461 帧、第 501 帧处插入关键帧，如图 1.20 所示。选中第 181 帧处，从“库”面板中将“东湖 bg”图片拖动到“舞台”上。选中第 221 帧处，从“库”面板中将“武汉大学 bg”图片拖动到“舞台”上。按照上述步骤，每个关键帧内都应该有一张图片，因此可以依次在刚刚插入的关键帧处，按顺序将“光谷步行街 bg”“黄鹤楼 bg”“昙华林 bg”“武昌江滩 bg”“楚河汉街 bg”“江汉路 bg”“黎黄陂路 bg”等图片拖动到舞台上。

（4）在“景点图片”图层的第 196 帧、第 236 帧、第 276 帧、第 316 帧、第 356 帧、第 396 帧、第 436 帧、第 476 帧、第 516 帧处插入关键帧。按照步骤(3)，在关键帧处依次将“东湖”

图 1.20

“武汉大学”“光谷”“黄鹤楼”“昙华林”“武昌江滩”“楚河汉街”“江汉路”“黎黄陂路”等图片拖动到舞台上。

(5) 在“注意事项”图层的第541帧处插入关键帧，从“库”面板中将“注意”图片拖动到舞台上。

(6) 在as图层的第731帧处插入关键帧。

1.6.6 插入空白关键帧

空白关键帧在时间轴上显示为空心的圆点，是没有包含舞台上的实例内容的关键帧。

(1) 选中“景点图片”图层的第221帧，选择“插入”→“时间轴”→“空白关键帧(F7)”命令，也可以右击第221帧，在弹出的快捷菜单中选择“插入空白关键帧”命令。

(2) 在“景点图片”图层的第261帧、第301帧、第341帧、第381帧、第421帧、第461帧、第501帧处插入空白关键帧，如图1.21所示。

图 1.21

1.7 “属性”面板

1.7 “属性”面板

使用“属性”面板可以很方便地查看并修改舞台或时间轴上选中内容的常用属性。选中的内容不同，“属性”面板中显示的相关属性内容也会发生相应的变化。

(1) 选中“背景2”图层的第16帧，单击“舞台”上的图片“背景2”。在“面板”属性中，设置其位置X为0，Y为0，按回车键应用这些值。该图片的“宽”与“高”和舞台的尺寸相等，所以不用修改，保持默认设置即可。

(2) 按照上述操作，在对应的关键帧处，设置“背景3”“注意事项”“东湖bg”“武汉大学bg”“光谷步行街bg”“黄鹤楼bg”“昙华林bg”“武昌江滩bg”“楚河汉街bg”“江汉路bg”“黎黄陂路bg”等图片的位置X为0，Y为0。

(3) 在对应的关键帧处，按自己的喜好与审美设置“东湖”“武汉大学”“光谷步行街”“黄鹤楼”“昙华林”“武昌江滩”“楚河汉街”“江汉路”“黎黄陂路”等图片的位置和大小。

注意：X 和 Y 值是以舞台的左上角为原点的，X 值从 0 开始向右增大，Y 值从 0 开始向下增大。

(4) 在后面的学习中，将使用到文本工具和矩形工具，从而会了解到更多不同类型的属性，例如字符系列、字符大小、字符颜色、笔触颜色、填充颜色、样式等。

1.8 “工具”面板

1.8 “工具”面板

1.8.1 初识“工具”面板

默认情况下，工具栏会停靠在 Animate 工作区的最右边，由于“工具”面板也是浮动面板，为了方便使用，可以将其拖动到工作区的最左边。想要显示或隐藏工具栏，可以通过“窗口”→“工具”命令，“工具”命令旁的复选标记表示其是否显示。

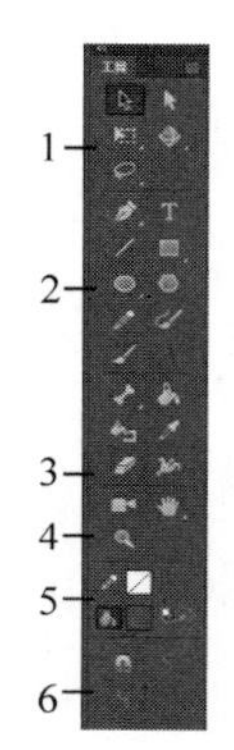

图 1.22

工具面板由选择工具、部分选取工具、任意变形工具、3D 旋转工具、套索工具、钢笔工具、文本工具、线条工具等多种工具构成。每个工具有自己不同的功能，熟悉各个工具的功能特性是 Animate 学习的重点之一。由于工具太多，一些工具被隐藏起来，向右拖动“工具”面板的右边线拉大“工具”面板，可以显示全部工具，如图 1.22 所示。

1. 选择变换工具

选择变换工具包括“选择工具”“部分选取工具”“任意变形工具”“3D 旋转工具”和“套索工具”，利用这些工具可对舞台上的对象进行选择、变换等操作。

2. 绘图工具

绘图工具包括“钢笔工具”“文本工具”“线条工具”“矩形工具”“椭圆工具”“多角星形工具”“铅笔工具”“画笔工具(B)”和“画笔工具(Y)”，灵活地运用这些工具能设计并绘制出理想的作品。

3. 绘画调整工具

绘画调整工具包括“骨骼工具”“颜料桶工具”“墨水瓶工具”“滴管工具”“橡皮擦工具”和“宽度工具”。使用这些工具能对所绘制的图形、元件的颜色等属性进行调整。

4. 视图工具

视图工具包括“摄像头”“手形工具”和“缩放工具”。“手形工具”用于调整视图区域，“缩放工具”用于放大或缩小舞台大小。

5. 颜色工具

颜色工具主要用于“笔触颜色”和“填充颜色”的设置和切换。

6. 对象绘制工具选项区

对象绘制工具选项区是动态区域，它会随着用户选择的工具的不同而显示不同的选项。

CS6 在 Flash CS6 版本中：“工具”面板中，将“椭圆工具”和“多角星形工具”合并到了“矩形工具”下，将“墨水瓶工具”合并到“颜料桶工具”下；可以直接使用 Deco 工具，但是没有“宽度工具”和“摄像头工具”。

在 Flash CC 2015 版本中：“工具”面板中，没有“摄像头”工具。

在 Flash CS6 和 Flash CC 2015 版本中：只有画笔工具 B，没有画笔工具 Y。

1.8.2 使用“工具”面板

(1) 选择“时间轴”面板上的“背景 1”图层的第 1 帧，在“工具”面板中，选择“文本工具”。在“属性”面板中选择“静态文本”选项，设置系列为“华文彩云”，大小为 50，颜色为“#0099FF”，如图 1.23 所示。

(2) 在舞台中单击，添加文本“武汉旅游攻略”，在“属性”面板中设置位置 X 为 150，Y 为 180。

(3) 选择“文本工具”，在“属性”面板中，设置系列为“方正舒体”，大小为 45，颜色为“深蓝色”。在“标题”图层的第 20 帧处按 F6 键插入关键帧，在舞台中添加文本“景”；在第 24 帧处按 F6 键插入关键帧，在舞台中添加文本“点”；在第 28 帧处按 F6 键插入关键帧，在舞台中添加文本“安”；在第 32 帧处按 F6 键插入关键帧，在舞台中添加文本“排”，并注意调整文字位置，如图 1.24 所示。

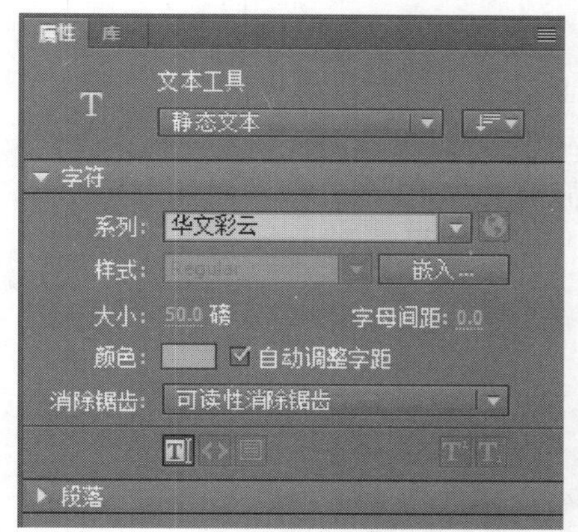

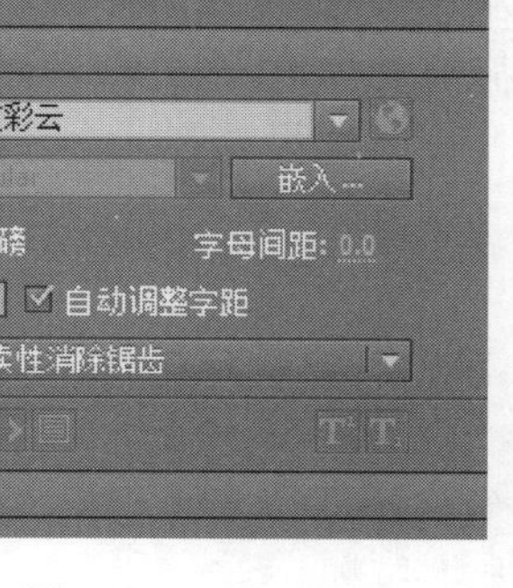

图 1.23

图 1.24

(4) 选择“文本工具”，在“属性”面板中，设置系列为“华文新魏”，大小为 20，颜色为“深蓝色”。在 day1 图层的第 35 帧到第 49 帧按步骤(3)逐帧添加文字“Day1：东湖-武汉大学-光谷”，在 day2 图层的第 52 帧到第 68 帧逐帧添加文字“Day2：黄鹤楼-昙华林-武昌江滩”，在 day3 图层的第 71 帧到第 88 帧逐帧添加文字“Day3：楚河汉街-江汉路-黎黄陂路”，文字的位置如图 1.25 所示。

注意：

(1) 逐帧添加文字时，文字的位置最好开始前就估算好，如果在中间的关键帧处更改，前面已插入的文字的位置都需要更改。

(2) 不要一次性添加多个关键帧后再逐帧插入文字，这样在播放时之前的文字会消失。

图 1.25

(5) 在“半透明矩形”图层的第 110 帧处插入关键帧。选择“矩形工具”，在“属性”面板中，设置填充和笔触的颜色为“＃D4D4D4”，透明度为 70%。选择“半透明矩形”图层的第 110 帧，在舞台上画一个矩形，在“属性”面板中，修改 X 为 0，Y 为 0；宽为 550，高为 400。这样就在“背景 3”图片上制作了一个半透明的蒙版，在上面输入文字就看得更清楚了。

(6) 选择“文本工具”，在“属性”面板中，设置系列为“华文新魏”，大小为 20，颜色为“深蓝色”。在“武汉文字简介”图层的第 110 帧处按 F6 键插入关键帧，在舞台中添加如图 1.26 所示文本，并调整文本的位置。

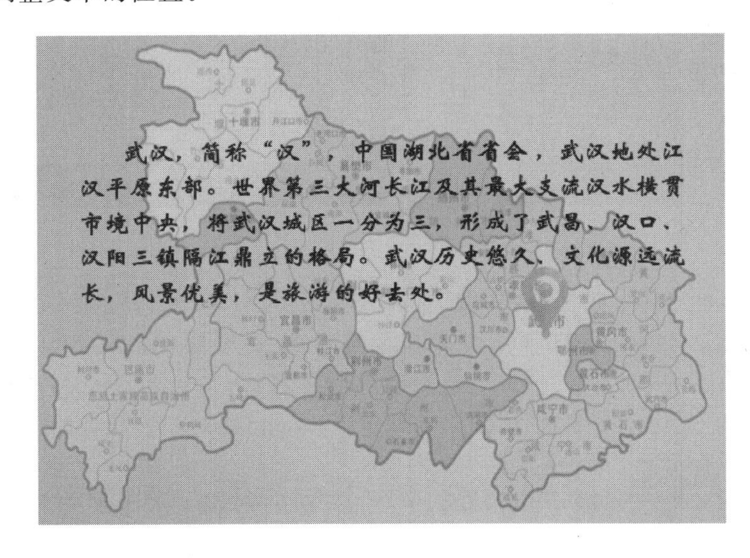

图 1.26

(7) 选择“文本工具”，在“属性”面板中，设置系列为“华文新魏”，大小为 17，颜色为“深蓝色”，在“注意事项”图层的第 546 帧处按 F6 键插入关键帧，在舞台中添加文本“划一下重点!!!”,并在“属性”面板中设置位置 X 为 220,Y 为 60。

(8) 在“属性”面板中,修改颜色为“#663399”,在“注意事项”图层的第 551 帧处按 F6 键插入关键帧,在舞台中添加文本,调整文本的位置;在第 581 帧处按 F6 键插入关键帧,在舞台中添加文本,调整文本的位置与上面的文本对齐;在第 611 帧处按 F6 键插入关键帧,在舞台中添加文本,调整文本的位置与上面的文本对齐;按照上述步骤,依次添加第 641 帧、第 671 帧处的文本,如图 1.27 所示。

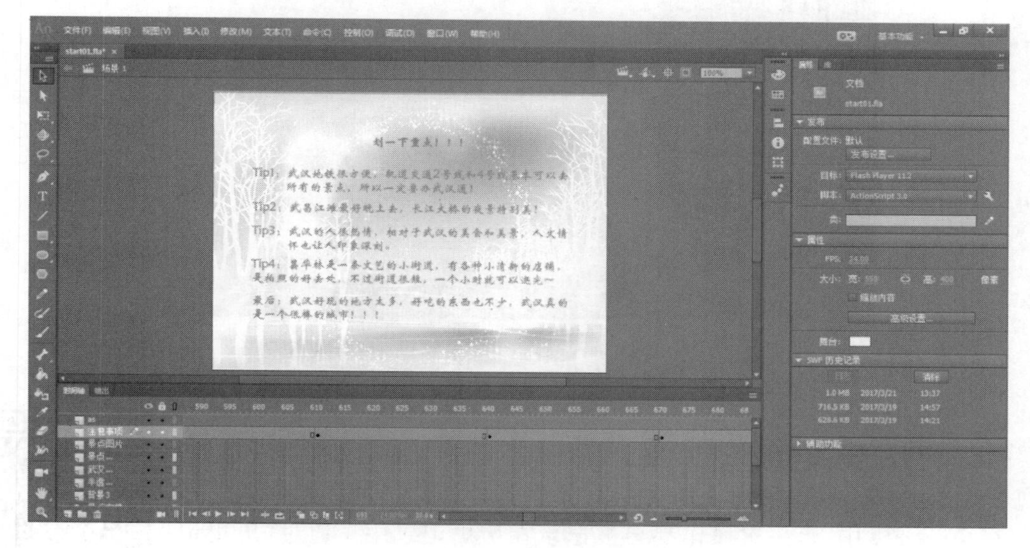

图 1.27

1.9 “动作”面板

1.9 “动作”面板

默认情况下,动画播放完后会再次从头循环播放,如果希望动画播放到结尾时停止循环播放,可以通过在“动作”面板中添加简单的 ActionScript 代码达到此效果。

(1) 选择“时间轴”面板上的 as 图层的第 731 帧,选择“窗口”→“动作”命令,也可以右击该关键帧,在弹出的快捷菜单中选择“动作”命令,如图 1.28 所示,还可以按 F9 键快速打开“动作”面板。

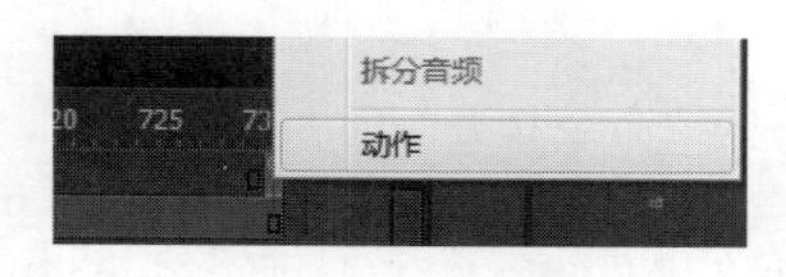

图 1.28

(2) 在“动作”面板中,输入代码“stop();”,如图 1.29 所示,此时动画只运行一遍就会停止。

(3) 如果需要注释代码,可以在“stop();”之前加上“//”,即“//stop();”,此时“stop();”代码命令被注释掉了,动画会恢复循环播放。

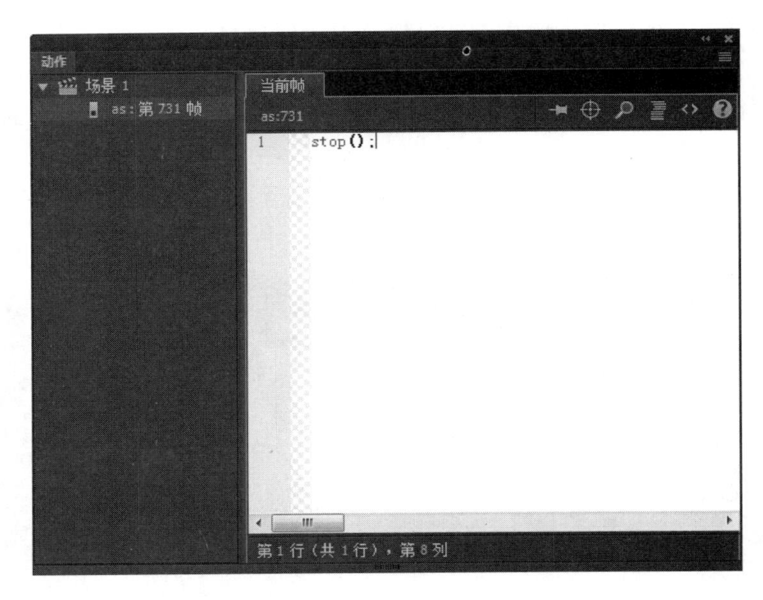

图 1.29

1.10 “历史记录”面板

1.10 “历史记录”面板

在 Animate 中，每一次操作都会被记录在历史记录中。通过“历史记录”面板，可以随时回到之前做过的某一操作的状态下，当然保存的步骤是有限制的，Animate 只会保存最后的 100 个操作步骤。

如果还需要保存更多步骤，可以选择“编辑”→“首选参数”命令。在“首选参数”对话框的“常规”选项下可以设置“文档层级撤销”的层级数，如图 1.30 所示。但是，历史记录数量越多，动画所占用的内存也会越大。

图 1.30

（1）选择“窗口”→“历史记录”命令打开“历史记录”面板。

CS6 在 Flash CS6 版本中，此步骤应为：选择“窗口”→“其他面板”→“历史记录”命令打开“历史记录”面板。

（2）在“历史记录”面板中，滑动左边的滑块回到某一操作时，此操作以下的所有操作会变色，如图 1.31 所示。此时如果再进行其他操作，那么变色的操作就会消失并无法恢复，所以需要谨慎使用“历史记录”面板。这时可以选择使用“撤销”命令（Ctrl+Z），一次只会撤销一个步骤，以避免发生无法挽回的变化。

图　1.31

1.11　预览、保存和发布动画

1.11　预览、保存和发布动画

1.11.1　预览动画

动画制作完成后，可以通过“控制”→“测试影片”→“在 Animate 中”命令预览动画，或者使用快捷键 Ctrl＋Enter 进行快速预览，查看动画效果。此时，Animate 将在源 Animate 文档所在位置自动创建一个 SWF 文件，然后在一个单独的窗口中打开并播放它。

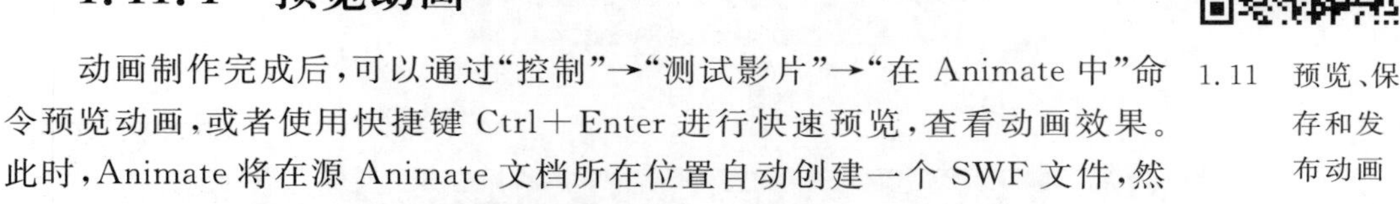

CS6　2015　在 Flash CS6 和 Flash CC 2015 版本中，此步骤应为：通过“控制”→“测试影片”→“在 Flash Professional 中”命令预览动画。

1.11.2　保存动画

通过选择“文件”→“保存”命令，或使用 Ctrl＋S 快捷键方式保存文档。养成经常保存文档的习惯可以有效防止因各种原因造成的 Animate 文档丢失的情况。

在长时间进行动画制作时，若遇到突发情况没有及时保存文档会让之前的努力白费，下面介绍 Animate 的“自动恢复”功能。自动恢复功能可以按照用户指定的固定时间间隔保存所有打开的 Animate 文档副本。

(1) 选择“编辑”→“首选参数”命令，在“首选参数”对话框的“常规”选项下，“自动恢复”选项后面的复选框已默认勾选，此时可以输入固定时间间隔，用来保存所有打开的 Animate 文档副本，如图 1.32 所示。

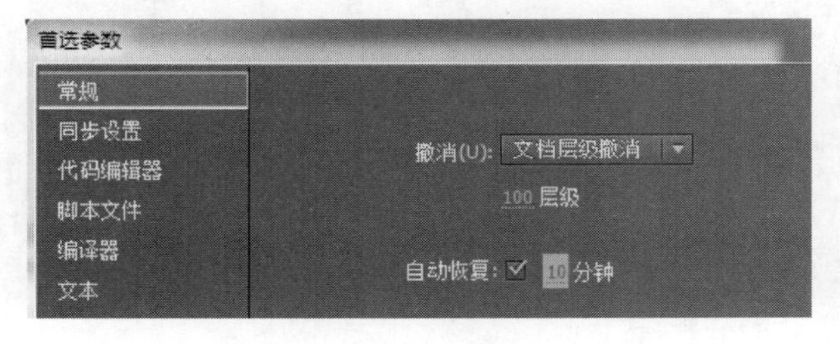

图　1.32

（2）单击“确定”按钮。

1.11.3 发布动画

为了实现资源的共享，发布动画是必不可少的。

（1）选择“文件”→“发布设置”命令，或单击“属性”面板中“发布”选项下的“发布设置”按钮，如图 1.33 所示。在“发布设置”对话框中，已经默认选中了 Flash(.swf)和“HTML 包装器”两个复选框，如图 1.34 所示，此处只需保留所有默认设置。

图 1.33

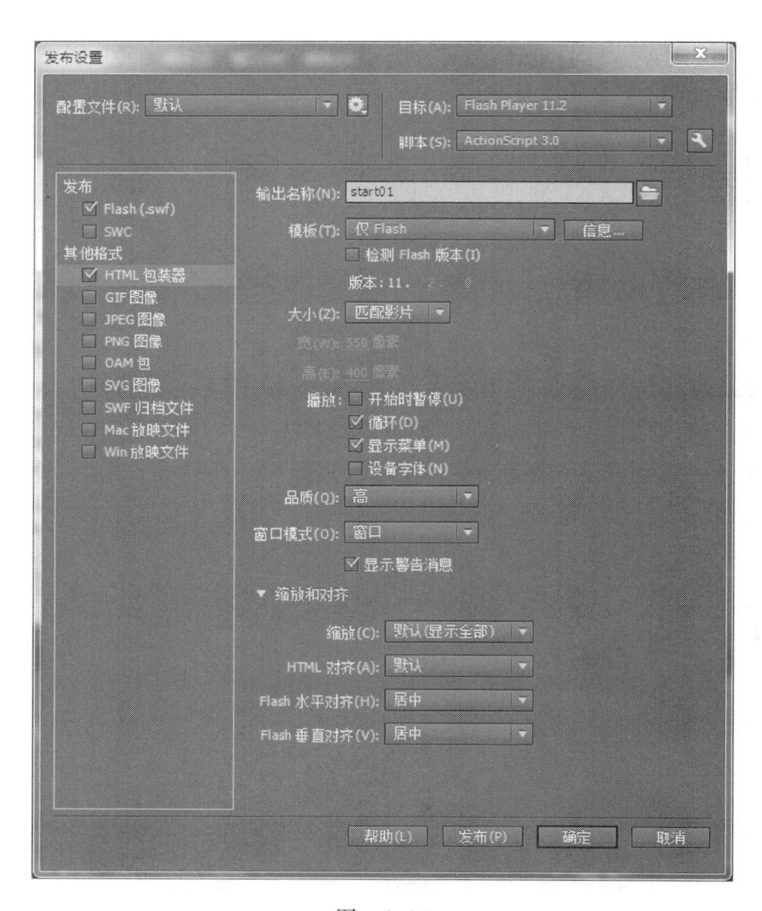

图 1.34

(2) 单击“发布”按钮，关闭对话框。

(3) 打开 start01.fla 文件所在文件夹，可以看见 Animate 创建了一个 HTML 文件和一个 SWF 文件。双击 HTML 文件在浏览器中观看动画，也可以双击 SWF 文件在 Flash Player 播放器中观看。

作业

一、模拟练习

打开 Lesson01→“模拟”→Complete→“01 模拟 complete(CC 2017).swf”文件进行浏览播放，根据本章所述知识做一个类似的作品。作品资料已完整提供，获取方式见“前言”。

要求 1：熟练地操作和设置各种面板。

要求 2：学会使用一些基本的工具并且能在“属性”面板中设置这些工具的常用属性。

要求 3：预览、保存并发布制作完成的动画。

二、自主创意

自主设计一个 Animate 动画，应用本章所学习的将外部文件导入到库面板、在时间轴中组织帧和图层、使用文本、矩形等简单工具等知识，把自己完成的作品上传到课程网站进行交流。

三、理论题

1. “时间轴”面板主要由什么组成？
2. 简述普通帧、关键帧、空白关键帧三者之间的区别。
3. 简述“历史记录”面板的作用。

第2章

Animate中图形的绘制编辑

本章学习内容

1. 创建和编辑图形
2. 钢笔工具与元件的使用
3. 填充和笔触的运用与设置
4. 创建和编辑文本

完成本章的学习大约需要90分钟，相关资源获取方式见“前言”和第1章中的描述。

知识点

由于本书篇幅有限，下面的知识点并非在本章中都有涉及或详细讲解，在本书的学习网站有详细的资料，欢迎登录学习。

使用多个绘图工具	颜色填充的方法和类型	转化和创建元件	转换锚点
选取颜色的多个方法	填充与笔触的区分运用	编辑图形对象	使用变形工具
导入多种格式图像文件	编辑设置矢量线条	使用任意变形工具	创建编辑文字

本章案例介绍

范例：

本章范例中的静态插图为一句古诗词的背景。本章将学习图形的绘制与编辑，在体验诗人吟出“行至水穷处，坐看云起时”这句诗词时，脑中浮现出那幅湖水幽幽、白云朵朵的画面。本章实例主要涉及各种图形的绘制与填充，掌握元件的基本运用以及文本的创建编辑，如图2.1所示。

模拟案例：

本章模拟案例是一个山间露营的傍晚，通过绘制夜景、树木、帐篷等来体现山间傍晚和露营的乐趣，如图2.2所示。

图 2.1 （见彩插）

图 2.2 （见彩插）

2.1　预览完成的案例

2.1　预览完成的案例

（1）右击“Lesson02/范例/Complete”文件夹的“02 范例 complete (CC 2017). swf”文件播放动画，该动画是一幅用于领悟诗句的静态插图。

（2）关闭 Adobe Flash Player 播放器。

（3）可以用 Adobe Animate CC 2017 打开源文件进行预览，在 Adobe Animate CC 2017 的菜单栏中选择“文件”→“打开”命令，再选择“Lesson02/范例/complete”文件夹的“02 实例 complete(CC 2017). fla”文件，单击“打开”按钮，如图 2.3 所示。

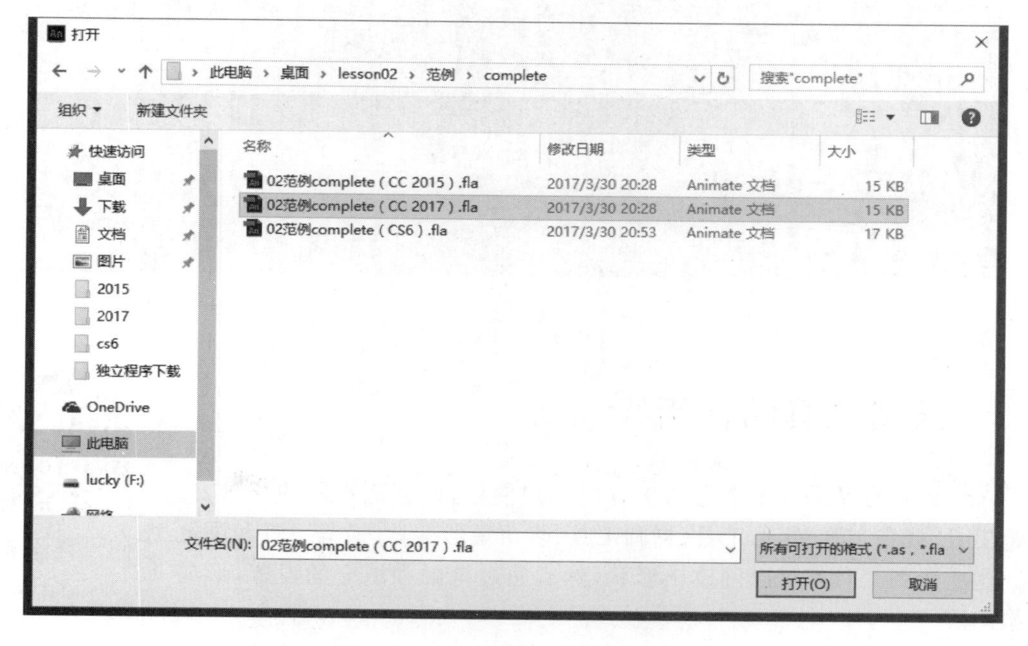

图　2.3

2.2 新建文件

2.2 新建文件

(1) 在菜单栏中,选择“文件”→“新建”命令,在“新建文件”对话框中,选择 ActionScript3.0 类型,默认原有设置,然后单击“确定”按钮,以创建一个舞台大小为宽 550px、高 400px,背景为白色的 Flash 文档(*.fla),如图 2.4 所示。

(2) 选择“文件”→“保存”命令,把文件名命名为“02 范例 start(CC 2017).fla”。再把它保存在 Start 文件夹中。

> **注意**:若需要重新修改舞台大小,则在菜单栏中选择“修改”→“文档”命令,在出现的对话框中设置所需参数。

(3) 接下来就需要在空白舞台上进行绘制填充,以完成案例效果。

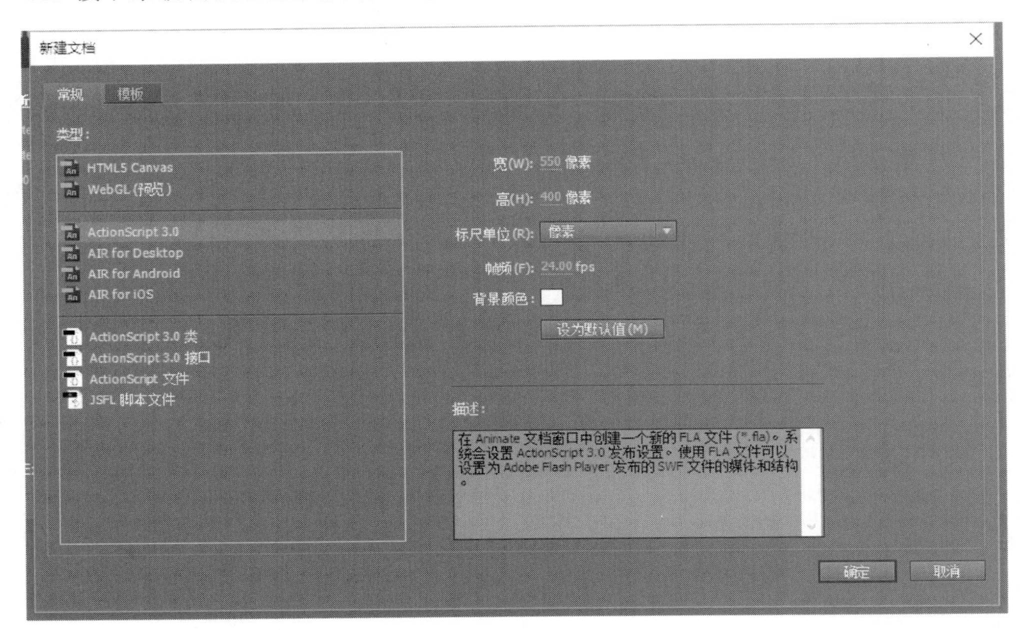

图 2.4

2.3 绘图工具的使用

2.3 绘图工具的使用

Animate 的提供了多个绘图工具供用户使用,以创造不同的场景,例如钢笔工具、线条工具、矩形工具、椭圆工具、多角星形工具、铅笔工具和画笔工具。这些绘图工具都可以创建出形状,然后通过笔触和填充的设置,形成一幅幅图形。

在此,需要明白,形状由两个部分组成:填充和笔触,前者是形状里面的部分,后者是形状的轮廓线,两者是相互独立的,修改和删除其中的一部分,不会影响另一部分。在接下来的创作中，将通过不同图形的创建来更加深入地了解这些内容。

2.3.1 矩形工具

（1）选择“工具”面板中的“矩形工具”，在右侧的“填充和笔触”面板中，将笔触颜色改为黑色，填充颜色改为无色，笔触大小改为1px，然后在舞台上绘制一个矩形。

注意：若在图形绘制后需要重新修改参数，则选中图形，在“属性”面板中重新修改相关参数，此时舞台上的矩形将发生改变。

（2）由于后面要对在舞台上画出的图形进行颜色填充，而填充需要在封闭区域进行，因此有两种方法：一种是对随后画出的所有图形进行封闭，例如案例中的水池、道路等舞台上呈现延伸效果的图形需要在舞台外进行封闭；另一种就是利用矩形工具将整个舞台框选在内，然后进行填充。此处采用第二种方法。

（3）双击选中画出的黑色方框线，在右侧的“属性”面板中修改位置和大小，如图2.5所示，此时该黑色方框恰巧与舞台边缘线重合。

补充：对于画出的图形，可以独立地移动填充或笔触。利用“选择工具”按钮，单击需要移动的填充或笔触部分，则可拖动该部分的内容，如图2.6所示。如果想移动整个形状，就要确保同时选取它的填充和笔触，即双击。

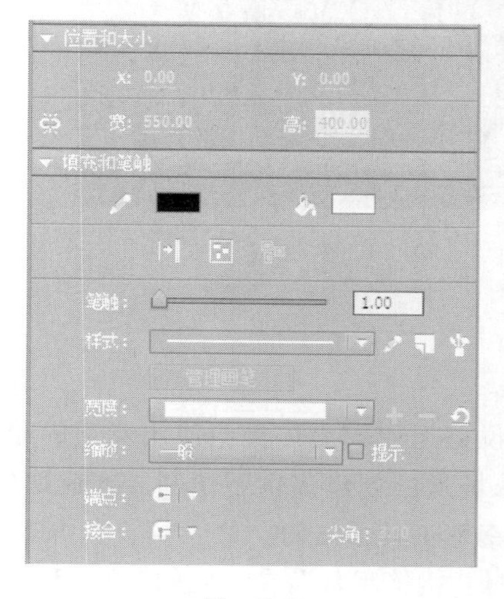

图 2.5

图 2.6

2.3.2 椭圆工具

接下来需要在舞台上利用椭圆工具画出太阳。首先，需要在时间轴上创建一个新图层，命名为“太阳”。

（1）选择工具面板中的“椭圆工具”，在右侧的“填充和笔触”面板中，将笔触颜色改为无色，填充颜色改为红色。然后按住Shift键，在舞台上单击并拖动，绘制一个正圆。若未修改笔触颜色为无色，也可单击选中圆形外围的笔触圆环，按下Delete键，只保留了内部的填充以方便后面的编辑。

提示 在 Animate 图形绘制中，使用“椭圆工具”的同时按住 Shift 键，则可以绘制出正圆，若不按住 Shift 键，将绘制出椭圆。同理使用“矩形工具”绘图时，按住 Shift 键可以绘制出正方形；使用“直线工具”绘图时，按住 Shift 键可以绘制出沿坐标轴方向的直线。

在另外两个版本中，也是如此，按住 Shift 键绘制正圆或正方形等。

CS6 2015 在 Flash CS6 和 Flash CC 2015 版本中，此步骤应为：长按工具面板中的“矩形工具”右下角的黑色小三角，访问隐藏的工具，选择“椭圆工具”，如图 2.7 所示。

(2) 双击选中画出的太阳，在右侧的“属性”面板中修改位置和大小，如图 2.8 所示。

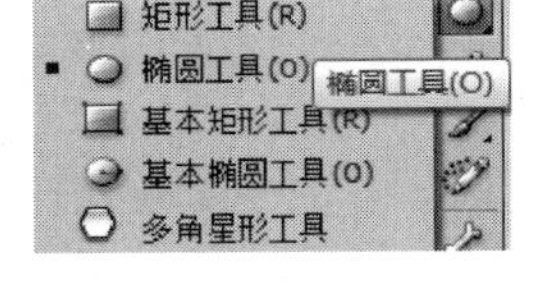

图 2.7

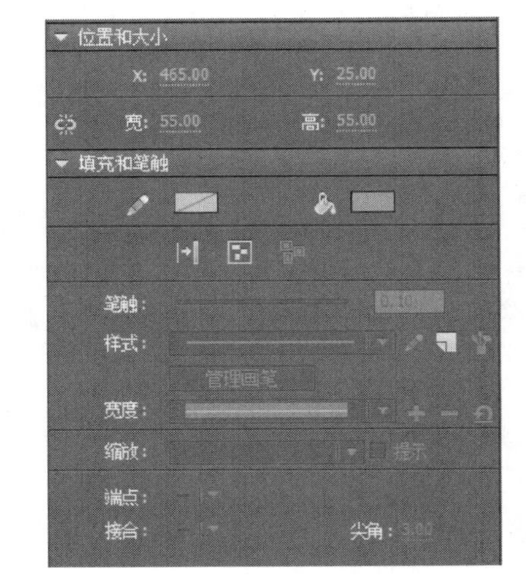

图 2.8

2.3.3 钢笔工具

在 Animate 的绘图工具中，钢笔工具可以说是运用较为广泛但使用麻烦的绘图工具。它可以绘制出大部分的不规则图形，为一些特殊场景的创建提供了便利。在此次的实例文件中，房子、门窗、草地、道路乃至水池都是运用钢笔工具画出的。

(1) 在舞台的三分之一处，选择工具面板中的“钢笔工具”，在右侧的“填充和笔触”面板中，将笔触颜色改为黑色，填充颜色改为无色，笔触大小改为 1px，画出草地与天空的交线与道路，如图 2.9 所示。

(2) 选择“钢笔工具”，在右侧的“填充和笔触”面板中，将笔触颜色改为黑色，填充颜色改为无色，笔触大小改为 1px，然后在舞台上绘制出房子的结构和水池，然后删除多余的边线，如图 2.10 所示。

(3) 然后选择“矩形工具”和“椭圆工具”，在右侧的“填充和笔触”面板中，将笔触颜色改为黑色，填充颜色改为无色，笔触大小改为 1px，分别画出房子的窗户与门把手，如图 2.11 所示。

(4) 由于绘制水池的曲线需要更加平滑，因此可以单击“钢笔工具”下的“转换锚点”

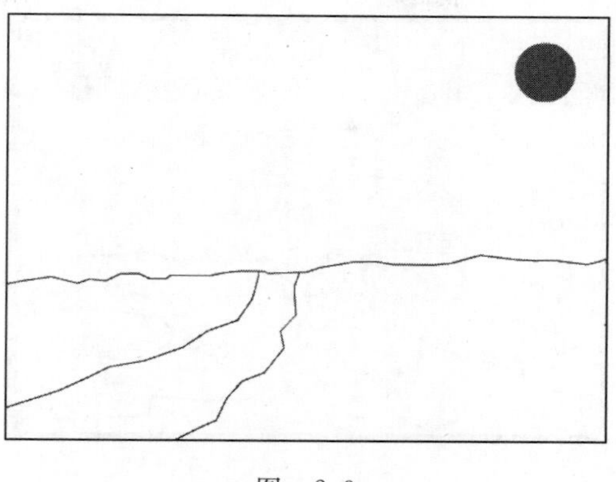

图　2.9

图　2.10

图　2.11

工具，单击需要平滑的锚点并拖动，当从锚点出现句柄时适当拖动句柄修改，如图 2.12 所示。

注意：使用在“钢笔工具”下的隐藏工具，也可以根据需求选择添加和删除锚点。选择“添加锚点”或“删除锚点”工具，在曲线上单击添加或删除一个锚点。

图 2.12

注意：也可以利用"选择工具"和"部分选取工具"编辑曲线。选取"选择工具"，将鼠标指针指在一条曲线上，如果看到光标附近出现了曲线，那么就可以编辑和调整曲线，拖动曲线和调整它的形状以达到所需的效果。选取"部分选取工具"在形状的轮廓上单击，就可以出现锚点和句柄，从而调整和美化曲线和形状。

2.3.4 铅笔工具

由于钢笔工具在绘制一些简单图形时，锚点较多不好控制，因此可以使用铅笔工具来画出简单的图形，如范例文件中的树干。

(1) 选择"工具"面板中的"铅笔工具"，在右侧的"填充和笔触"面板中，将笔触颜色改为黑色，填充颜色改为无色，笔触大小改为 1px，画出树干，如图 2.13 所示。

图 2.13

(2) 选择"钢笔工具"，在右侧的"填充和笔触"面板中，将笔触颜色改为黑色，填充颜色改为无色，笔触大小改为 1px，在舞台上绘制出树叶的边框，并选中"选择工具"进行调整，如图 2.14 所示。

提示 在铅笔工具的样式中还可以对铅笔样式的属性进行修改，单击"填充和笔触"面板中"样式"后的"铅笔"图标，将会出现"笔触样式"对话框，在该对话框中可以对所需样式进行调整和设置。当然，其他绘图工具也可这样对"样式"进行设置。

图 2.14

2.3.5 画笔工具

在 Animate 中，画笔工具分为画笔工具 Y 和画笔工具 B，区别为画笔工具 Y 只能设置笔触不能设置填充，主要是勾勒图案的边线；而画笔工具 B 只能设置填充不能设置笔触，主要是填充图案。在本章案例中，主要使用画笔工具 Y 来描绘白云。

CS6 在 Flash CS6 版本中，并未出现画笔工具，其中画笔工具 B 为刷子工具，其基本用法与本版本相同。在 Flash CS6 版本中的两个画笔工具为“铅笔工具(Y)” 和“刷子工具(B)” ，铅笔工具只能设置笔触，不能设置填充；刷子工具只能设置填充不能设置笔触。

2015 在 Flash CC 2015 版本中，并未出现画笔工具 Y，只出现画笔工具 B，没有刷子工具，画笔工具基本用法与本版本相同。注意：填充颜色时注意图形的封闭。

选择“工具”面板中的“画笔工具 Y”，在右侧的“填充和笔触”面板中，将笔触颜色改为黑色，笔触大小改为 1px，画出白云，如图 2.15 所示。

图 2.15

2.3.6 线条工具

在 Animate 中，绘图工具有很多，其中线条工具画出的图形不能自动进行弯曲，所有画出图形都是由一条条笔直的线段构成的。在本节的范例中，将用线条工具来绘制水池边的栅栏。

选择工具面板中的“线条工具”，在右侧的“填充和笔触”面板中，将笔触颜色改为黑色，填充颜色改为无色，笔触大小改为 1px，画出栅栏，如图 2.16 所示。

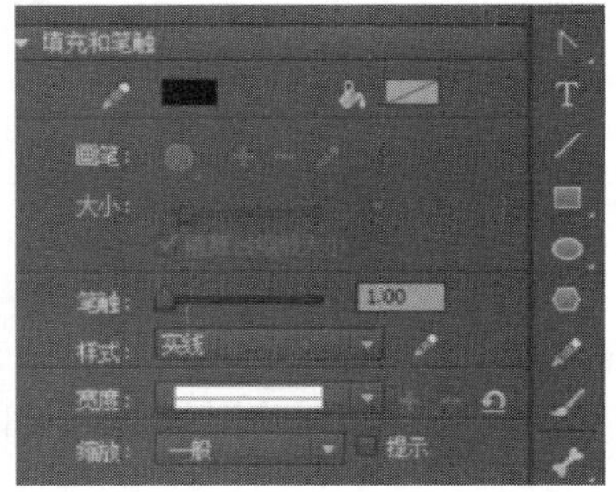

图 2.16

2.4 元件的创建编辑

2.4 元件的创建编辑

在 2.3 节的操作中，绘制出了太阳和树，但是在现实生活中，真正的太阳会有发光的效果，而花朵也不会只有一片花瓣，此时便需要对图像进行加工。但是在 Animate 或者在以往的 Flash 版本中，无法对图像直接添加滤镜，而且单凭复制粘贴操作不能使花瓣形成一朵花，此时就需要将图形转化成元件，然后进行所需操作。

2.4.1 转换元件并增加滤镜

（1）在时间轴上选择“太阳”图层，右击舞台上的太阳，选择“复制”命令，然后在菜单栏上选择“编辑”→“粘贴到中心位置”命令。

（2）选中粘贴的太阳，单击菜单栏“修改”→“转化为元件”命令或者在右键快捷菜单中选择“转化为元件”命令，输入元件名称为“太阳模糊”，类型选择为“影片剪辑”，如图 2.17 所示，单击“确定”按钮。

注意：元件共有 3 种类型，分别为影片剪辑、按钮和图形。

（3）在右侧属性栏中的滤镜展开区域单击添加滤镜，为元件增加模糊效果，并设置模糊像素 X、Y 分别为 30。

（4）把“太阳模糊”元件放在“太阳”图形后面，则形成太阳发光效果，如图 2.18 所示。

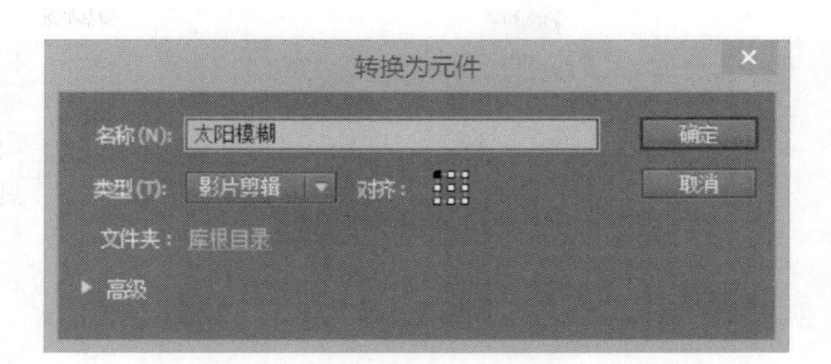

图 2.17

图 2.18

在 Flash CS6 版本中,可以直接使用 Deco 工具。

2.4.2 创建元件以使用 Deco 工具

在场景的创建中,例如花朵的花瓣是需要重复出现并旋转而得的,此时可以将其转化成元件来进行操作,而不是一味地复制粘贴再用旋转工具。在接下来的操作中,将创建一个用作重复使用的元件来学习如何使用 Deco 工具做出花朵。

(1) 在时间轴上新建"花朵"图层,并锁定其他图层。

(2) 在菜单栏中单击"插入"→"新建元件"命令,并命名为"花瓣",并选择类型为"图形"。

(3) 此时进入到名为"花瓣"元件的"元件编辑"模式,选择"钢笔工具"并利用"转换锚点"工具,画出花瓣,如图 2.19 所示,然后在舞台上方的水平条上单击"场景 1",返回到主场景。此时创建了一个名叫"花瓣"的元件,并已存储在"库"中,以便重复使用。

图 2.19

(4) 在"花朵"图层中,先将库中的"花瓣"元件拖动到舞台上,然后选择右侧工具面板中的"Deco 工具",并在"属性"面板中选择"对称刷子"选项,然后再单击下方"模块"旁边的"编辑"按钮,在"选择元件"对话框中,选择"花瓣"元件(如图 2.20 所示)后单击"确定"按钮。

(5) 在"属性"面板中的"高级选项"下面选择"旋转"。

图 2.20

(6) 在对应中心点的主轴线上按住鼠标左键不放，向上或向下调整插入元件的位置，使元件的底部离中心点保持一定距离，再拖动次轴，调整次轴与主轴的角度直至得到想要的图形效果，如图 2.21 所示。

提示 1 若是没办法转出所需图形，则可以转出大致图形后，将多余图案删掉，并不影响旋转效果。

提示 2 利用这些 Deco 工具选项，可以创建元件的重复图案，它是围绕其中的某个对称点旋转的。舞台上出现的绿色辅助线显示了确定元件重复频率的中心点、主轴线(长线)和次轴线(短线)。主轴线与次轴线组成的角度越小，元件重复的数量越多。

(7) 操作完成后，可退出 Deco 工具，此时创建出的图案可以多次使用并改变其大小和位置，如图 2.22 所示。

提示 给花朵改颜色则需进入到“花瓣”组件，进行添加修改颜色的操作，此时，舞台上的花朵会变更颜色。

图 2.21

图 2.22

2.4.3 创建元件多次重复使用

在场景的创建中，比如花朵是需要重复出现的，此时可以将其转化成元件来进行操作，而不是一味地复制粘贴再用旋转工具。在接下来的操作中，将创建一个用作重复使用的元件来学习如何做出花朵。

(1) 在时间轴上新建“花朵”图层，并锁定其他图层。

(2) 在菜单栏中单击“插入”→“新建元件”命令，并命名为“花瓣”，并选择类型为“图形”。

(3) 此时进入到名为“花瓣”元件的“元件编辑”模式，选择“钢笔工具”并利用“转换锚点”工具，画出花瓣，如图 2.23 所示，然后在舞台上方的水平条上单击“场景 1”，返回到主场景。此时创建了一个名叫“花瓣”的元件，并已存储在“库”中，以便重复使用。

(4) 在“花朵”图层中，可重复将库中的“花瓣”元件拖动到舞台上，并放置在相应位置，如图 2.24 所示。

图 2.23

图 2.24

2.5 颜色填充

2.5 颜色填充

通过上述操作步骤，便完成了场景的绘制，接下来需要为场景添加颜色，使场景看起来更生动。在 Animate 软件中，颜色填充有多种方式，不仅可以填充纯色图案，还可以进行渐变填充。颜色填充可以使用“颜料桶”或者“墨水瓶”工具，但必须是封闭图形。

在 Flash CS6 版本中，“颜料桶”工具与“墨水瓶”工具合并了。

2.5.1 纯色填充

(1) 选择“颜料桶”工具，在填充颜色色块处选择相应颜色，分别对栅栏、房子、水池、树、道路、太阳等进行颜色填充，填充颜色时注意图形区域的密封，如图 2.25 所示。

(2) 参考颜色如下：

太阳＃FF0000	房顶＃3399FF	墙体＃FFFF00	窗口＃FF66CC
窗户＃00FFFF	树干＃996600	树叶＃00FF00	草地＃33CC00
门框＃FF99FF	门内＃FFCCFF	把手＃FFFF00	栅栏＃993300
水池＃00CCFF	道路＃FF9933	花朵＃FF3333	白云＃FFFFFF

图 2.25

(3) 若觉得设置的颜色过于浓艳,可在填充颜色处,修改颜色透明度,如图 2.26 所示。

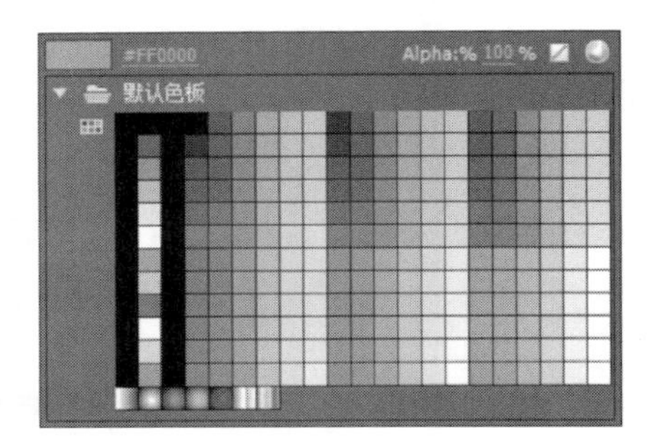

图 2.26

2.5.2 渐变填充

(1) 选择"窗口"→"颜色"命令进入"颜色"面板,设置填充类型为"线性渐变",填充颜色为蓝到浅蓝到白色之间的渐变,在渐变色框中间单击添加一个颜色方块,颜色值依次设置为#00BBDE、#8AE8F8、#FFFFFF,如图 2.27 所示。

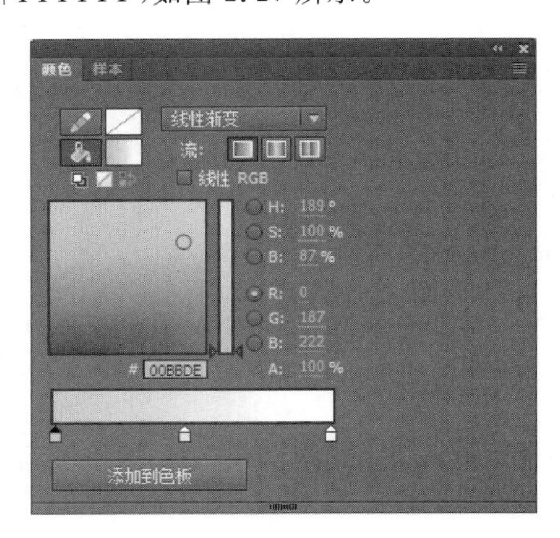

图 2.27

(2) 使用"颜料桶"工具填充到天空，此时天空默认为从左至右渐变，如图 2.28 所示。

图 2.28

(3) 单击工具面板上的"任意变形工具"下的三角图标，选择"渐变变形工具"，以改变渐变的方向。

(4) 单击天空，出现句柄后，向左或是向右旋转矩形渐变颜色约 90°，如图 2.29 所示。

提示 单击天空，显示变形句柄。拖动右侧边线上的方块句柄可以改变渐变的范围；拖动右侧边线顶上的圆圈箭头句柄可以改变渐变的方向；拖动中心的圆圈句柄可以改变渐变的位置。

提示 对图形进行填充时，要注意所填充的图形需为封闭图形，如不是，则使用"颜料桶"工具对图案进行填充时，会出现无法填充或者连着背景一起填充的情况。此时，可以使用位于工具栏底部的"间隔大小"工具，如图 2.30 所示，对不封闭空隙进行填充。在单击"颜料桶"工具选择好颜色后，单击"间隔大小"工具，选择相应空隙大小后，对不封闭图案进行填充。

图 2.29

图 2.30

2.6 文字的创建编辑

2.6 文字的创建编辑

本章案例为诗句的场景描述，因此需要在最终完成的场景中添加诗句。

(1) 在时间轴上新建一个名为"诗句"的图层。

(2) 在"工具"面板上选择"文本工具"，输入文字"行至水穷处，坐看云起时”，然后选择恰当的颜色和字体，并调整大小。

(3) 选中创建的文本，通过“修改”→“转化为元件”命令或者通过右键快捷菜单将其转化为元件，类型为“影片剪辑”，命名为“诗句”。此时可以为文字添加效果。

(4) 选择“属性”面板“滤镜”栏中的“发光”效果，如图 2.31 所示，设置“发光”效果的参数，模糊 X 和模糊 Y 为 4px，品质为“高”，发光颜色为#66FFFF，如图 2.32 所示。

注意：也可以对文字进行分离，然后单个文字进行设置，具体操作是，将创作的文字转化为元件，然后选中文本，选择“修改”→“分离”命令，分离两次。当第二次分离后字体上会出现斑点，就表示分离彻底了，可以用图形的方式进行编辑。例如，可以对文件添加渐变色彩或者运用“任意变形”工具，改变文本的形状。

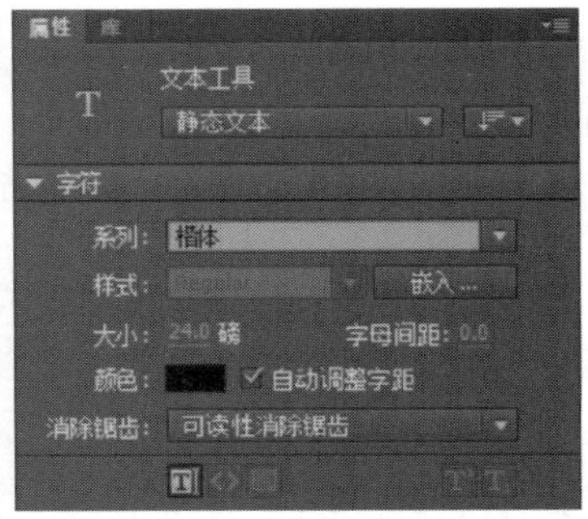

图 2.31

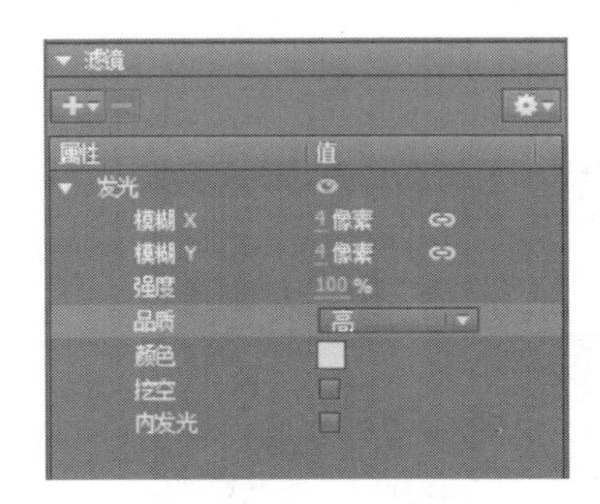

图 2.32

作业

一、模拟练习

打开 Lesson02→“模拟”→Complete→“02 模拟 complete(CC 2017).swf”进行浏览播放，根据上述知识点，参考完成案例，画出模拟场景。课件资料已完整提供，获取方式见“前言”。

要求 1：熟练运用各种绘图工具。

要求 2：对图像进行不同类型的颜色填充。

要求 3：了解使用元件功能。

要求 4：自主练习“多角星形工具”，选择该工具后，在“属性”面板中，单击工具设置“选项”按钮，可以在“样式”下拉菜单中选择“星形”或者“多边形”。

二、自主创意

自主创造出一个场景，应用本章所学知识，熟练使用各种工具进行绘制。也可以把自己完成的作品上传到课程网站进行交流。

三、理论题

1. 形状由哪两个部分组成？有什么独特之处？
2. 怎样绘制标准的正圆、正方形、直线？
3. 元件有哪几种类型？

第3章

元件的创建与编辑

本章学习内容

1. 创建元件
2. 编辑元件
3. 了解各种元件类型的区别
4. 了解元件与实例的区别
5. 调整大小和位置
6. 利用滤镜应用特效
7. 在3D空间中定位对象

完成本章的学习大约需要2小时，相关资源获取方式见“前言”和第1章中的描述。

知识点

由于本书篇幅有限，下面知识点并非在本章中都有涉及或详细讲解，在本书的学习网站有详细的资料，欢迎登录学习。

创建元件	管理元件	编辑元件	实例的编辑和属性应用
滤镜的使用	多种滤镜特效	在3D空间中定位对象	

本章案例介绍

范例：

本章使用Illustrator图形文件、Photoshop文件和一些元件创建了一幅沙滩冲浪的图像，它带有一些非常有趣的效果。通过这个案例，学习创建或转换元件、图形的二次创作、元件实例的应用等。学习如何使用元件是创建任何动画或交互性效果的必要步骤，如图3.1所示。

图　3.1

模拟案例：

在本章模拟案例中，将学习通过导入素材文件，新建元件，以此制作出一幅美丽的星空图，如图 3.2 所示。

图　3.2

3.1 预览完成的案例

3.1 预览完成的实例

(1) 右击"Lesson03/范例/Complete"文件夹的"03 范例 complete(CC 2017).swf"文件,在打开方式中选择已安装的 Adobe Flash Player 播放器对"03 范例 complete(CC 2017).swf"进行播放。

(2) 关闭 Adobe Flash Player 播放器。

(3) 可以用 Adobe Animate CC 2017 打开源文件进行预览,在 Adobe Animate CC 2017 菜单栏中选择"文件"→"打开"命令,再选择"Lesson03/实例/Complete"文件夹的"03 范例 complete(CC 2017).fla",并单击"打开"按钮,如图 3.3 所示。

图 3.3 (见彩插)

3.2 新建动画文件

3.2 新建动画文件

(1) 在菜单栏中选择"文件"→"新建"命令。

在"新建文件"对话框中,选择 ActionScript 3.0,然后单击"确定"按钮以创建一个新的 Flash 文档(*.fla)。

(2) 在"属性"面板中,把舞台的大小设置为 550px×400px。

(3) 在菜单栏中选择"文件"→"保存"命令。

将文件命名为"03 范例 start(CC 2017).fla",并保存在 Start 文件夹中。

CS6 2015 在 Adobe Flash CC 2015 中命名为"03 范例 start(CC 2015).fla";在 Adobe Flash CS6 中命名为"03 范例 complete(CS6).fla"。

3.3 导入 Photoshop 位图文件

3.3 导入 Photoshop 位图文件

Flash 是无法创建位图的,也不能对位图进行复杂的编辑。但是在 Flash 制作过程中往往需要大量的位图,因此 Flash 也可以导入如 Adobe PhotoShop 等专业的图形制作软件创建的位图。

（1）在菜单栏中选择“文件”→“导入”→“导入到舞台”命令。

（2）依次选择“Lesson03/范例/素材”文件夹中的“沙滩.psd”“小明.psd”“贝壳.psd”文件并打开。

注意：当导入“小明.psd”和“贝壳.psd”时，会出现如图 3.4 所示的对话框。选中“具有可编辑图层样式的位图图像”单选按钮，这样可使 psd 文件中的位图导入到 Flash 后直接转换为影片剪辑元件。在“将图层转换为”菜单中选择“Animate 图层”，然后选中“将对象置于原始位置”复选框。单击“导入”按钮。此时，Flash 将导入 Photoshop 位图图像。Photoshop 图像将会自动被转换为影片剪辑元件，并被保存在“库”中。

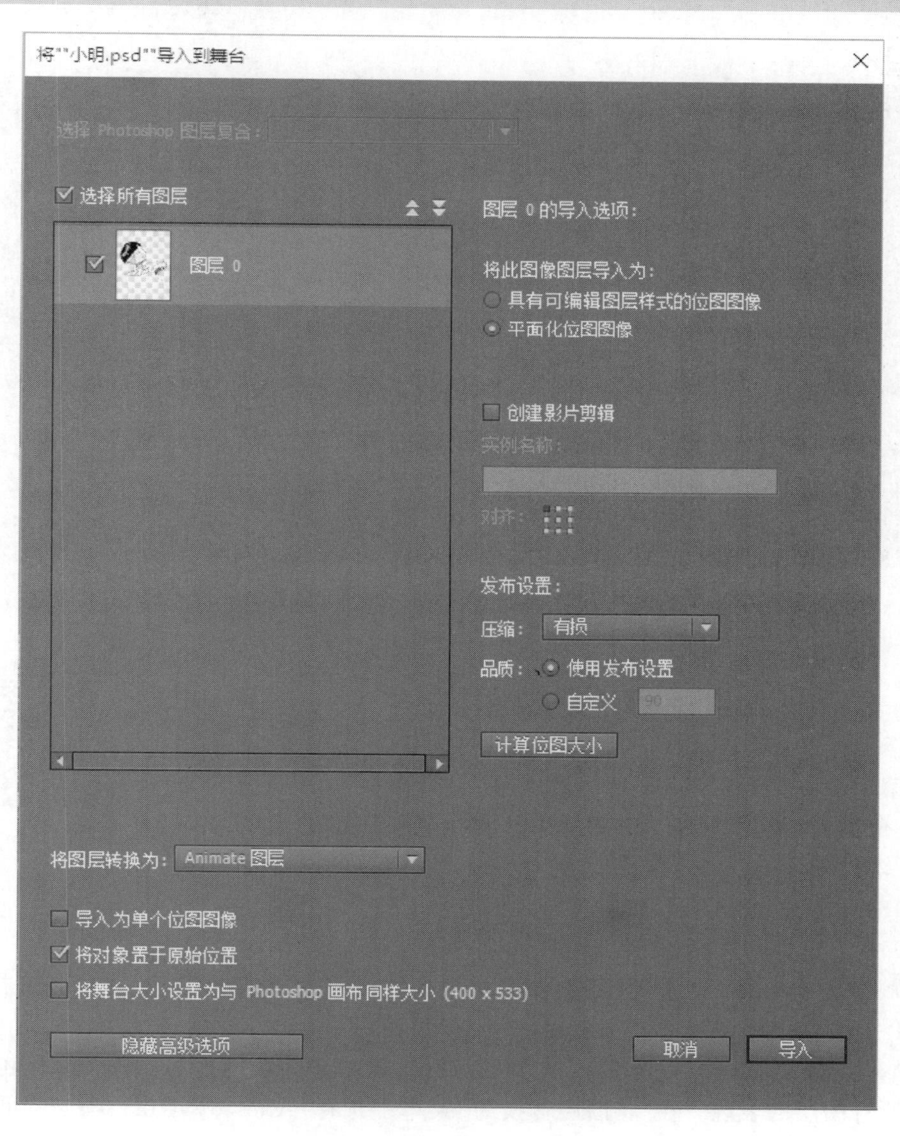

图 3.4

CS6 2015 在 Flash CS6 版本中单击“确定”按钮，在 Flash CC 2015 版本中的“图层转换”中选择“保持可编辑路径和效果”；在“文本转换”选项中，选择“可编辑文本”；在“将图层转换为”选项中选择“Flash 图层”。

(3) 依次给新建的图层命名为沙滩、小明、贝壳，利用“属性”面板调整大小和位置，如图 3.5 所示。

图 3.5

3.4 导入 Illustrator 矢量图文件

3.4 导入 Illustrator 矢量图文件

在第 2 章中我们学过，Flash 可以使用工具面板中的“矩形”“椭圆”及其他工具绘制不同图形。但是对于复杂矢量图形的绘制，专业的绘图软件会更加方便实用。例如 Adobe Illustrator。可以在 Illustrator 中创建原始图形，然后再导入到 Flash 中。

(1) 在菜单栏中选择“文件”→“导入”→“导入到舞台”命令。

(2) 选择“Lesson03/范例/素材”文件夹中的“星.ai”文件(在 CS6 版本中无法打开高版本的 AI 文件，需要在同版本中重新做一个 AI 文件)并打开。

(3) 在“导入到舞台”对话框中，庞大的级联菜单群和图层群是 Illustrator 所创建的 AI 文件中所有图层的表现。在“将图层转换为”菜单中选择“Animate 图层”(在其他两个版本中选择“Flash 图层”)命令，然后选中“将对象置于原始位置”复选框。单击“导入”按钮(其他两个版本单击“确定”按钮)，如图 3.6 所示。

此时，Flash 将导入 Illustrator 矢量图形，如图 3.7 所示。

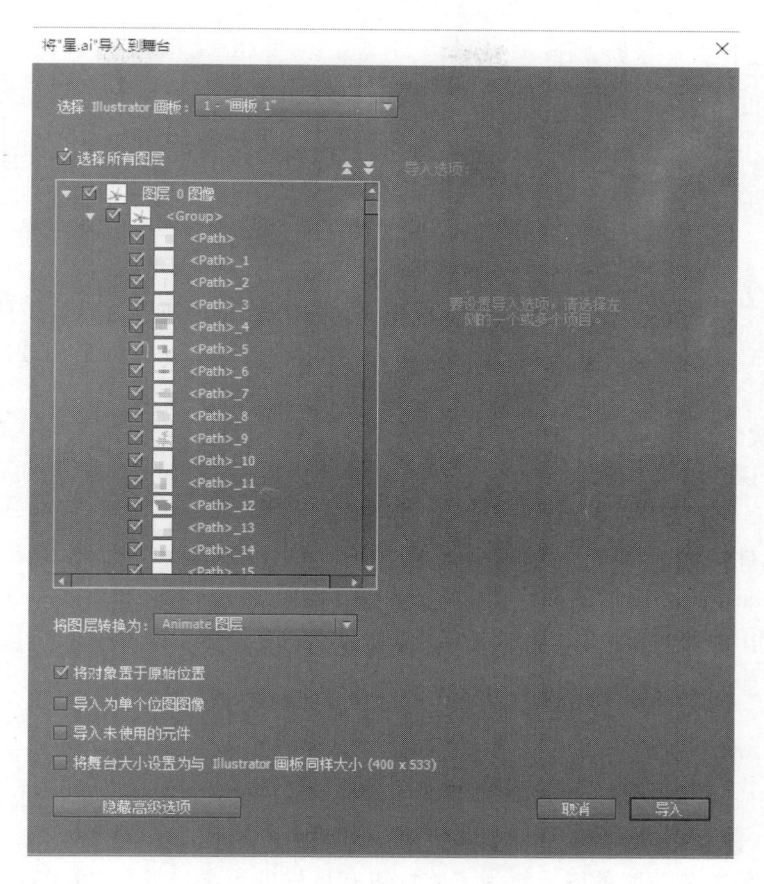
选择 Illustrator 画板：1 - "画板 1"
选择所有图层
导入选项：
图层 0 图像
<Group>
<Path>
<Path>_1
<Path>_2
<Path>_3
<Path>_4
<Path>_5
<Path>_6
<Path>_7
<Path>_8
<Path>_9
<Path>_10
<Path>_11
<Path>_12
<Path>_13
<Path>_14
要设置导入选项，请选择左侧的一个或多个项目。
将图层转换为：Animate 图层
将对象置于原始位置
导入为单个位图图像
导入未使用的元件
将舞台大小设置为与 Illustrator 画板同样大小 (400 x 533)
隐藏高级选项
取消
导入

图　3.6

图　3.7

3.5 元件

3.5 元件

元件是用于特效、动画和交互性的可重用资源，就像影视剧中的演员和道具，都是具有独立身份的元素，却又是构成影片的主体。

3.5.1 元件的概述

Flash 中的元件根据它们在动画中的作用，分为图形、按钮和影片剪辑 3 种类型。

元件存储在“库”面板中。当把元件拖动到“舞台”上时，Flash 将会创建元件的一个实例，实例是位于“舞台”上的元件的一个副本或引用。当创建了一个元件后，在课件以后的制作中，可以多次将元件拖动到“舞台”上，元件只有一个，只是在场景中创建该元件的实例，这样可以使整个课件的体积大大减小。当修改元件的内容时，该元件所有的实例都会随之发生改变。

可以将元件视为一个有内容的容器。元件内部可以包含 JPG 图像、导入到 Flash 中的图像或者在 Flash 中创建的图形。在“库”面板中双击元件(或者在舞台上双击元件实例)可以进入元件的编辑界面。

3.5.2 元件的类型

(1) 图形( )：通常用于存放静态的图像。但不支持 ActionScript 脚本代码，并且不能对图形元件应用滤镜或混合模式。

(2) 按钮( )：用于在影片中创建对鼠标事件响应的互动按钮。制作按钮首先要创造与不同的按钮状态相关联的图形。为了使按钮有更好的效果，还可以在其中加入影片剪辑或音效文件。

(3) 影片剪辑( )：一个独立的小影片，可以包含交互动画和音效，甚至可以是其他的影视片断。可以对影片剪辑元件应用滤镜、颜色设置和混合模式。元件可以包含自己独立的“时间轴”。元件可以利用 ActionScript 语言进行编辑以对用户的操作做出响应。

3.5.3 创建元件

在 Flash 中，可以用两种方式创建元件。

第一种方式是在“舞台”上不选取任何内容，然后选择“插入”→“新建元件”命令，进入元件编辑模式后就可以开始绘制或导入用于元件的图形了。

第二种方式是选取“舞台”上现有的图形，然后选择“修改”→“转换为元件”命令(或按 F8 键)。这将把选取的内容都自动放在新元件内。

这里将选取导入的 Illustrator 图形通过第二种方式转换为元件。

(1) 在“舞台”上选择“星”图层的矢量海星。

(2) 在菜单栏中选择“修改”→“转换为元件”命令。

(3) 将元件命名为“星”，并设置“类型”为“影片剪辑”，如图 3.8 所示。

库中将出现这个转换为影片剪辑的元件，而且在“舞台”上还有这个元件的实例。

(4) 在“属性”面板中调整实例大小和位置。

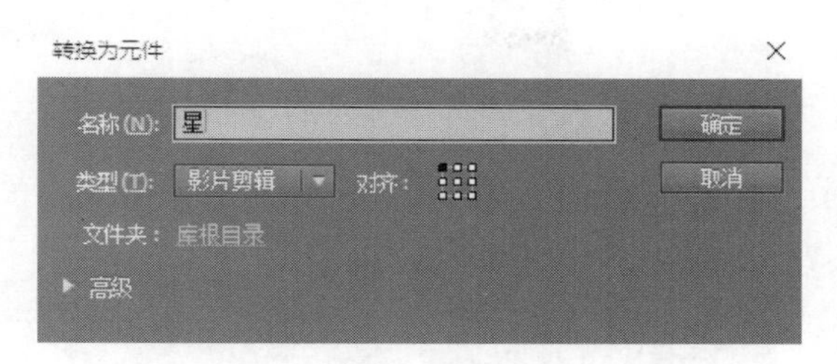

图 3.8

3.6 编辑元件

3.6 编辑元件

在 3.5 节创建元件的操作中，只是对元件在“舞台”上的实例进行简单的属性修改。但是 Flash 本身就可以编辑矢量图形，所以导入到 Flash 中的矢量图形转换为元件后，Flash 有两种方法对这些元件进行编辑：一种是在“库”中编辑元件，另一种是在“舞台”中直接编辑元件。

这里选择在“舞台”上直接编辑元件。通过双击“舞台”上的某个实例以直接进入该实例所在元件的编辑模式，但也能够查看其周围的环境。

(1) 单击“星”图层，从“库”中把“星”元件拖动到舞台上。此时，舞台上又多了一个“星”元件的实例。如果此时改变该元件的各种属性，实例会发生相应的变化。

(2) 右击拖入的元件实例，在弹出的快捷菜单中选择“排列”→“下移一层”命令，结果如图 3.9 所示。

图 3.9

(3) 两个实例的叠加使得舞台的元素过多，效果过于混乱。可以通过更改透明度和模糊特效来进行优化。

(4) 选取新的实例。在“属性”面板中，展开“滤镜”区域。

(5) 单击“滤镜”区域底部的“添加滤镜”按钮，并选择“投影”。

(6) 在滤镜窗口将出现模糊滤镜。将模糊 X 和模糊 Y 的值设置为 7px，效果如图 3.10 所示。

(7) 在“属性”面板中，从“色彩效果”的“样式”下拉列表框中选择 Alpha。将 Alpha 滑

图 3.10

块拖动到40%。这样会改变实例的透明度,如图3.11所示。

(8) 修改后的效果如图3.12所示。

图 3.11

图 3.12

3.7 在3D空间中定位

3.7 在3D空间中定位

有时需要具有在真实的三维空间中定位对象并制作动画的能力,不过,这些对象必须是影片剪辑元件,以便把它们移入3D空间中。有两个工具允许在3D空间中定位对象:"3D旋转"工具和"3D平移"工具。"变形"面板提供了用于定位和旋转的信息。

理解3D坐标空间是在3D空间中成功放置对象所必不可少的。Flash使用3根轴(X轴、Y轴和Z轴)来划分空间。X轴水平穿越"舞台",并且左边缘的X=0;Y轴垂直穿越"舞台",并且上边缘的Y=0;Z轴则进出"舞台"平面(朝向或离开观众),并且"舞台"平面上的Z=0。

(1) 单击"贝壳"图层,从"库"中把"贝壳"(即"贝壳.psd"资源下的图层1影片剪辑)元件拖动到舞台上。此时,舞台上又多了一个"贝壳"元件的实例。如果此时改变该元件的各种属性,实例会发生相应的变化。

(2) 从"工具"面板中选择"3D旋转"工具,在3D空间中旋转实例,如图3.13所示。

图 3.13

(3) 在图层顶部插入一个新图层,命名为“文字”。

(4) 从“工具”面板中选择“文本”工具。

(5) 在“舞台”上单击输入标题“‘酷’也是一种生活姿态”。属性中字符大小设置为37pt,颜色设置为灰黑色,如图 3.14 所示。

图 3.14

(6) 在菜单栏中选择“修改”→“转换为元件”命令,将元件命名为“文字”,并设置“类型”为“影片剪辑”。

(7) 从“工具”面板中选择“3D 旋转”工具。实例上出现了一个圆形的彩色靶心,这是用于 3D 旋转的辅助线。红色线围绕 X 轴旋转实例;绿色线围绕 Y 轴旋转实例;蓝色线围绕 Z 轴旋转实例,如图 3.15 所示。

(8) 单击其中一条辅助线,并在任意一个方向上拖动鼠标,在 3D 空间中旋转实例,如图 3.16 所示。

也可单击并拖动最外部的橙色辅助线,在全部 3 个方向上任意旋转实例。

现在就完成了本章的作品!

图 3.15

图 3.16

作业

一、模拟练习

打开 Lesson03→"模拟"→"03 模拟(CC 2017).swf"文件进行浏览播放,根据本章所述知识,使用"素材"文件夹中的文件做一个类似的作品。作品资料已完整提供,获取方式见"前言"。

要求 1:对 Adobe 相关的文件资源进行合理利用。

要求 2:学会不同的元件创建和编辑方式。

要求 3:合理利用"属性"面板对实例进行相应的修改。

二、自主创意

自主设计一个 Flash 课件，应用本章所学知识将外部的矢量文件和位图文件导入到 Flash 中转换为元件并进行编辑。也可以把自己完成的作品上传到课程网站进行交流。

三、理论题

1. 什么是元件？它与实例之间有什么区别？

2. 说明可用于创建元件的两种方式。

3. 在导入 Illustrator 文件时，如果选择将图层导入为图层，会发生什么？如果选择将图层导入为关键帧，又会发生什么？

4. 在 Flash 中怎样更改实例的透明度？

5. 编辑元件的两种方式是什么？

第4章

Animate动画制作

本章学习内容

1. 创建补间动画
2. 调整动画透明度与播放属性
3. 更改对象位置、缩放和模糊等属性
4. 调整动画路径和动画缓动
5. 运用 3D 旋转

完成本章的学习大约需要 2 小时，相关资源获取方式见“前言”和第 1 章中的描述。

知识点

由于本书篇幅有限，下面的知识点并非在本章中都有涉及或详细讲解，在本书的学习网站有详细的资料，欢迎登录学习。

补间动画和传统动画	图层的合理运用	帧的基本类型和基本操作	3D 旋转工具
遮罩层与遮罩动画	动画的缓动	形状提示的使用和运用	动画透明度设置
制作动画特效	逐帧与渐变动画	动画位置、缩放和旋转	元件的运动

本章案例介绍

范例：

本章范例是一个关于诗人赏景吟诗的背景描绘，在杨柳低垂的西湖边，诗人看着扁舟湖上、孤鹜自飞的美景，不禁吟诗一首，赞美水光潋滟的西湖美景。这段动画中主要涉及补间动画的制作以及文字的 3D 旋转操作，如图 4.1 所示。

模拟案例：

本章模拟案例中，将通过制作春天里，孩子放学后欢快地放风筝的场景动画来加深学习理解，如图 4.2 所示。

图 4.1　（见彩插）

图 4.2　（见彩插）

4.1　预览完成的案例

4.1　预览完成的案例

（1）右击“Lesson04/范例/Complete”文件夹的“04 范例 complete（CC 2017）.swf”文件，播放动画，该动画是一幅用于领悟诗句的静态插图。

（2）关闭 Adobe Flash Player 播放器。

（3）可以用 Adobe Animate CC 2017 打开源文件进行预览，在 Adobe Animate CC 2017 菜单栏中选择“文件”→“打开”命令，再选择“Lesson04/范例/complete”文件夹的“04 范例 complete（CC 2017）.fla”（在 Adobe Flash CC 2015 中选择“04 范例 complete”（CC 2015）.fla、在 Adobe Flash CS6 中选择“04 范例 complete（CS6）.fla”）文件，并单击“打开”按钮，如图 4.3 所示。

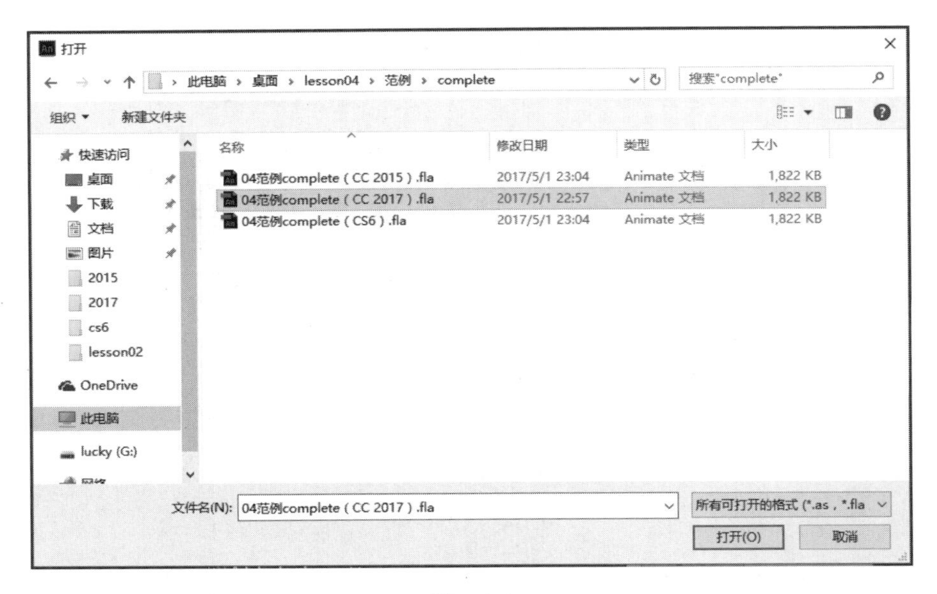

图 4.3

4.2 新建文件

4.2 新建文件

(1) 在菜单栏中，选择“文件”→“新建”命令，在“新建文件”对话框中选择ActionScript 3.0类型，默认原有设置，然后单击“确定”按钮，以创建一个舞台大小为宽550px、高400px，背景为白色的Flash文档(*.fla)，如图4.4所示。

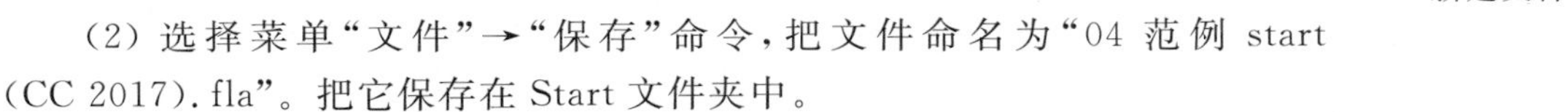

(2) 选择菜单“文件”→“保存”命令，把文件命名为“04范例start (CC 2017).fla”。把它保存在Start文件夹中。

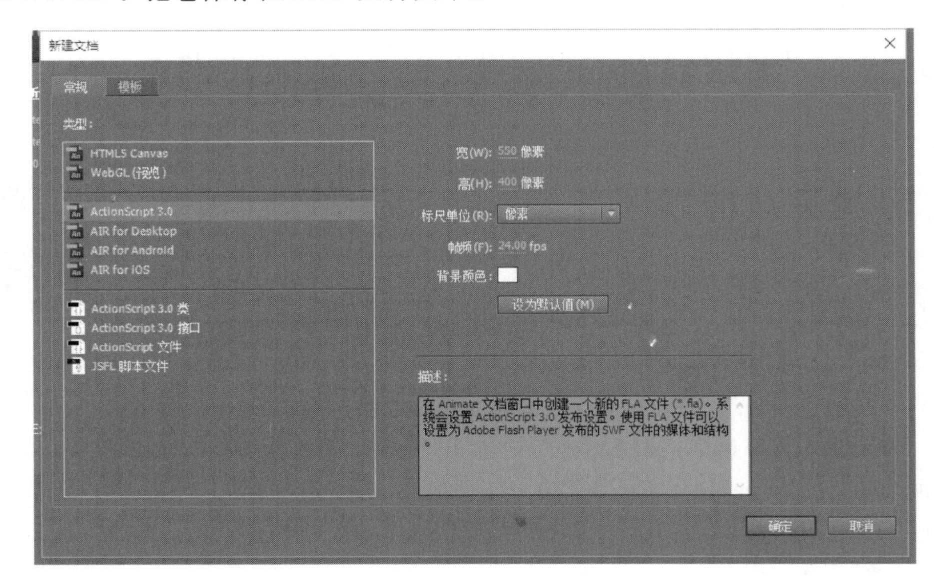

图 4.4

注意：若需要重新修改舞台大小，则在菜单栏中选择"修改"→"文档"命令，在出现的对话框中设置所需参数。

4.3 素材导入

4.3 素材导入

Animate 允许导入图片、音频、视频等素材到舞台或者导入到库。导入的素材可以多次重复使用，也可以将其转换成元件进行进一步操作。

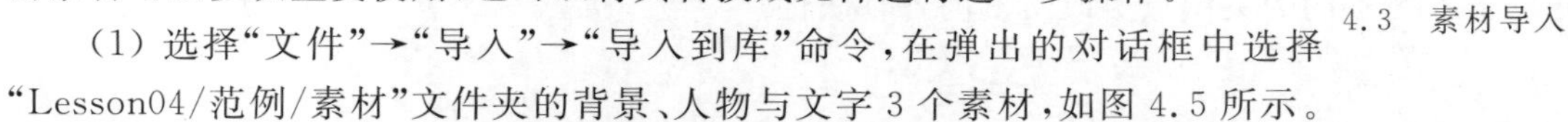

（1）选择"文件"→"导入"→"导入到库"命令，在弹出的对话框中选择"Lesson04/范例/素材"文件夹的背景、人物与文字3个素材，如图4.5所示。

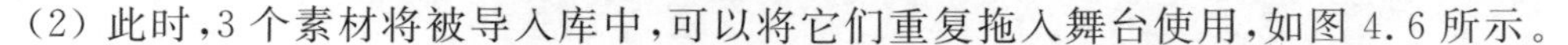

（2）此时，3个素材将被导入库中，可以将它们重复拖入舞台使用，如图4.6所示。

背景.jpg

人物.png

文字.png

图 4.5

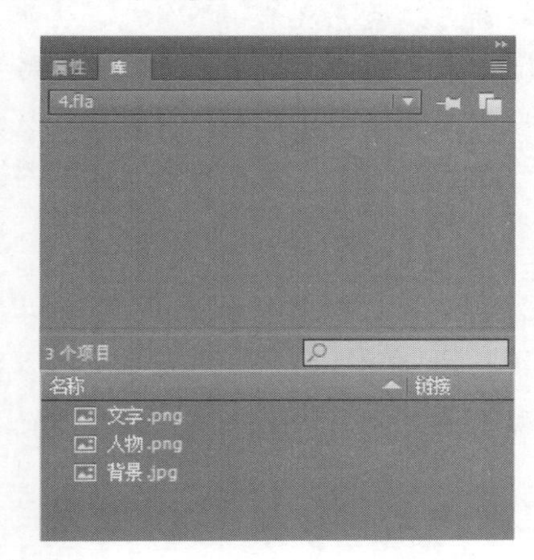

图 4.6

4.4 创建图层和补间动画

4.4 创建图层和补间动画

4.3节学习了如何导入素材，为制作动画提供了基础。在 Animate 中，动画是指物体通过时间的变化而运动或更改，除了本章范例中讲到的补间动画运用以外，Animate 还支持传统补间动画、反向运动姿势、补间形状和逐帧动画的运用。下面需要把导入的素材转化为元件以便创建补间动画，为场景添加动态效果。

CS6 2015 在 Flash CS6 和 Flash CC 2015 两个版本中，同样支持以下5种类型的动画：补间动画、传统补间动画、反向运动姿势、补间形状和逐帧动画。

在 Flash 中，动画的基本流程如下：先选取"舞台"上的对象，然后右击对应帧，在弹出的快捷菜单中选择"创建补间动画"命令，将红色播放头移动到不同的时间点，设置对象的新属性，Flash 自动在播放头位置形成一个属性关键帧。

4.4.1 补间动画的基本概念

补间动画是整个 Animate 动画设计的核心，也是 Animate 动画的最大优点，它有动画补间和形状补间两种形式。所谓补间动画，其实就是建立在两个关键帧（一个开始、一个结束）间的渐变动画，只要建立好开始帧和结束帧，中间部分软件会自动进行填补。

需要注意的是，补间动画要求使用元件实例。如果选择的对象不是一个元件实例，那么 Animate 会自动询问并选择转换为元件。每个图层只能有一个补间动画，并且允许随着时间的推移在不同的关键点更改实例的各种属性。

注意：

动画补间——是由一个形态到另一个形态的变化过程，像移动位置、改变角度等。动画补间是淡紫色底加一个黑色箭头组成的。

形状补间——是由一个物体到另一个物体间的变化过程，像由三角形变成四方形等。形状补间是淡绿色底加一个黑色箭头组成的。

传统补间——传统补间与补间动画类似，但是创建起来更复杂。传统补间允许有一些特定的动画效果。

反向运动姿势——反向运动姿势用于舒展和弯曲形状对象以及链接元件实例组，使它们以自然的方式一起移动。

逐帧动画——为时间轴中的每个帧指定不同的作品。使用此技术可创建与快速连续播放的影片类似的效果。对于复杂的动画而言，此技术非常有用。

4.4.2 淡入/淡出效果

在范例的开始部分，场景不是直接出现的，而是有一种平滑的淡入效果，仿佛原先西湖场景被大雾笼罩，然后随着时间慢慢变得清晰。

(1) 在时间轴上新建 3 个图层，分别命名为“诗句”“人物”和“背景”，并且锁定“诗句”和“人物”图层，如图 4.7 所示。

提示 在创建动画时，由于每个图层只能有一个补间动画，所以可以先创建所有所需图层，然后在图层上分别进行操作。若还没有很清晰地考虑好有几个图层，也可以在操作中慢慢创建。

(2) 在“背景”图层中，从库中将背景图片拖至舞台，在“属性”面板中，改变其位置大小，如图 4.8 所示。

图 4.7

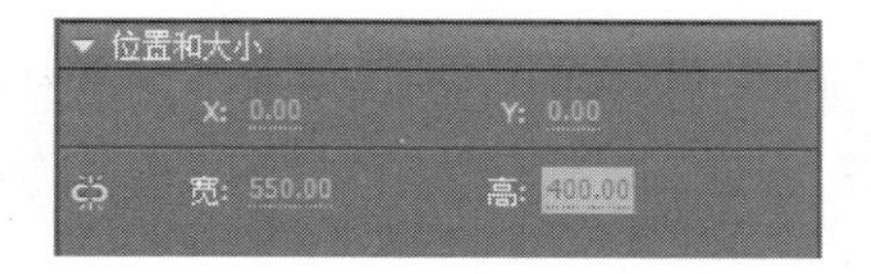

图 4.8

（3）在时间轴上，右击“背景”图层第一帧或者右击背景图片，在弹出的快捷菜单中选择“创建补间动画”命令，也可以选中背景图片，从顶端的菜单栏中选择“插入”→“补间动画”命令。此时，将出现一个对话框，警告所选的对象不是一个元件，创建补间动画需要把所选的内容转化为元件，单击“确定”按钮，以便创建补间动画，如图4.9所示，这时它会在时间轴自动确定长度，并将当前图层转换为“补间”图层。图层名称前面的图标将发生改变，并且时间轴上的帧变成蓝色，如图4.10所示。

提示　此时转化的元件将放置在库中，并默认元件名为“元件1”，可以在库中单击“元件1”，右击选择“重命名”命令，重新命名，以便后期操作便利。在本章案例中，由于元件较少，因此用默认元件名。

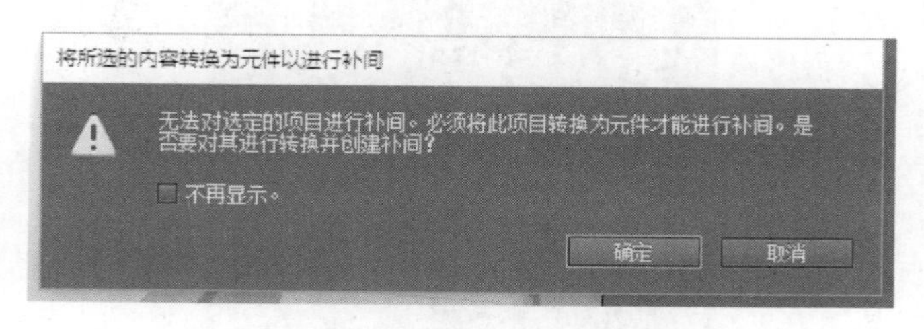

图　4.9

图　4.10

（4）场景所需要的时间远远不止1s，因此，可以通过在“时间轴”上拖动补间范围的起始帧和结束帧，更改整个补间的持续时间，或者更改动画的播放时间。把光标移到补间末端附近，当光标变成双箭头的时候，此时可以延长或者缩短补间范围；然后单击补间范围的末尾，向前拖动至200帧，如图4.11所示，因此场景动画持续时间变长。

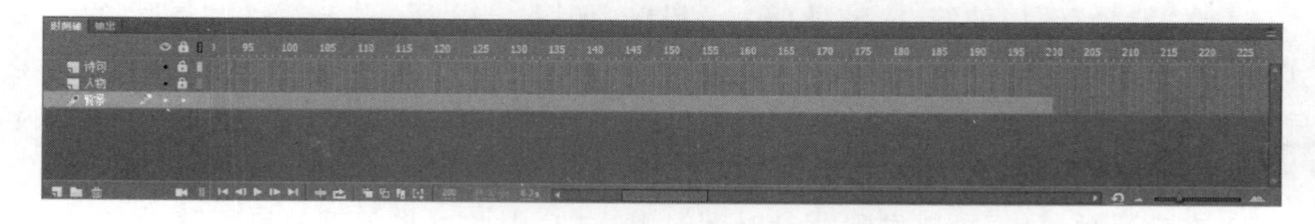

图　4.11

提示　除了直接拖动补间范围的起始帧和结束帧，更改整个补间的持续时间外，还可以通过在所需时间长度的位置添加帧的方式。若补间动画的最后一帧为关键帧，想让补间持续时间增长并且关键帧位置不变，则需要按住 Shift 键并拖动补间范围的末尾增加持续时间，此时，关键帧位置不变，在补间新范围的末尾会自动添加额外的帧。

删除或添加帧：可以选择“插入”→“时间轴”→“帧”命令(或按 F5 键)，添加单独帧；也可以选择“编辑”→“时间轴”→“删除帧”命令(或按 Shift+F5 组合键)，删除单独的帧。

(5) 单击背景图层的第一帧，如图 4.12 所示，选择舞台上的背景元件，在“属性”面板中，为“色彩效果”选择 Alpha 选项，并将值设置为 20%，如图 4.12 所示。此时“舞台”上的背景元件将会变成半透明状，仿佛被雾笼罩一般。

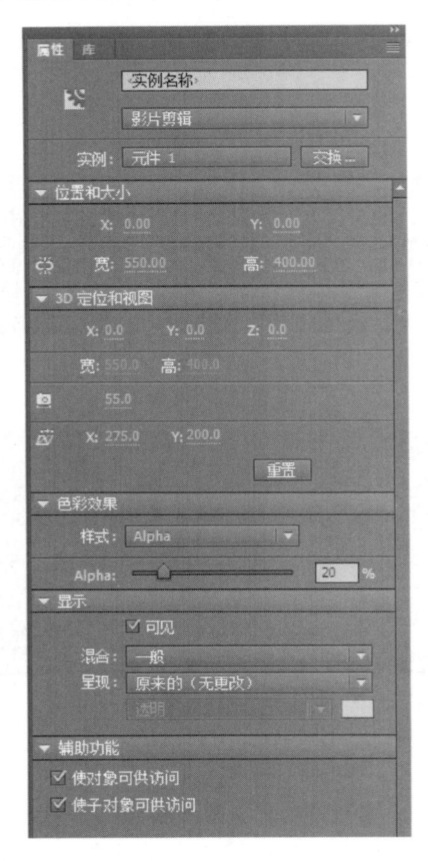

图 4.12

(6) 在“背景”图层的第 35 帧处插入关键帧，如图 4.13 所示。选取“舞台”上的背景元件实例，在“属性”面板中，将 Alpha 值设置为 100%。此时，“舞台”上的背景元件实例将变成完全不透明，如图 4.14 所示。选择“控制”→“播放”命令(或按回车键)，预览效果，可发现两个关键帧之间的背景透明度在发生变化。

(7) 在效果预览中，可以发现背景时间过渡太快，因此可将关键帧进行移动，以达到更加平滑的过渡效果。单击选中第 35 帧的关键帧，当一个小方框出现在光标附近时，表示可以移动关键帧。单击并拖动关键帧移到第 45 帧，如图 4.15 所示。此时背景元件实例的动画过渡将更加平滑。

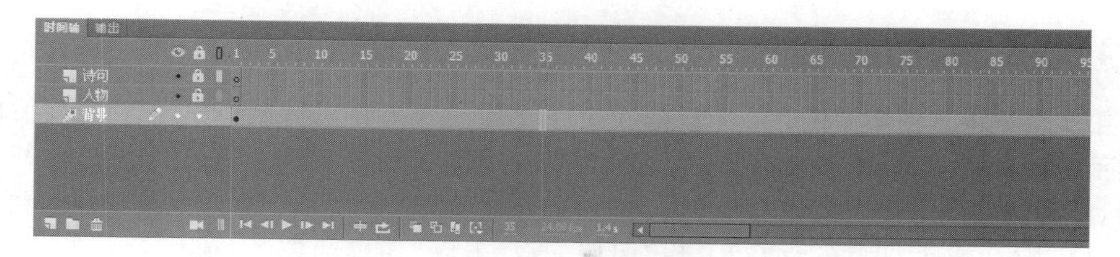

图 4.13

图 4.14

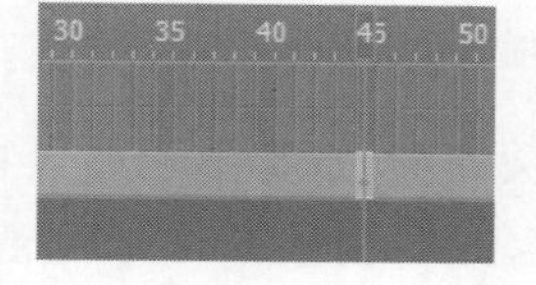

图 4.15

提示 如果要删除补间动画，可以在"时间轴"或"舞台"上右击或者按住 Ctrl 键单击补间动画，然后再选择"删除补间"命令。

4.5 动画特效制作

4.5 动画特效制作

通过上述操作步骤，完成了背景动画的制作。下面需要对范例中的人物进行动画制作，由于人物不是静态的，有自己的运动轨迹和出现方式。为保证动画的生动性，需要对动画添加多种特效，例如滤镜的添加、动画变形或者更改路径改变运动轨迹等等，使动画更加生动，引人注意。

4.5.1 添加滤镜

第2章曾讲过使用滤镜为太阳添加发光的效果，在本章的动画制作中，同样需要使用不同类型的滤镜，例如模糊和投影等，为文本、按钮和影片剪辑等元件实例提供特效，使补间动画更具生动性。

（1）锁定“背景”图层，打开“人物”图层。在“人物”图层的第45帧处插入关键帧，将“库”中名为“人物”的图片拖入舞台中间，对其创建补间动画，然后拖动时间轴至200帧处。此时，库中出现人物元件为“元件2”，如图4.16所示。

（2）设置“元件2”的大小位置和透明度参数，如图4.17所示。

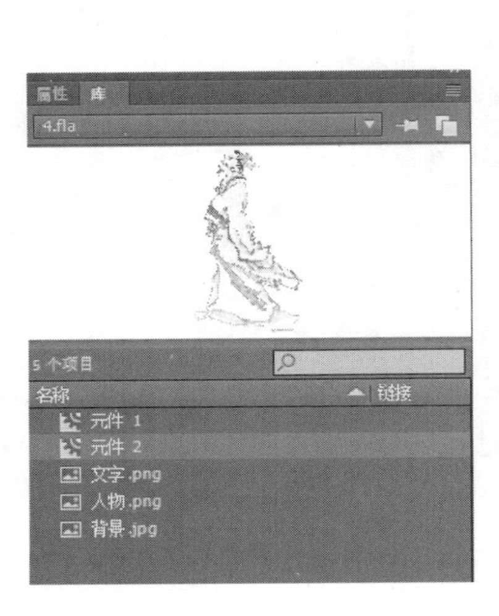

图 4.16

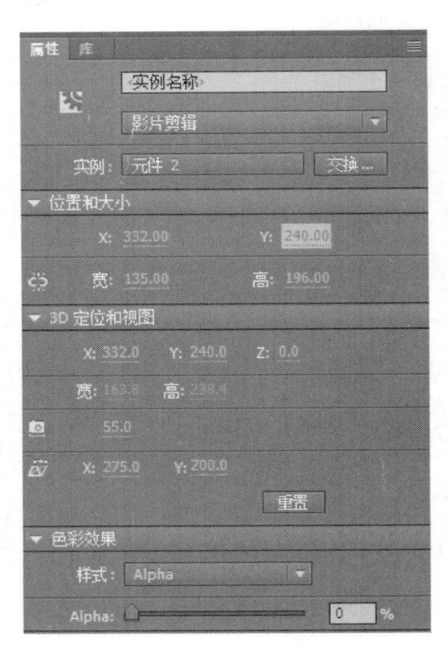

图 4.17

（3）单击时间轴上的第45帧关键帧，选定透明的人物实例。在“属性”面板中，展开“滤镜”区域，单击“添加滤镜”按钮 ，此时会展开一系列滤镜选项，如图4.18所示。在本章案例中，对人物使用了“模糊”滤镜。选择“模糊”，这将对实例应用“模糊”滤镜，并修改参数，如图4.19所示。

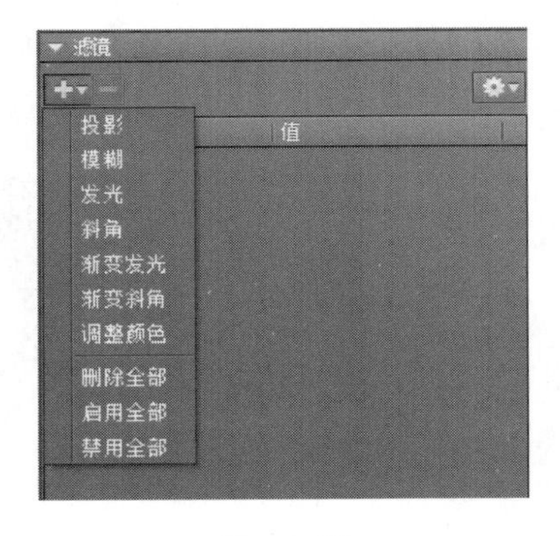

图 4.18

图 4.19

提示 修改链接模糊 X 和模糊 Y 的属性，是指修改 X 方向和 Y 方向的元件模糊值。

(4) 在“人物”图层的第 100 帧处，修改位置和大小、透明度和模糊值，如图 4.20 所示。

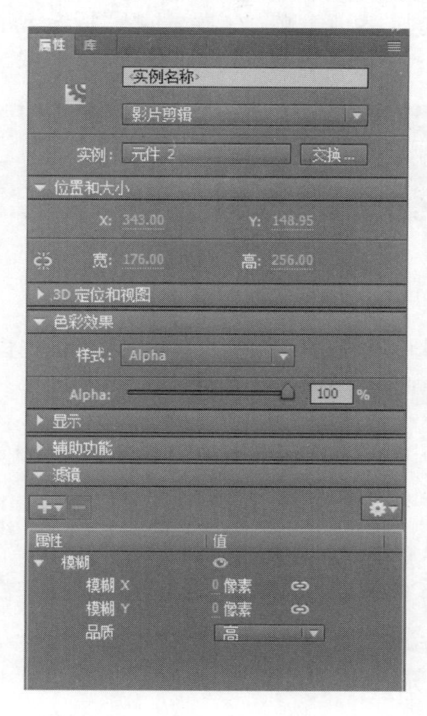

图 4.20

(5) 为了使人物的出现更加自然，可以在第 75 帧处单击“人物”元件，修改其透明值为 75%，此时，在前段部分人物从无到有出现速度稍快，后面越渐清晰，系统会自动创建人物出现的平滑过渡。

注意：修改参数后，会自动在时间轴上添加关键帧，此时，在时间轴第 76 帧和第 100 帧处，会出现关键帧标志，如图 4.21 所示。也可以在这两帧处，先添加关键帧，再修改参数。插入关键帧可以选择“滤镜”或者“位置”等。

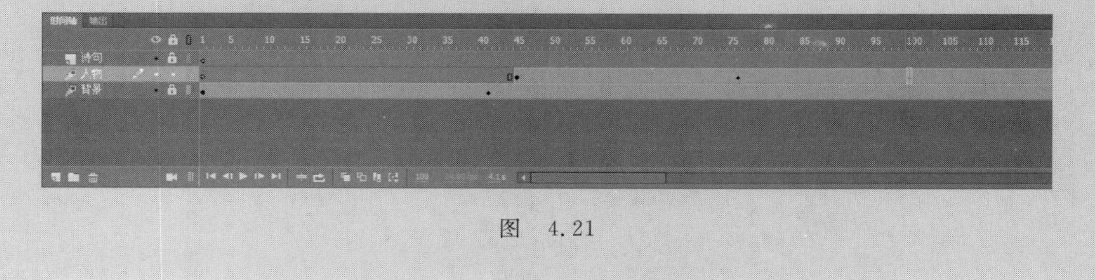

图 4.21

4.5.2 拆分动画

在场景运动过程中，一个元件的运动方式在每个时段会有不同的方式状态。同一个元件在同一个时间轴中，如果需要不同的运动轨迹或者运动方式形态，则此时就需要通过拆分动画来实现。

在本章案例中，在吟诗的过程中，诗人也在不停地运动，沿着石阶的延伸方向，诗人的运动轨迹会发生变化，诗人的大小也会随着距离的远近而变化，使之更加符合现实的人物运动形态。

(1) 在"人物"图层中选择第 101 帧，右击，选择"拆分动画"命令，此时的时间轴如图 4.22 所示。

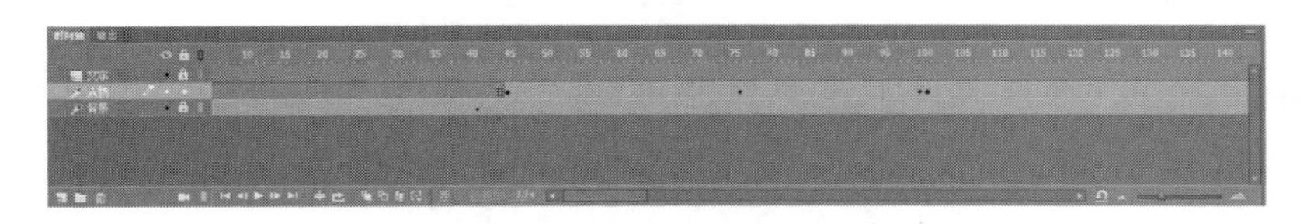

图 4.22

提示 人物补间动画在此处进行了拆分，因此前后两段动画皆为独立的补间动画，第一个补间的末尾对应了第二个补间的开始。

(2) 在第二段补间动画中，人物将随着石阶的延伸方向而转变原先的运动轨迹，并且人物元件渐渐变小，此时运用到了动画变形。

补充：动画变形是指制作缩放比例或旋转中的变化的动画，可以利用"任意变形"工具或者利用"变形"面板完成这些类型的更改。

(3) 选择人物图层第 170 帧，选择"任意变形"工具，单击"人物"元件，此时元件周围将出现变形句柄，如图 4.23 所示。

图 4.23

(4) 拖动句柄,更改元件大小等相关属性,也可以在"属性"面板中进行精准设置,如图 4.24 所示,此时 Animate 会自动对第 101 帧到第 170 帧对应的位置和缩放比例等变化进行补间。

提示 也可以使用"变形"面板(选择"窗口"→"变形"命令),把元件实例的缩放更改为适当比例。

(5) 在 Animate 中,动画运动速度默认为匀速运动,而在本章案例中,要求诗人的运动状态为先加速后减速到匀速运动,因此运用到了缓动。

补充:"缓动"是指动画过程中的渐进加速或减速,可使动画效果更加逼真。"缓动"的数值可以是－100～100 之间的任意整数,代表运动元件的加速度。"缓动"是负数,则元件做加速运动;"缓动"是正数,则元件做减速运动;如果"缓动"是 0,则元件匀速运动。

(6) 在"人物"图层中,选择第一段补间动画中的任意一帧,在"属性"面板中输入缓动值－50,如图 4.25 所示,则缓动运用成功。

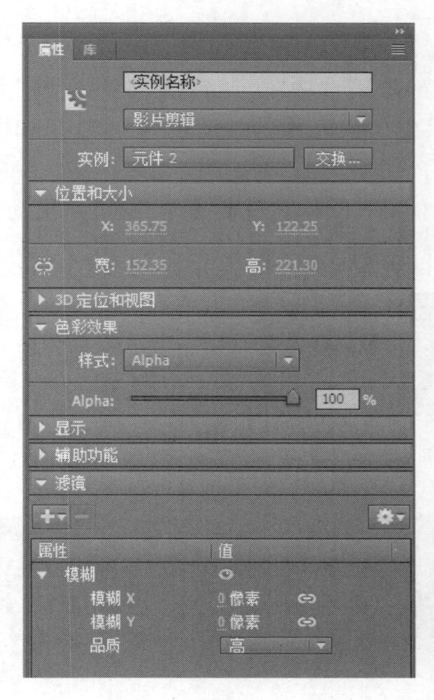

图 4.24

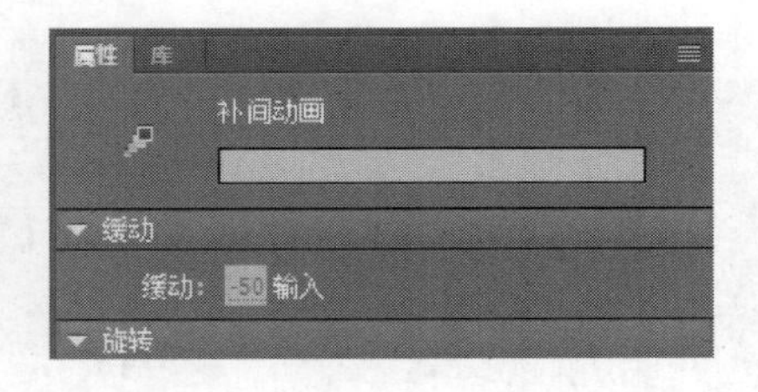

图 4.25

4.6 3D 旋转运动

4.6 3D旋转运动

本章案例为诗人吟诗的场景描述,因此需要在场景上添加诗人吟出的诗句。在 Animate 中,运用 3D 工具可以制作三维动画,使动画出现的方式更加生动。

补充：使用 3D 工具时，需要先对“工具”面板中的“全局转换”进行设置，如图 4.26 所示。“全局转换”选项将在全局选项（按钮按下）与局部选项（按钮弹起）之间切换。在启用全局选项的情况下移动一个对象将使转换相对于全局坐标系统进行，而在启用局部选项的情况下移动一个对象将使转换相对于它自身进行。

图 4.26

4.6.1 3D 旋转

（1）锁定“人物”图层，打开“诗句”图层。在“诗句”图层的第 106 帧处插入关键帧，并将“库”中的命名为“文字”的图片拖入舞台中间，对其创建补间动画，然后拖动时间轴至第 200 帧处。此时，库中出现文字元件为“元件 3”。

注意 1：此时，将会自动补齐时间轴到第 200 帧处，若没有自动补齐，则需要进行手动调整，拖动时间轴到第 200 帧处。

注意 2：以下所有位置大小参数均为参考参数，可自行进行调整。

（2）单击“元件 3”，移动该元件到舞台外左上方，并修改其大小，如图 4.27 所示。

（3）选择“3D 旋转”工具，并在“工具”面板底部取消选中“全局转换”选项。将“元件 3”实例绕着 X 轴旋转，使得元件看上去消失了，然后修改该元件的透明度为 0，效果如图 4.28 所示。

（4）在第 155 帧处插入关键帧，单击选中“元件 3”，设置其透明度为 100，并拖动元件旋转，使其舒展开来，最终效果如图 4.29 所示。

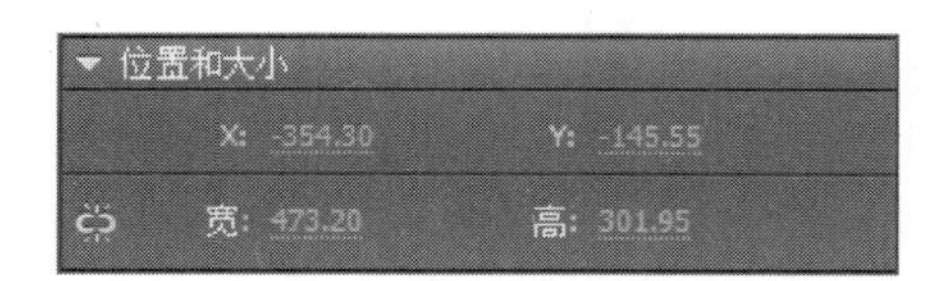

图 4.27

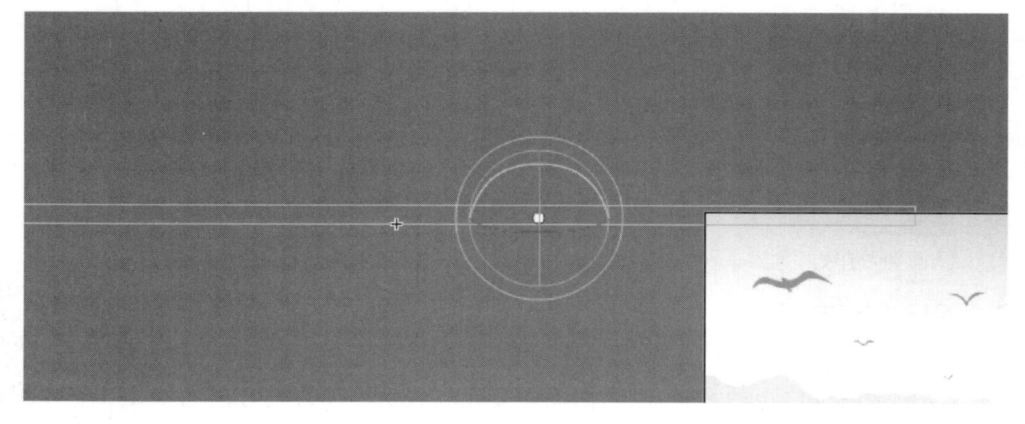

图 4.28

图 4.29

4.6.2 更改路径

在 Animate 中，物体运动的路径是可以进行编辑的，通过移动、缩放和旋转路径，使物体更好地沿着路径运动，该物体的补间动画路径为一条彩色带有圆点的线。有以下 4 种方式编辑修改路径。

(1) 选中路径，可以直接进行整体拖动移动路径位置，此时动画的相对运动和播放时间不会改变，但是起始位置和终止位置会改变。

(2) 通过“任意变形”工具选中路径，可以对路径进行放大缩小或者旋转。

(3) 通过“转换锚点”工具利用锚点句柄和贝塞尔精度编辑路径，在本章案例的初始操作中只能编辑“元件 3”运动路径的起点和终点以控制路径的曲度。

补充：“属性”面板中的“调整到路径”选项可以对沿着路径进行的对象定位。

(4) 选取“选择”工具，将其移动到运动的路径上面，此时在鼠标指针旁边将出现一个弯曲的图标，然后便可以直接编辑路径。

如图 4.30 所示，修改“元件 3”的运动路径。其中，可以在中间部分修改 3D 旋转，使元件运动更加生动，如图 4.31 所示，在中间部分可以多次修改 3D 旋转，每修改一次，系统将会自动在修改处的时间轴上添加关键帧。

“元件 3”做了运动操作后，最终呈现效果中文字会带有模糊感，为了增强用户体验，需要使最终文字呈现清晰效果，可以在时间轴元件运动结束后的位置，用文字图片替代，即在第 156 帧处删除模糊的文字，从“库”面板中将“文字”放在相同的位置。

在第 156 帧处，通过右键快捷菜单拆分动画，然后删除第二段动画中的动作。在第 156 帧处，从库中将“文字”图片拖到舞台上，调整其位置大小与舞台上的“元件 3”相同，如图 4.32 所示，然后删除“元件 3”，此时案例操作全部完成，如图 4.33 所示。

图 4.30

图 4.31

图 4.32

图 4.33

4.7 动画预览

4.7 动画预览

本章案例完成之后，需要对其进行预览观看效果，Animate 提供以下几种预览方法。

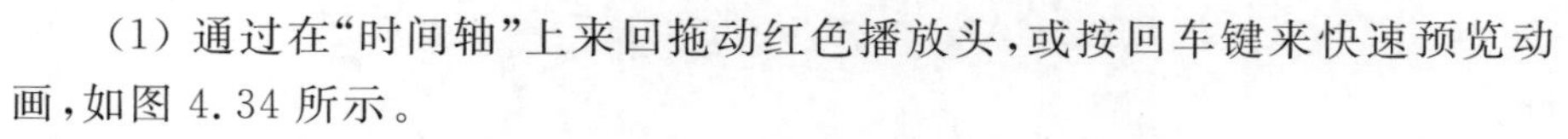

(1) 通过在“时间轴”上来回拖动红色播放头，或按回车键来快速预览动画，如图 4.34 所示。

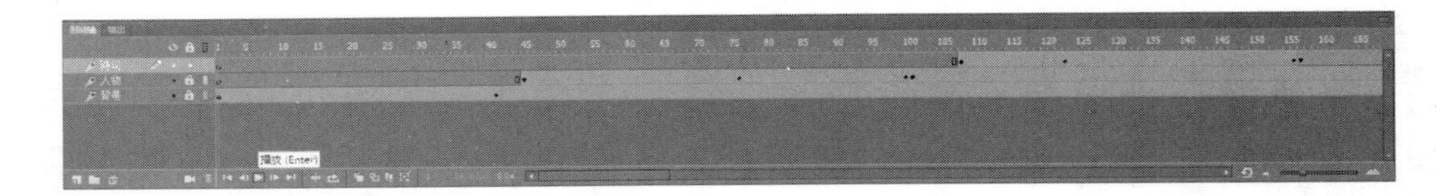

图 4.34

CS6 在 Flash CS6 版本中，也可以选择“窗口”→“工具栏”→“控制器”命令，将出现一个“控制器”面板，其中包含了播放和回放等按钮，如图 4.35 所示。

(2) 通过选择“控制”→“测试影片”→“在 Animate 中”命令，或者使用快捷键 Ctrl+Enter 进行动画预览，Flash 将导出一个 SWF 文件，存储在与 FLA 文件相同的位置。该 SWF 文件是将嵌入在 HTML 页面中的经过压缩的、最终的 Flash 媒体。Flash 将自动创建一个与“舞台”尺寸完全相同的新窗口，在此新窗口中显示 SWF 文件并播放动画，如图 4.36 所示。要退出“测试影片”模式，直接单击“关闭窗口”按钮。

图 4.35

图 4.36

CS6 2015 在 Flash CS6 和 Flash CC 2015 版本中，使用“控制”→“测试影片”→“在 Flash Professional 中”命令。

(3) 通过选择“调试”→“调试影片”→“在 Animate 中”命令进行影片调试，此时也会将会弹出 SWF 文件窗口，并且 Animate 操作页面将更改为调试状态，如图 4.37 所示。

CS6 2015 在 Flash CS6 和 Flash CC 2015 版本中，使用“调试”→“调试影片”→“在 Flash Professional 中”命令。

图 4.37

作业

一、模拟练习

打开 Lesson04→ “模拟”→ Complete→“04 模拟 complete(CC 2017).swf”进行浏览播放,根据本章所述知识,使用“素材”文件夹中的文件做一个类似的作品。作品资料已完整提供,获取方式见前言。

二、自主创意

自主创造出一个场景,应用本章所学习知识,制作生动形象的动画或者动画课件。也可以把自己完成的作品上传到课程网站进行交流。

三、理论题

1. 补间动画可以改变哪些类型的属性?
2. 什么是动画变形?
3. 什么是缓动?

第5章

制作形状补间动画和遮罩动画

本章学习内容

1. 掌握形状补间动画的原理和制作方法
2. 制作形状补间动画表现图形的变化过程
3. 使用形状提示美化补间形状
4. 设置补间形状的渐变填充颜色
5. 掌握遮罩动画的原理和制作方法
6. 理解“遮罩层”与“被遮罩层”的关系

完成本章的学习大约需要1～2个小时，相关资源获取方式见“前言”和第1章中的描述。

知识点

由于本书篇幅有限，下面的知识点并非在本章中都有涉及或详细讲解，在本书的学习网站有详细的资料，欢迎登录学习。

新建 Animate 文档	创建形状补间动画	在关键上绘制更多的形状
使用“循环播放”按钮	使用形状提示	使用“颜色”面板
创建遮罩层与被遮罩层	创建遮罩动画	掌握部分工具的基本操作

本章案例介绍

范例：

本章范例动画是一个不同图形相互转换的案例，介绍一些基本图形的转换，比如文字转换为圆、圆转换为四角星、四角星转换为正方形等。在本章，你将掌握形状补间动画和遮罩动画的原理和制作方法，学习使用形状提示美化形状，使用“颜色”面板修改补间形状的颜色以及学习创建遮罩层与被遮罩层，如图5.1所示。

图 5.1 （见彩插）

模拟案例：

本章模拟案例中，将通过制作生日蛋糕上蜡烛火焰形状的变化以及创建“生日快乐”水波文字的小动画来加深对知识点的理解，如图 5.2 所示。

图 5.2 （见彩插）

5.1 预览完成的案例

5.1 预览

（1）右击“Lesson05/范例/complete”文件夹的“05 范例 complete (CC 2017).swf”文件进行播放，该动画是一个文字经过五角星会变大的动画。

（2）关闭 Adobe Flash Player 播放器。

（3）可以用 Animate CC 2017 打开源文件进行预览，在 Animate CC 2017 菜单栏中选择“文件”→“打开”命令，再选择“Lesson05/范例/complete”文件夹的“05 范例 complete (CC 2017).fla”，并单击“打开”按钮。选择“控制”→“测试影片”→“在 Animate 中”命令即可预览动画效果，如图 5.3 所示。

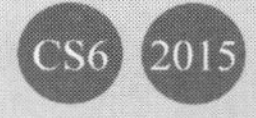

在 Flash CS6 和 2015 的版本中，此步骤应为：

选择“控制”→“测试影片”→“在 Flash Professional 中”命令。

图 5.3

5.2 初识形状补间动画

第4章介绍了如何创建动画补间动画，在Flash中，动画补间动画只能针对非矢量图形进行，例如组合图形、文字对象、元件实例、图片等，本节将介绍的形状补间动画针对的是矢量图形(矢量图使用直线和曲线来描述图形)。

形状补间动画是Flash中非常常见的动画，是一种使一个形状随着时间轴的运动而变成另一个形状的动画。利用形状补间动画，可以制作出各种奇特的变形效果，例如火焰、云朵、水波的变化、文字的变化、图形的变化等。

当然形状补间动画不仅仅可以实现两物体之间的形状的变换，与动画补间一样，还可以实现两个物体之间的大小、位置、颜色、透明度等变化。

5.3 制作形状补间动画

5.3 制作形状补间动画

形状补间动画需要在一个关键帧绘制一个形状，然后在另一个关键帧处更改或绘制另一个形状，Flash会自动在两个关键帧之间插入平滑的动画。

5.3.1 新建Animate文档

(1) 在菜单栏中，选择"文件"→"新建"，在"新建文档"对话框中，选择"常规"→ActionScript 3.0命令，默认舞台大小设置，修改舞台的颜色为"#FFCC33"，然后单击"确定"按钮以创建一个新的Animate文档，文件扩展名为.fla，如图5.4所示。

(2) 选择"文件"→"保存"命令，把文件命名为"05范例start(CC 2017).fla"(在Adobe Flash CC 2015中命名为"05范例start(CC 2015).fla"，在Adobe Flash CS6中命名为"05

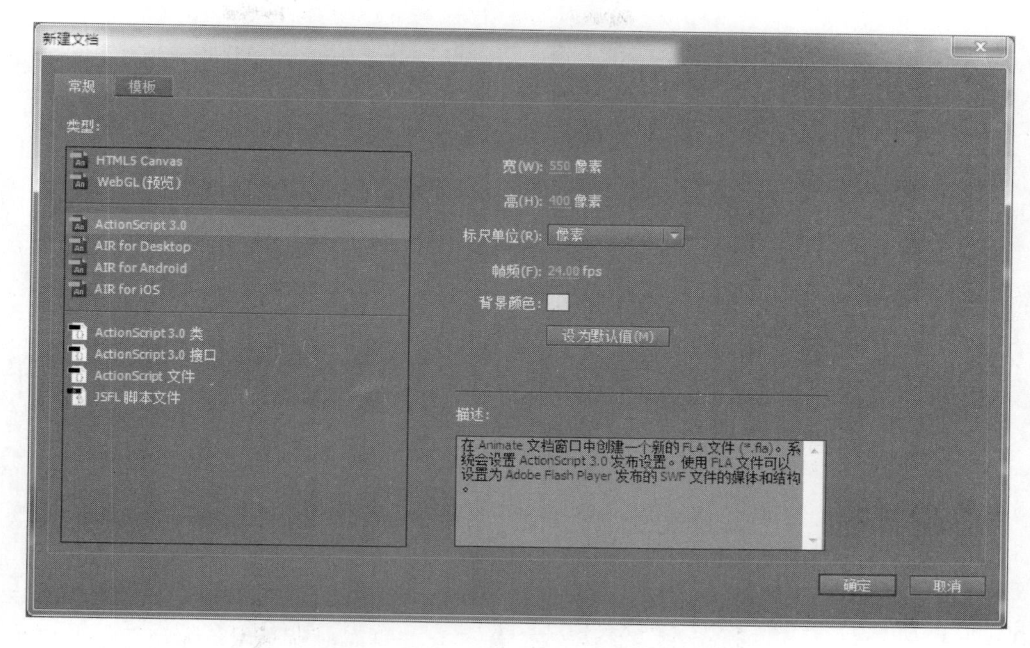

图　5.4

范例 complete(CS6).fla”)。把它保存在“Lesson05/范例/start”文件夹中，此时舞台大小为宽 550px、高 400px，背景颜色为黄色。

5.3.2　新建图层并插入关键帧

(1) 在“时间轴”面板中选择“图层 1”，双击图层的名称将其重命名为“文字(小)”，按回车键或者在其他地方单击即完成图层的重命名。

(2) 单击时间轴底部的“新建图层”按钮( )，也可以选择“插入”→“时间轴”→“图层”命令，还可以右击“文字(小)”图层，在弹出的快捷菜单中选择“插入图层”命令，将新图层命名为“变大的五角星”。依次添加图层“形状”“文字(大)”“遮罩五角星”，如图 5.5 所示。

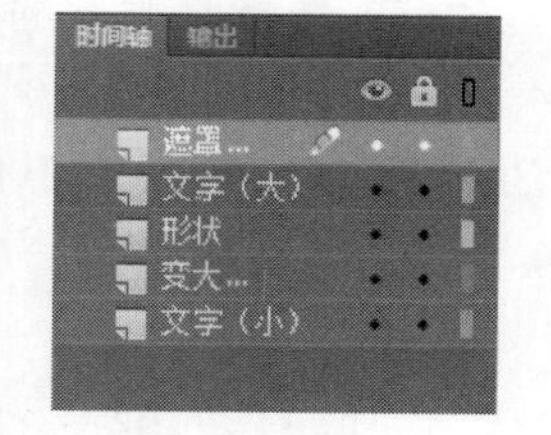

图　5.5

(3) 选择“形状”图层的第 15 帧，选择“插入”→“时间轴”→“空白关键帧”命令(或按 F7 键)。并在该图层的第 25 帧、第 40 帧、第 50 帧、第 60 帧处插入空白关键帧。

(4) 选择所有图层的第 100 帧(按 Shift 键可全选)，选择“插入”→“时间轴”→“关键帧”命令(或按 F6 键)，如图 5.6 所示；并在所有图层第 180 帧处，选择“插入”→“时间轴”→“帧”(或按 F5 键)，如图 5.7 所示。

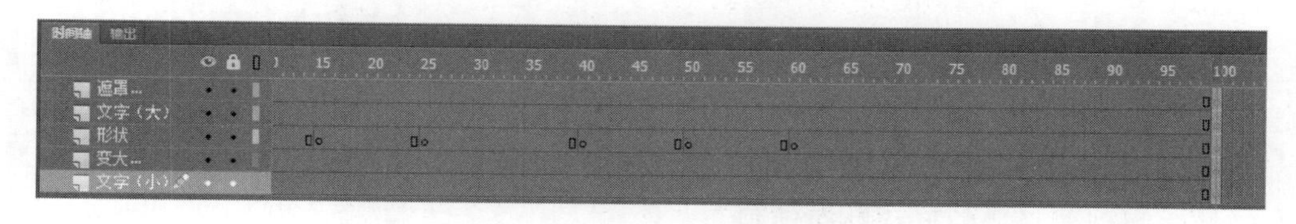

图　5.6

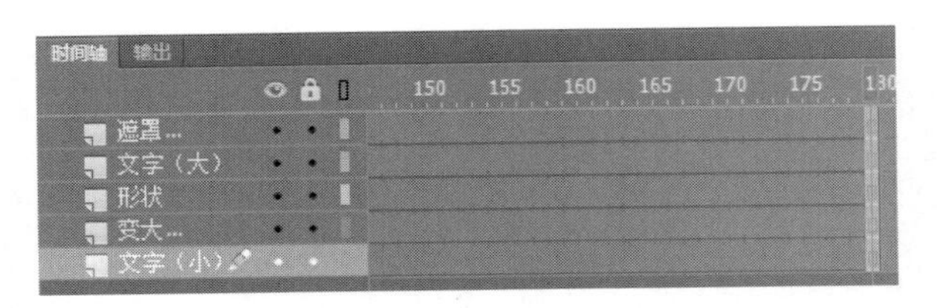

图 5.7

5.3.3 在关键帧处绘制形状

（1）选择“形状”图层的第1帧，在“工具”面板中选择“文本工具”。在“属性”面板中选择“静态文本”选项，设置系列为Arial，大小为130，颜色为白色，如图5.8所示。

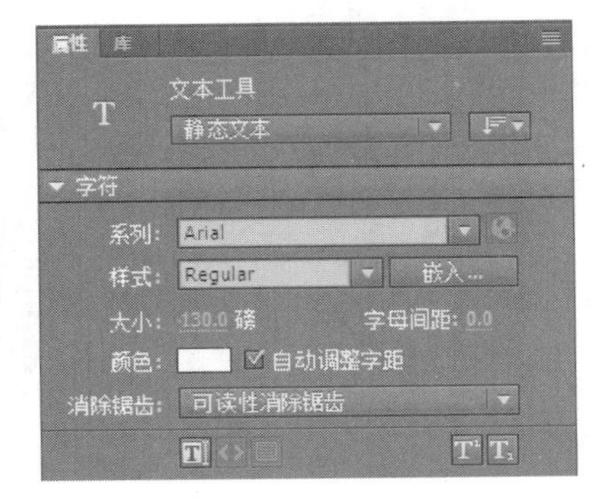

图 5.8

（2）在舞台中单击，添加文本FLASH。使用“选择工具”选择文本FLASH，在“属性”面板中设置位置X为75、Y为120。

（3）选择“形状”图层的第15帧，在“工具”面板中，选择“椭圆工具”。在“属性”面板中，设置填充颜色为白色，笔触颜色为“无”。

在Flash CS6版本中：“椭圆工具”合并到“矩形工具组”中。

（4）在舞台中单击并拖动鼠标绘制一个椭圆形，使用“选择工具”选择椭圆，在“属性”面板中设置宽为30、高为30，X为260、Y为185，如图5.9所示。

（5）选择修改后的圆形，按快捷键Ctrl+C进行复制，按快捷键Ctrl+V粘贴出其他的4个圆形，并按图5.10所示设置它们的位置：第一个小圆的X为80、Y为185，第二个小圆的X为165、Y为185，第三个小圆的X为355、Y为185，第四个小圆的X为440、Y为185。

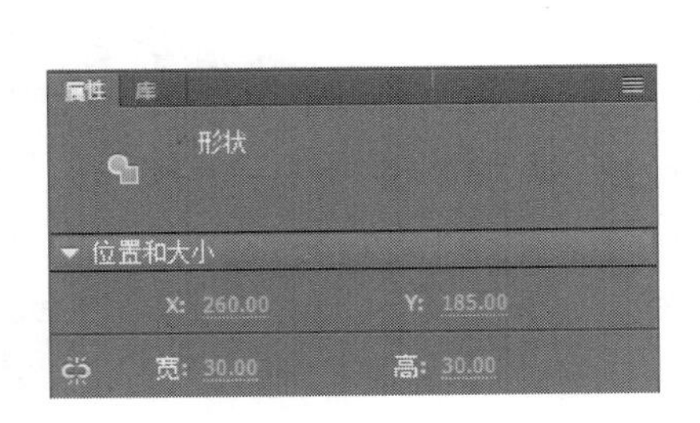

图 5.9

图 5.10

5.3.4 创建补间形状

现在第1帧处包含了文本FLASH，第15帧处包含了形状“五个圆形”，此时可以在两个关键帧之间创建平滑的形状补间动画。

(1) 选择文本 FLASH,在菜单栏中选择“修改”→“分离”命令,如图 5.11 所示,或者使用快捷键 Ctrl+B。

(2) 此时文本 FLASH 分离得还不够彻底,如图 5.12 所示,需要使用快捷键 Ctrl+B 再次分离。

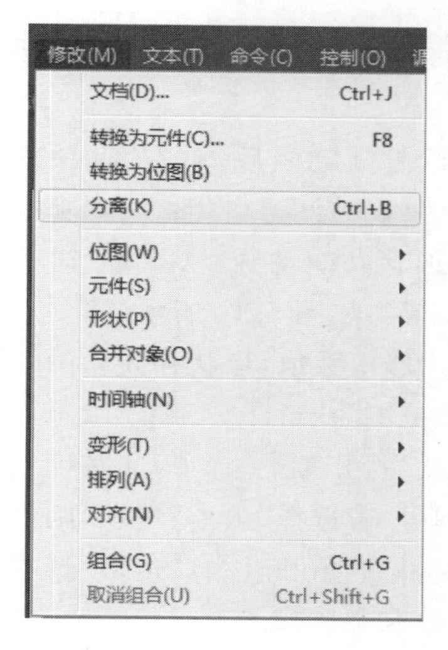

图 5.11

图 5.12

(3) 单击第 1 帧和第 15 帧之间的任意一帧,在菜单栏中选择“插入”→“补间形状”命令。也可以右击,在弹出的快捷菜单中选择“创建补间形状”命令,如图 5.13 所示。

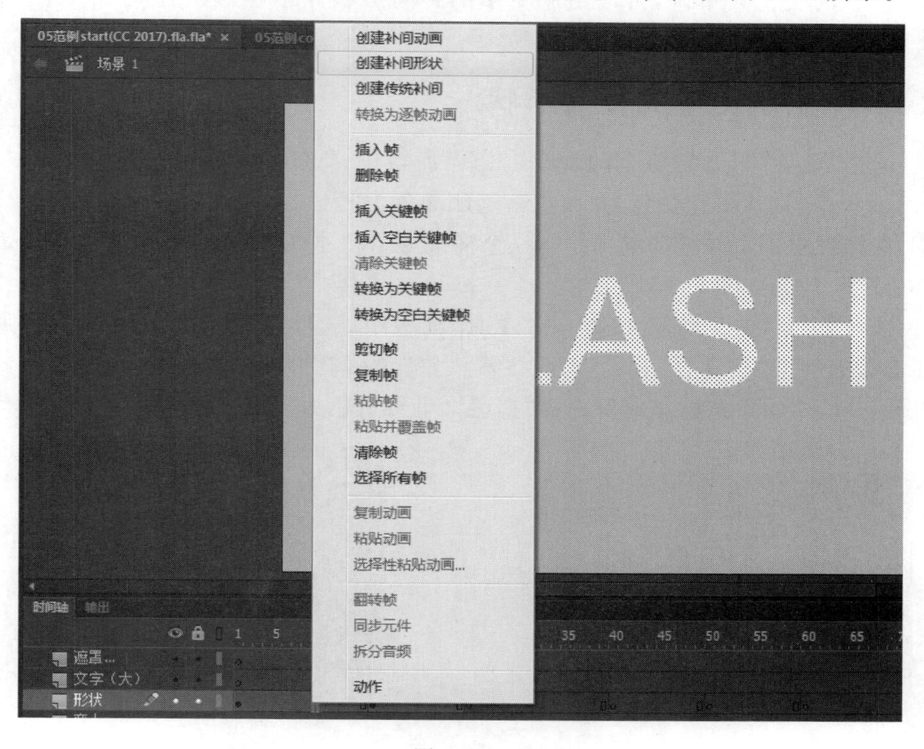

图 5.13

(4) 通过"控制"→"播放"命令播放动画,也可以通过单击"时间轴"底部的"播放"按钮来播放动画,此时 Flash 在文本 FLASH 和"五个圆形"之间创建了平滑的动画。

注意:在做形状补间动画时,如果有图片、文字、组合对象或元件要作为对象参与形状补间动画,一定要将它们分离,转换为矢量图形。

5.3.5 设置"缓动"和"混合"属性

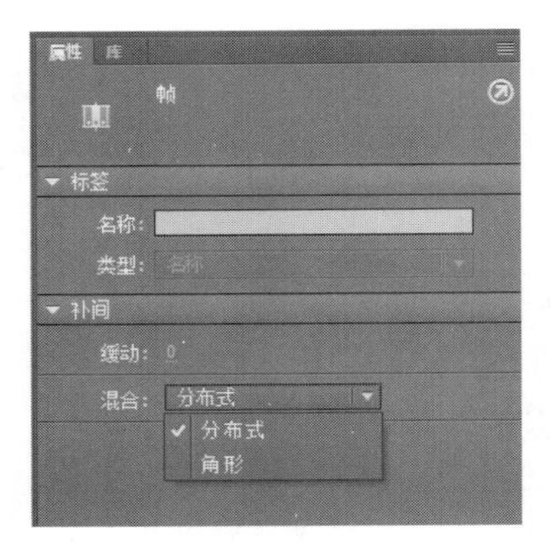

图 5.14

在建立一个形状补间动画后,单击其中的任意一帧,在"属性"面板中,会出现"缓动"和"混合"选项。可以通过这两个选项来编辑形状补间动画。"混合"选项下还可以选择"分布式"或"角形",如图 5.14 所示。

在"缓动"选项中输入数值,形状补间动画会随之发生相应的变化,缓动值范围为−100~100。

"混合"选项默认为"分布式"选项,此时创建的动画中间形状平滑和不规则。若选择"角形"选项,则创建的动画中间形状会保留有明显的角和直线,"角形"选项适合于具有锐化转角和直线的混合形状。

5.4 添加更多的形状补间动画

两个形状的变化太单调,可以绘制更多的补间形状并创建形状补间动画。

5.4 添加更多的形状补间动画

5.4.1 绘制更多的补间形状

(1) 选择"形状"图层的第 25 帧,在"工具"面板中,选择"椭圆工具"。在"属性"面板中,默认填充颜色为"白色",笔触颜色为"无"。

(2) 在舞台中单击并拖动鼠标绘制一个椭圆形,在"属性"面板中设置宽为 50、高为 50,X 为 250、Y 为 175,如图 5.15 所示。

(3) 选择"形状"图层的第 40 帧,在"工具"面板中,选择"多角星形工具"。在"属性"面板的"工具设置"选项中选择"选项",在"工具设置"对话框中,设置"样式"为"星形","边数"为 4,如图 5.16 所示。默认填充颜色为"白色",笔触颜色为"无"。

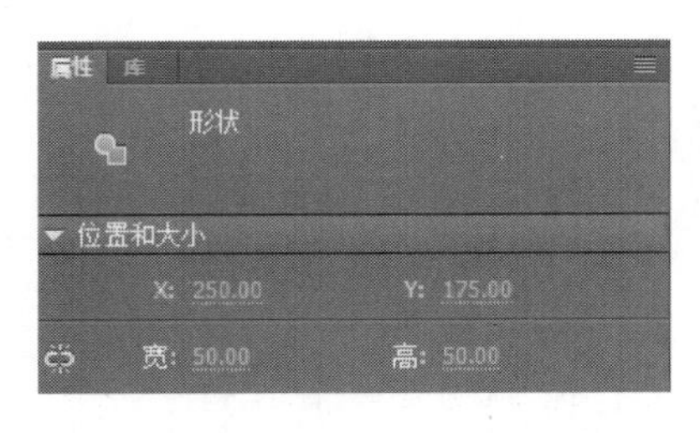

图 5.15

图 5.16

在 Flash CS6 版本中："多角星形工具"合并到"矩形工具组"中。

(4) 在舞台中单击并拖动鼠标绘制一个四角星，在"属性"面板中设置宽为 100、高为 100，X 为 225、Y 为 150。

(5) 选择"形状"图层的第 50 帧，在"工具"面板中，选择"矩形工具"。在"属性"面板中，默认填充颜色为"白色"，笔触颜色为"无"。

(6) 在舞台中单击并拖动鼠标绘制一个矩形，在"属性"面板中设置宽为 150、高为 150，X 为 200、Y 为 125。

(7) 选择"形状"图层的第 60 帧，默认选择"矩形工具"。在"属性"面板中，默认填充颜色为"白色"，笔触颜色为"无"。

(8) 在舞台中单击并拖动鼠标绘制一个矩形，在"属性"面板中设置宽为 50、高为 50，X 为 250、Y 为 175。

(9) 选择小矩形，复制粘贴出其他的 4 个小矩形，并按图 5.17 设置其位置，第一个小矩形的 X 为 200、Y 为 125，第二个小矩形的 X 为 300、Y 为 125，第三个小矩形的 X 为 200、Y 为 225，第四个小矩形的 X 为 300、Y 为 225。

(10) 选择"形状"图层的第 100 帧，在"工具"面板中，选择"多角星形工具"。在"属性"面板的"工具设置"选项中选择"选项"，在"工具设置"对话框中，设置"样式"为"星形"，"边数"为 5。设置填充颜色为"白色"，笔触颜色为"#FFCC33"，笔触大小为 10，如图 5.18 所示。

图 5.17

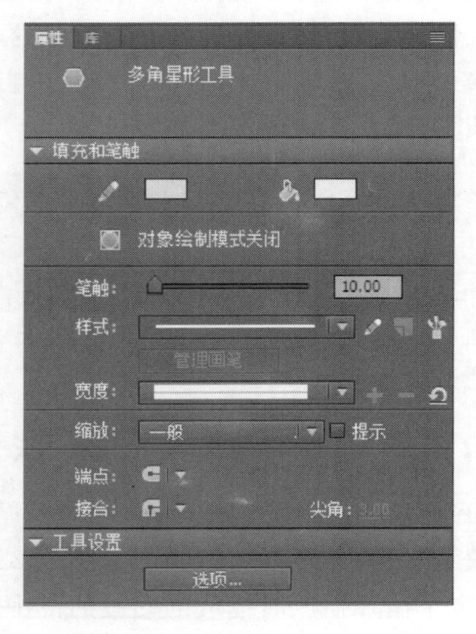

图 5.18

(11) 在舞台中单击并拖动鼠标绘制一个正五角星，在"属性"面板中设置宽为 250、高为 250，X 为 150、Y 为 60。

注意：黄色笔触和白色填充是分开的，需双击鼠标(或按住 Shift 键加选填充和笔触)全选五角星后，再在"属性"面板中调整位置和大小。

此时"形状"图层的"时间轴"上有 7 个关键帧，第 1 个和第 2 个关键帧之间创建了补间形状。

5.4.2 为添加的补间形状创建形状补间动画

（1）单击第 15 帧和第 25 帧之间的任意一帧，右击，在弹出的快捷菜单中选择“创建补间形状”命令，Flash 将在两个关键帧之间创建补间形状，用黑色箭头表示，如图 5.19 所示。

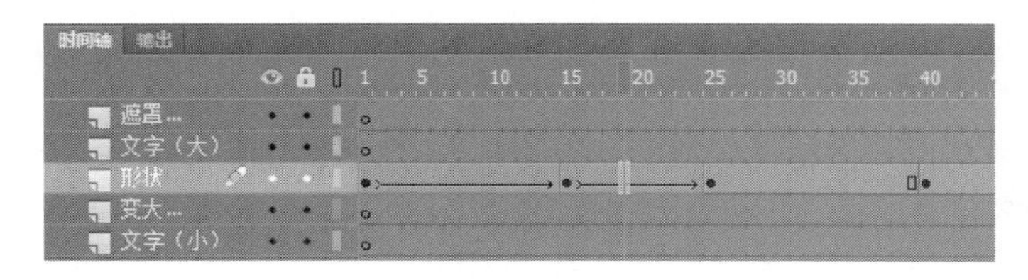

图 5.19

（2）按上述步骤，在其余关键帧之间创建补间形状，如图 5.20 所示。

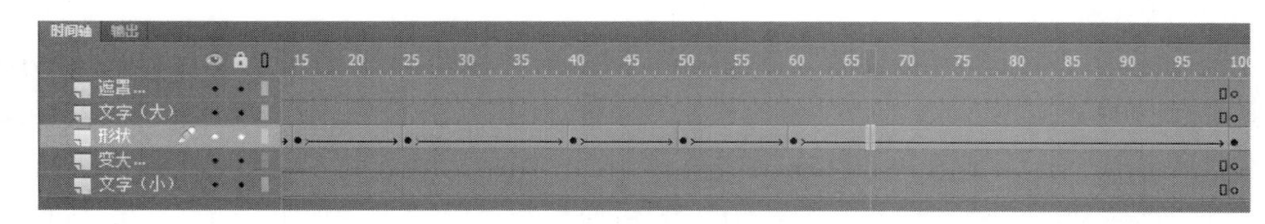

图 5.20

（3）单击“时间轴”底部的“播放”按钮来播放动画，会发现第 50 帧和第 60 帧处的形状变化太快。此时可以通过移动第 60 帧这个关键帧来改变动画的变化时间。

（4）选择“形状”图层的第 60 帧，单击并将其拖动到第 80 帧处，如图 5.21 所示，补间形状变长了，形状变化速度会放慢。

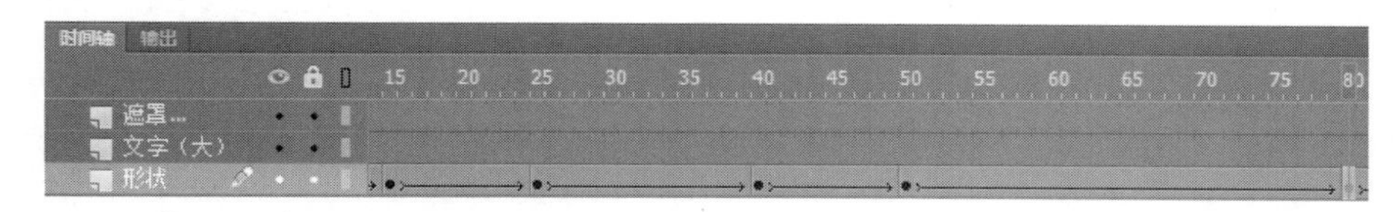

图 5.21

5.4.3 使用“循环播放”按钮预览动画

（1）通过“控制”→“循环播放”命令循环播放动画，也可以通过单击“时间轴”底部的“循环播放”按钮来循环播放动画。如图 5.22 所示，此时会出现一个黑色的中括号图形，这是标记，圈定了循环播放时播放的动画的范围。

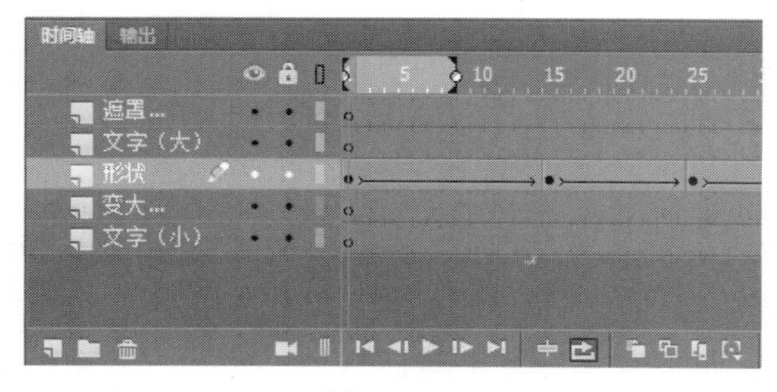

图 5.22

(2) 拖动标记使其包含形状补间动画的第 1 帧到第 100 帧，如图 5.23 所示。单击“播放”按钮，此时播放头到达第 100 帧后将自动回到第 1 帧重新播放动画。

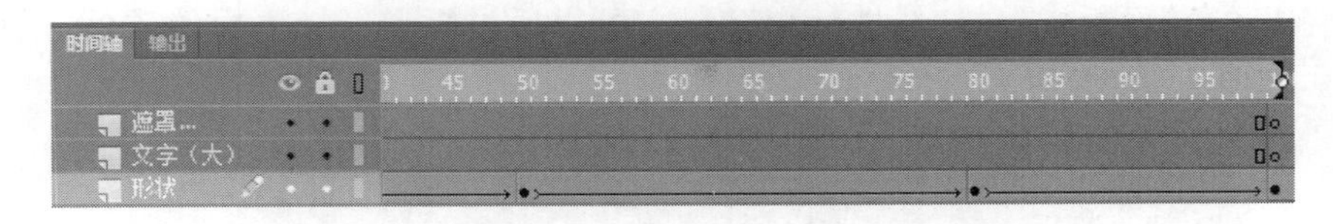

图　5.23

(3) 取消选择“循环播放”按钮，标记会自动消失。

5.5　美化补间形状

5.5　美化补间形状

5.5.1　使用形状提示

形状提示是一个有颜色的实心小圆，上面包含一个小写英文字母(从 a～z)，用于识别起始形状和结束形状中的对应点。使用形状提示可以使形状补间动画的变化更加圆滑。

(1) 选择“形状”图层的第 1 帧，在菜单栏中选择“修改”→“形状”→“添加形状提示”命令。此时起始形状提示在 FLASH 形状上的某一处显示为带有小写字母 a 的红色圆圈，如图 5.24 所示。

(2) 将带字母 a 的红圈移动到 FLASH 的字母 A 的顶部，也可以根据需要多添加几个形状提示，最多可以添加 26 个形状提示。

(3) 在第一个补间形状动画处拖动播放头查看效果，会发现形状的变化受到了形状提示的影响。

(4) 对于不需要的形状提示，可以通过右击该形状提示，在弹出的快捷菜单中选择“删除提示”命令，如图 5.25 所示。

图　5.24

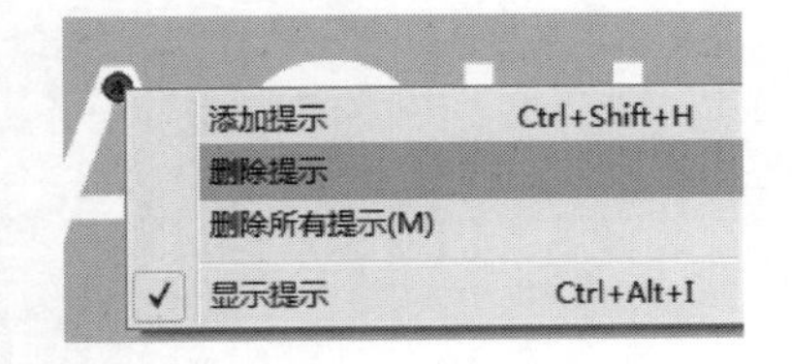

图　5.25

注意：想要一次性删除所有形状提示，可以通过选择菜单栏中的“修改”→“形状”→“删除所有提示”命令，也可以通过右击其中一个形状提示，在弹出的快捷菜单中选择“删除所有提示”命令来删除所有的形状提示。

5.5.2　使用“颜色”面板

在“属性”面板中设置形状的颜色都是纯色，要想给形状设置渐变颜色需要使用“颜色”面板。

(1) 在菜单栏中选择“窗口”→“颜色”命令打开“颜色”面板。使用“选择”工具,选择“形状”图层的第25帧,单击舞台上的圆形。

(2) 在“颜色”面板中选择“线性渐变”选项,可以通过矩形区域下面的颜色滑块选择渐变的颜色,如图5.26所示。

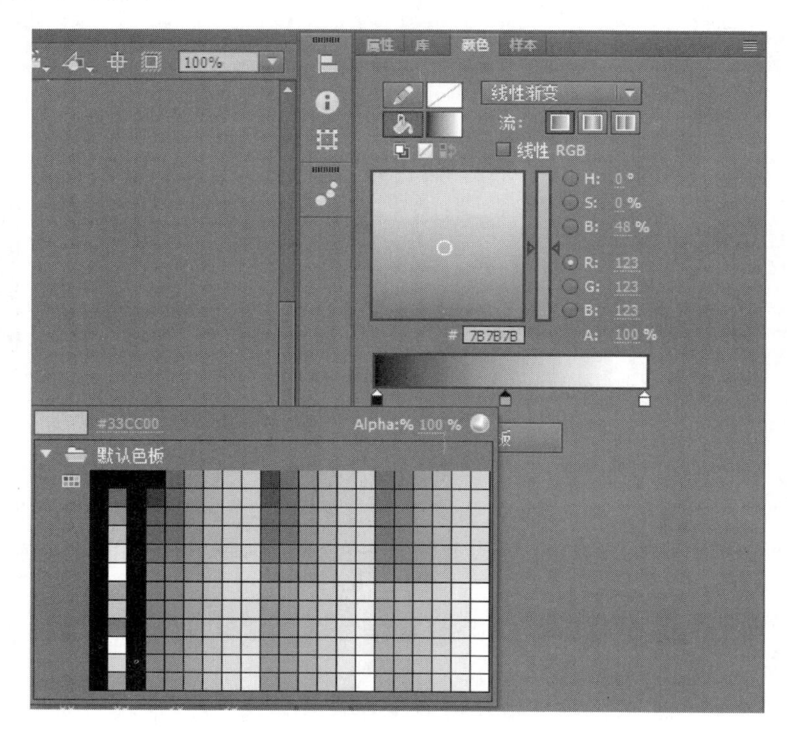

图5.26 (见彩插)

(3) 在“工具”面板中,选择“渐变变形工具”,此时“渐变变形工具”的控制点出现在圆形的左右两边,如图5.27所示。拖动控制点可以改变圆形的颜色渐变。

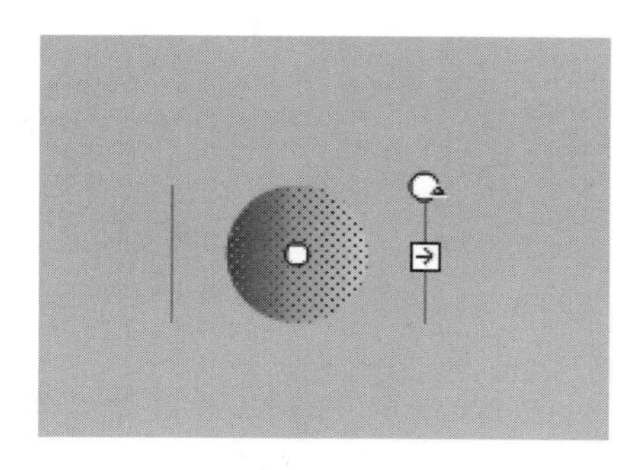

图5.27 (见彩插)

注意:在“工具”面板中,“渐变变形工具”和“任意变形工具”组合在一起。

(4) 在本章案例中,不需要设置形状的渐变填充颜色,所以可以通过“历史记录”面板或者Ctrl+Z快捷键撤销设置渐变颜色的相关操作。

5.6　初识遮罩层动画

遮罩层动画是 Flash 中的一种重要的动画类型。在 Flash 中，使用遮罩动画可以创建很多特殊的效果。比如漂亮的文字效果以及流动的瀑布、荡漾的湖水、探照灯动画、水中倒影动画等。

遮罩动画是指运用遮罩制作而成的动画，遮罩主要由遮罩层与被遮罩层构成，遮罩层在被遮罩层的上方。遮罩层决定看到的形状，图形对象在播放时并不显示。被遮罩层决定看到的内容，内容会显示在遮罩层的“形状”中。

在下面的学习中，我们将同时使用遮罩层动画与动画补间动画，从而创建出更富有想象力和创造力的动画。

5.7　制作遮罩层动画

5.7　制作遮罩层动画

5.7.1　创建遮罩层

遮罩层中有对象的地方是“透明”的，通过遮罩层中的对象可以看到被遮罩层中的内容。遮罩层中的对象可以是文字、填充的形状、图形元件和影片剪辑元件等，对象的颜色、透明度等属性无关紧要，重要的是对象的形状、位置、大小等属性。下面将在遮罩层上创建一个五角星形的填充图形。

(1) 选择“遮罩五角星”图层的第 100 帧，在“工具”面板中，选择“多角星形工具”。在“属性”面板中的“工具设置”选项中选择“选项”，在“工具设置”对话框中，设置“样式”为“星形”，“边数”为 5。设置填充颜色为“蓝色”，笔触颜色为“无”。

(2) 在舞台中单击并拖动鼠标绘制一个正五角星，在“属性”面板中设置宽为 250、高为 250，X 为 150、Y 为 60，如图 5.28 所示，此时这个正五角星与“形状”图层第 100 帧处的正五角星重合。

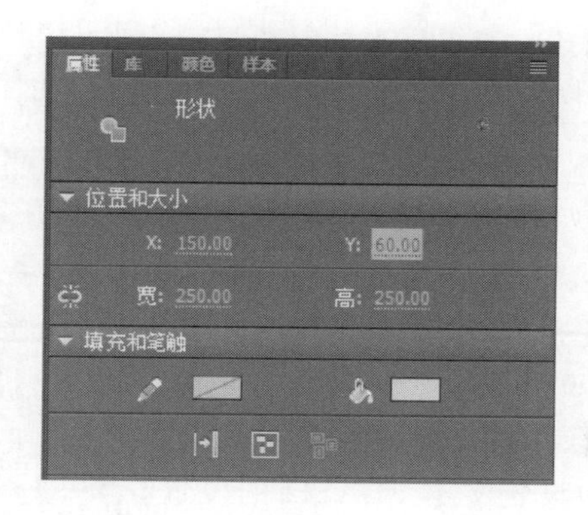

图　5.28

(3) 右击“遮罩五角星”图层，在弹出的快捷菜单中选择“遮罩层”命令，如图 5.29 所示，这样可以直接将“一般图层”转化为“遮罩”图层。还可以通过右击“遮罩五角星”图层，在弹出的快捷菜单中选择“属性”命令(或者在菜单栏中选择“修改”→“时间轴”→“图层属性”命令，又或者双击“遮罩五角星”图层名称前面的图标），在弹出的“图层属性”对话框的“类型”选项下选择“遮罩层”，如图 5.30 所示，单击“确定”按钮。此时遮罩层下方的图层会自动缩进，成为被遮罩层。

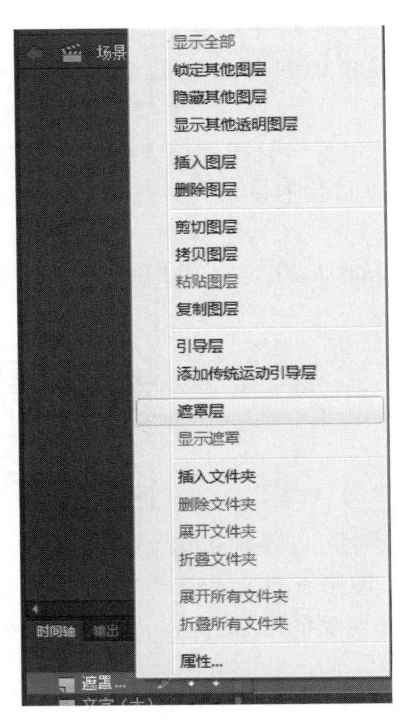

图 5.29

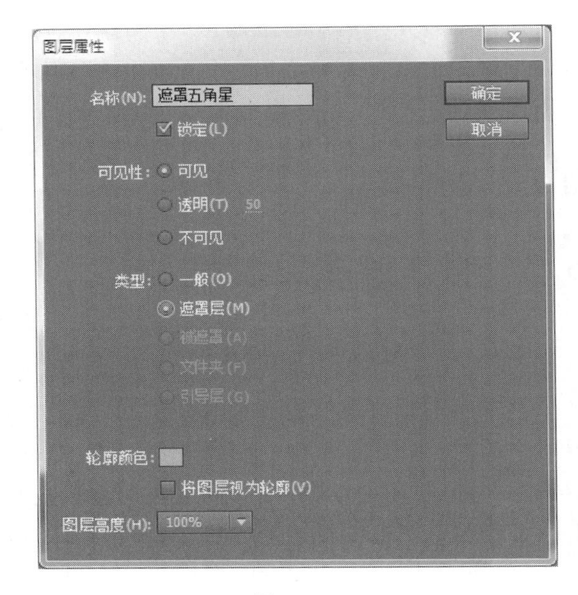

图 5.30

注意：在 Flash 中，没有专门的创建遮罩层的按钮，遮罩层是由普通图层转化而来。

5.7.2 创建被遮罩层

被遮罩层上的对象可以透过遮罩层上的对象显示出来。

（1）选择“文字（大）”图层的第 100 帧，在“工具”面板中，选择“文本工具”。在“属性”面板中选择“静态文本”选项，设置系列为 Times New Roman，大小为 110，颜色为“#FFCC33”，如图 5.31 所示。

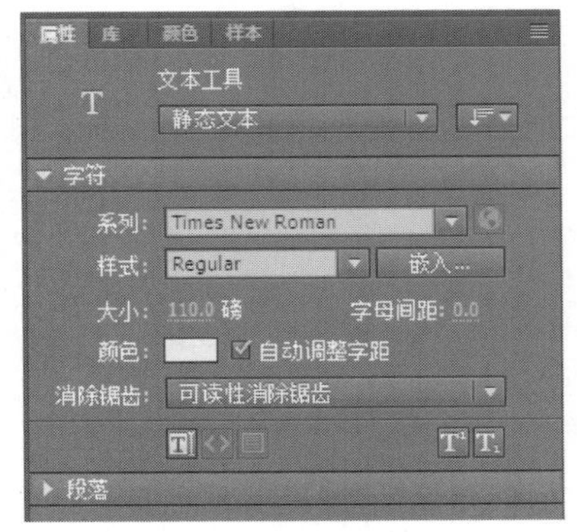

图 5.31

（2）在舞台中单击鼠标，添加文本 FLASH，在“属性”面板中设置位置 X 为 600、Y 为 150。

（3）选择“文字（大）”图层的第 180 帧，按 F6 键插入关键帧。在“属性”面板中设置文本 FLASH 的位置 X 为 −350、Y 为 150。

（4）单击第 100 帧和第 180 帧之间的任意一帧，右击，在弹出的快捷菜单中选择“创建传统补间”命令，如图 5.32 所示，Flash 将在两个关键帧之间创建传统补间，用黑色箭头表示，并且会自动将第 100 帧和第 180 帧上的文本 FLASH 转换为两个元件，名称为“补间 1”和“补间 2”。

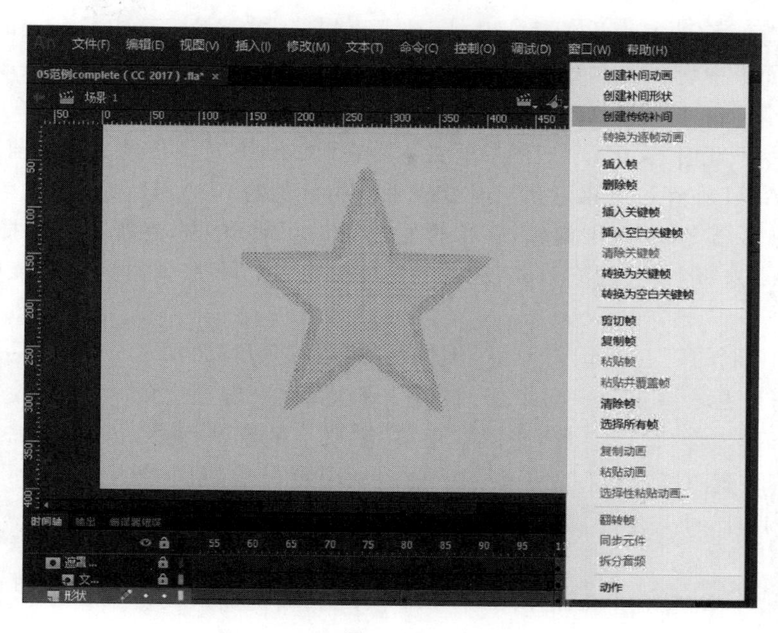

图 5.32

(5) 在创建遮罩层时，由于“文字(大)”图层自动缩进成了“被遮罩层”，所以此处不用再创建被遮罩层了。

注意：如果被遮罩层没有自动缩进，可以直接将被遮罩图层拖动到遮罩图层的下方，也可以通过右击被遮罩图层，在弹出的快捷菜单中选择“属性”命令(或者在菜单栏中选择“修改”→“时间轴”→“图层属性”命令，又或者双击被遮罩图层名称前面的图标)，在弹出的“图层属性”对话框中的“类型”选项下选择“被遮罩层”。单击“确定”按钮。此时被遮罩图层将被缩进。

(6) 单击“时间轴”底部的“播放”按钮来播放动画，会发现遮罩效果并没体现出来，可以锁定“遮罩五角星”遮罩层和“文字(大)”被遮罩层，此时可以看到文本 FLASH 只会在经过“五角星”时显示出来。

注意：在遮罩动画制作过程中，有时候需要看到遮罩层的形状，但是如果遮罩层上的所有内容都显示出来又会遮挡我们的视线，影响在被遮罩层中的创作，此时可以按下遮罩层的“显示图层轮廓”按钮，只显示遮罩层上的对象的外部轮廓。

5.8 为动画添加创意

5.8 为动画添加创意

为了使动画看上去更有质感，下面为动画添加更多的创意。

(1) 选择“文字(小)”图层的第 100 帧，在“工具”面板中选择“文本工具”。在“属性”面板中选择“静态文本”选项，设置系列为 Arial，大小为 60，颜色为“白色”。

(2) 在舞台中单击,添加文本 FLASH,在“属性”面板中设置位置 X 为 570、Y 为 200。

(3) 选择“文字(小)”图层的第 180 帧,按 F6 键插入关键帧。选中舞台上的 FLASH 文本,在“属性”面板中设置文本 FLASH 的位置 X 为−220、Y 为 200。

(4) 单击第 100 帧和第 180 帧之间的任意一帧,右击,在弹出的快捷菜单中选择“创建传统补间”命令。此时“文字(小)”图层的文本将在“文字(大)”图层的文本的前方移动,形成小的白色 FLASH 在经过遮罩五角星时变成了大的黄色的 FLASH 文本的效果。

(5) 给“遮罩五角星”图层解锁,并选择它的第 100 帧,右击,在弹出的快捷菜单中选择“复制帧”命令;选择“变大的五角星”图层的第 100 帧,右击,在弹出的快捷菜单中选择“粘贴帧”命令。

(6) 此时复制的正五角星与“形状”图层和“遮罩五角星”图层的第 100 帧处的正五角星重合。为了修改“变大的五角星”图层上的五角星,可以单击“形状”图层和“遮罩五角星”图层上的隐藏( )图标下的圆点隐藏图层,如图 5.33 所示。此时选中舞台上的“变大的五角星”图层上的五角星,在“属性”面板中,设置填充颜色为“白色”。

图 5.33

(7) 选择“变大的五角星”图层的第 115 帧,按 F6 键插入关键帧,选中舞台上的五角星,在“属性”面板中设置宽为 320、高为 320,X 为 115、Y 为 17。

(8) 单击第 100 帧和第 115 帧之间的任意一帧,右击,在弹出的快捷菜单中选择“创建传统补间”命令。

(9) 单击“形状”图层和“遮罩五角星”图层上的取消隐藏图标( ),取消隐藏图层。

此时动画已经制作完成,可以通过“控制”→“测试影片”→“在 Animate 中”命令预览动画,或者使用快捷键 Ctrl+Enter 进行快速预览,查看动画效果。

CS6 2015 在 Flash CS6 和 Flash CC 2015 版本中,此步骤应为:通过“控制”→“测试影片”→“在 Flash Professional 中”命令预览动画。

作业

一、模拟练习

打开 Lesson05→“模拟”→Complete→“05 模拟 complete(CC 2017).swf”文件进行浏览播放,根据本章所述知识做一个类似的作品。作品资料已完整提供,获取方式见“前言”。

要求 1:掌握形状补间动画的基本原理和制作方法。

要求 2:学会使用形状提示和颜色的渐变填充来美化补间形状。

要求 3:掌握遮罩动画的基本原理和制作方法。

二、自主创意

自主设计一个 Animate 动画,应用本章所学习的形状补间动画和遮罩动画的制作方法,学习使用文本、矩形、椭圆形、多角星形等简单工具绘制形状,使用形状提示和颜色的渐变填充来美化形状等知识。也可以把自己完成的作品上传到课程网站进行交流。

三、理论题

1. “形状补间动画”是什么？
2. 如何创建“形状补间动画”？
3. “遮罩动画”是什么？
4. “遮罩层”与“被遮罩层”的关系是怎样的？
5. 如何创建“遮罩层”？

第6章

“代码片断”面板的运用

本章学习内容

1. ActionScript 3.0 概述
2. 初识“代码片断”面板
3. 掌握“代码片断”面板的使用方法
4. 使用“代码片断”面板添加交互效果
5. 添加视频和音频

完成本章的学习需要大约3小时，相关资源获取方式见“前言”和第1章中的描述。

知识点

由于本书篇幅有限，下面的知识点并非在本章中都有涉及或详细讲解，在本书的学习网站有详细的资料，欢迎登录学习。

关于 ActionScript 3.0　　ActionScript 3.0 编程语言基础　　学会使用注释
使用事件处理函数　　加载外部文本　　使用定时器
使用代码添加音频和视频

本章案例介绍

范例：

本章范例动画是介绍新疆的范例，上面会介绍新疆的景点、美食以及风俗。本章将介绍一些基本的“代码片断”，比如场景的跳转，播放、淡入影片剪辑元件，垂直动画和水平动画移动，定时器的使用，加载外部文本以及创建 NetStream 视频等等，如图6.1所示。

模拟案例：

本章模拟案例将通过制作一个介绍花卉的小网站来帮助读者加深对知识点的理解，如图6.2所示。

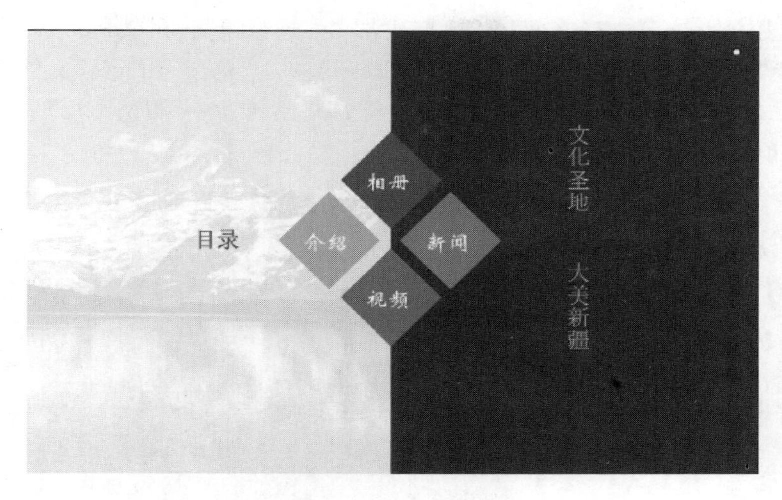

图 6.1 （见彩插）

图 6.2

6.1 预览完成的案例

6.1 预览

（1）右击“Lesson06/范例/complete”文件夹的“06 范例 complete (CC 2017).swf”动画进行播放，该动画是一个介绍新疆的景点、美食和文化的动画。

（2）关闭 Adobe Flash Player 播放器。

(3) 可以用 Adobe Animate CC 2017 打开源文件进行预览，在 Adobe Animate CC 2017 菜单栏中选择“文件”→“打开”命令，再选择“Lesson06/范例/complete”文件夹的“06 范例 complete (CC 2017).fla”，并单击“打开”按钮。选择“控制”→“测试影片”→“在 Animate 中”命令即可预览动画效果，如图 6.3 所示。

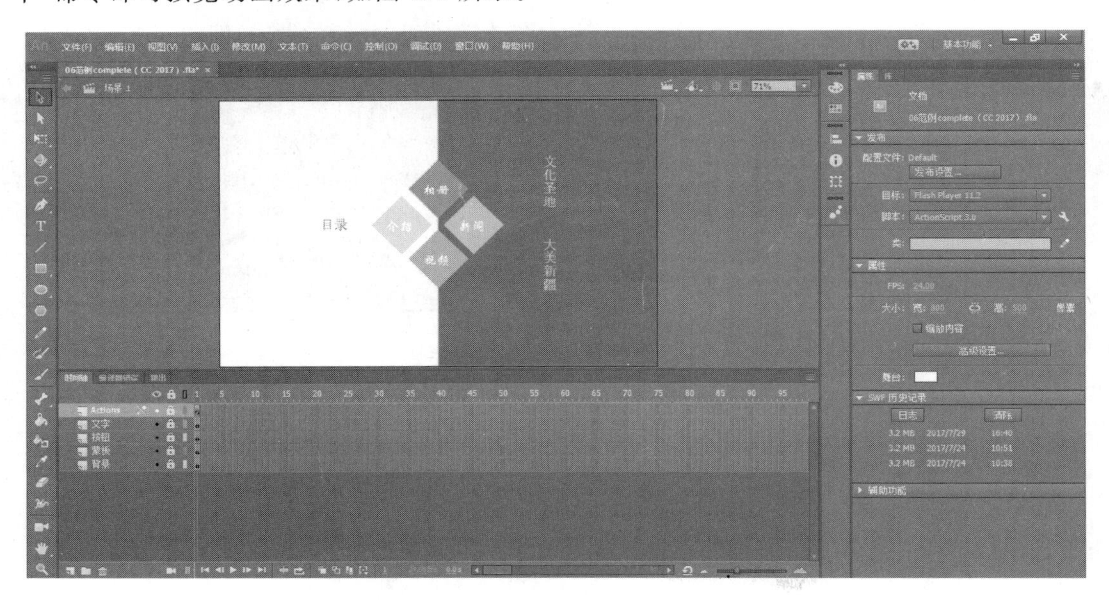

图 6.3

CS6 2015 在 Flash CS6 和 2015 版本中，此步骤应为：选择“控制”→“测试影片”→“在 Flash Professional 中”命令。

6.2 ActionScript 3.0 概述

ActionScript 是 Flash Player 运行环境的编程语言，主要应用于 Flash 动画和 Flex 应用的开发。ActionScript 实现了应用程序的交互、数据处理和程序控制等诸多功能。ActionScript 的执行是通过 Flash Player 中的 ActionScript 虚拟机(ActionScript Virtual Machine)实现的。ActionScript 代码执行时与其他资源以及库文件一同编译为 SWF 文件，在 Flash Player 中运行。

简单地说，ActionScript 3.0(简称 AS 3.0)动作脚本类似于 JavaScript，它可以添加更多交互性的 Flash 动画。下面将使用 AS 3.0 给按钮添加动作，学习如何使用 AS 3.0 来控制动画停止的简单任务。即使以前没有学习过程序代码，也不必为难。事实上，对于常见性的任务，可以复制其他 Flash 用户的共享脚本。也可以使用“代码片断”面板。它提供了一种简单的、直观的方式来增加 AS 3.0 脚本。

然而，在使用应用程序的时候，如果想要完成更多的 Flash 作品和让自己更自信，就需要了解 AS 3.0 的更多知识。下面通过介绍了常用的词汇和语法，引导学习一个简单的脚本。如果是初学者并且热爱此语言，可以找一本针对性强的 AS 3.0 的书，进一步学习。

在前面的章节我们学习了如何创建一些简单的小动画，从本章节开始，将学习使用简单的 ActionScript 3.0 代码来制作动画。

ActionScript 3.0 是随着 AdobeFlash CS3 和 Flex 2.0 的推出而同步推出的脚本编程语言，是一种功能强大、符合业界标准的面向对象的编程语言。

在 Animate 中，运用 ActionScript 3.0 编写脚本，可以创建各种不同的应用特效，实现丰富多彩的动画效果和复杂的交互功能。要在 Animate 中加入 ActionScript 3.0 代码，可以直接使用“动作”面板来输入。“动作”面板主要由脚本窗格、面板菜单、动作工具箱和脚本导航器 4 个部分组成。

为了满足不同学习基础的用户的需求，对于一些常见性的任务，可以使用“代码片断”面板来实现，它提供了一种简单、直观的方式来添加 ActionScript 3.0 脚本。

6.3 初识“代码片断”面板

“代码片断”是把一个功能的代码用模板的形式集合在一起，旨在使非编程人员能轻松使用简单的 ActionScript 3.0 代码。即使不会 ActionScript 3.0 的知识，也可以使用“代码片断”面板实现交互功能。

如图 6.4 所示，“代码片断”面板分为 3 个部分：ActionScript 文档中用于实现交互的代码、HTML5 Canvas 文档中用于实现交互的代码、WebGL 文档中用于实现交互的代码。由于在本书中，新建的都是 ActionScript 文档，所以这里主要讲解在 ActionScript 文档中调用代码片断。

图 6.4

CS6 在 Flash CS6 中，没有 HTML5 功能，所以，其“代码片断”面板中没有 HTML5 Canvas 和 WebGL 两个内容。

6.4 使用“代码片断”面板添加交互效果

6.4 使用“代码片断”面板添加交互效果

“代码片断”面板提供了一些常用的 ActionScript 代码，可以给 Animate 动画添加简单的动画交互效果。

(1) 在 Animate CC 2017 菜单栏中选择“文件”→“打开”命令，再选择“Lesson06/范例/start”文件夹的“06 范例 start(CC 2017).fla”，并单击“打开”按钮。

CS6 2015 使用 CS6 软件的读者请打开“Lesson06/范例/start”文件夹中的“06 范例 start (CS6). fla”文件；使用 CC 2015 软件版本的读者请打开“Lesson06/范例/start”文件夹中的“06 范例 start(CC 2015). fla”文件。

(2) “06 范例 start(CC 2017). fla”文件中已经创建好了相应的场景，并完成了部分场景内的代码。

6.4.1 事件处理函数

(1) 双击“场景 1”中的 photo 影片剪辑元件实例，进入它的元件编辑模式。选择舞台上的“相册正方形”影片剪辑元件，在“属性”面板中设置它的实例名称为 mc1，选择“相册”图层的第一帧。

(2) 通过选择“窗口”→“代码片断”命令打开“代码片断”面板，或者如果已经打开了“动作”面板，也可以通过单击“动作”面板右上方的“代码片断”按钮( )打开“代码片断”面板。在该面板中打开 ActionScript→“事件处理函数”文件夹，双击“Mouse Over 事件”选项，如图 6.5 所示。

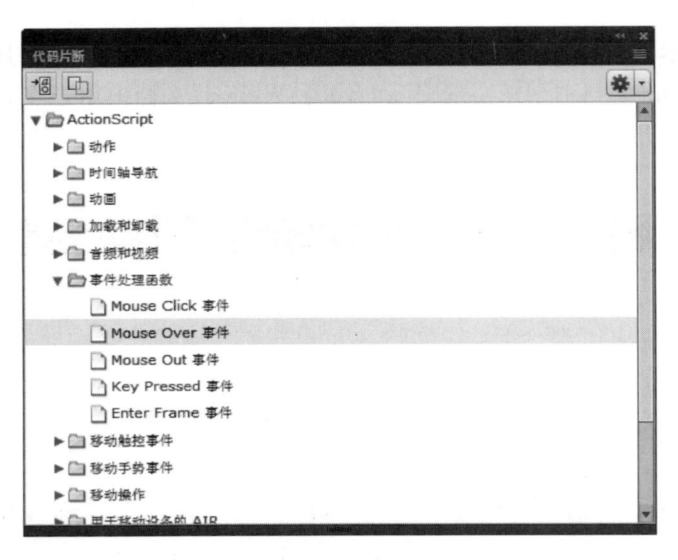

图 6.5

(3) 双击所需要的代码片断后，“动作”面板会自动弹出来，并在“图层”面板的最上方新建一个图层 Actions。此时“动作”面板中会显示如图 6.6 所示的代码片断，在事件处理函数中，系统默认的代码是“trace(“鼠标悬停”);”，我们需要将这行代码更改为“this. gotoAndPlay(“2”);”。此代码片断的意思是当鼠标滑过实例名称为 mc1 的影片剪辑元件时，播放头跳到第 2 帧并开始播放，可以实现横线和字母 Gallery 滑出的效果。

注意：在代码上方有一段使用/**/符号包裹的文字，这就是 Animate 中的注释。Animate 中的注释在动画运行中是没有作用的，而注释的作用是为了使到程序明朗化，增加可读性，方便自己以后进行修改，也有利于别人读懂自己的程序。

```
/* Mouse Over 事件
鼠标悬停到此元件实例上会执行您可在其中添加自己的自定义代码的函数。

说明:
1. 在以下"// 开始您的自定义代码"行后的新行上添加您的自定义代码。
该代码将在鼠标悬停到符号实例上时执行。
*/

mc1.addEventListener(MouseEvent.MOUSE_OVER, fl_MouseOverHandler);

function fl_MouseOverHandler(event:MouseEvent):void
{
    // 开始您的自定义代码
    // 此示例代码在"输出"面板中显示"鼠标悬停"。
    trace("鼠标悬停");
    // 结束您的自定义代码
}
```

图 6.6

(4) 按照上述操作,给实例名称为 mc1 的影片剪辑元件添加“Mouse Out 事件”。修改鼠标离开事件处理函数中的默认代码“trace(“鼠标已离开”);”为“this. gotoAndPlay("19");”。修改后的代码如图 6.7 所示。

```
/* 鼠标离开事件
鼠标离开此元件实例会执行您可在其中添加自己的自定义代码的函数。

说明:
1. 在以下"// 开始您的自定义代码"行后的新行上添加您的自定义代码。
该代码将在鼠标离开符号实例时执行。
*/

mc1.addEventListener(MouseEvent.MOUSE_OUT, fl_MouseOutHandler);

function fl_MouseOutHandler(event:MouseEvent):void
{
    // 开始您的自定义代码
    // 此示例代码在"输出"面板中显示"鼠标已离开"。
    this.gotoAndPlay("19");
    // 结束您的自定义代码
}
```

图 6.7

(5) 选择“控制”→“测试影片”→“在 Animate 中”命令(或者使用 Ctrl+Enter 快捷键),预览动画效果。此时“相册”按钮会不停地滑出并收回,并没有因为鼠标的滑过或离开而改变状态。此时就需要添加代码让动画在适当的时候停止。

(6) 进入 photo 影片剪辑元件实例的元件编辑模式,选择 Actions 图层的第 1 帧,按 F9 键打开“动作”面板。在“动作”面板的第一行输入“stop();”代码命令。此时动画会停止播放,当鼠标指针划过“相册”按钮时,播放头跳到第 2 帧并开始播放。

(7) 选择 Actions 图层的第 18 帧,按 F6 键插入关键帧。选择该关键帧,按 F9 键打开“动作”面板。在“动作”面板的第一行输入“stop();”代码命令,此时横线和文字 Gallery 会滑出来并停止。当鼠标指针离开“相册”按钮时,播放头跳到第 19 帧并开始播放,即横线和文字会收回。

introduction 影片剪辑元件、news 影片剪辑元件和 video 影片剪辑元件的制作与 photo 影片剪辑元件类似,在舞台上已经制作好并放在了相应的位置,如果感兴趣也可以自己制作这些影片剪辑元件,熟悉这些代码的使用。

6.4.2 场景跳转效果

(1) 选择“场景 1”中的 photo 影片剪辑元件实例,在“属性”面板中设置它的实例名称为

btn_1，如图 6.8 所示。

(2) 打开“代码片断”面板。在该面板中打开 ActionScript→“时间轴导航”文件夹，双击“单击以转到场景并播放”选项，如图 6.9 所示。

图 6.8

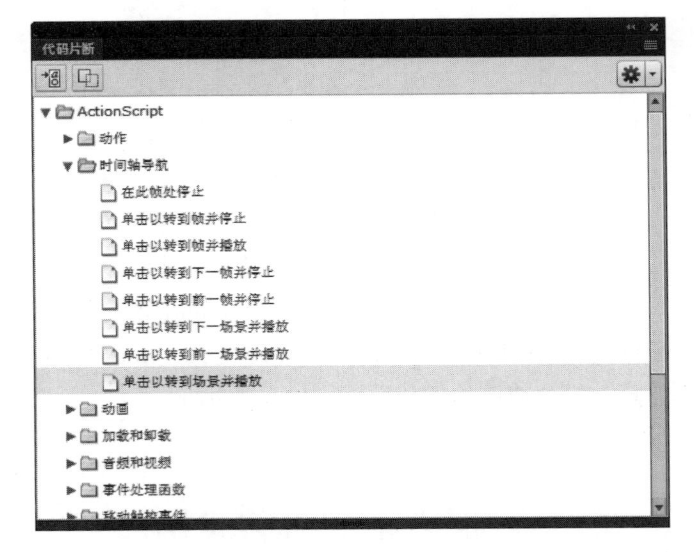

图 6.9

(3) 修改“MovieClip(this. root). gotoAndPlay(1,“场景 3”);”代码中的“场景 3”为“场景 2”，如图 6.10 所示。这段代码的意思是单击实例名称为 btn_1 的影片剪辑元件时，转到场景 2 并播放。

```
/* 单击以转到场景并播放
单击此指定的元件实例可从指定的场景和帧播放影片。

说明:
1. 用要播放的场景名称替换"场景 3"。
2. 在指定场景中，用希望影片从其开始播放的帧的编号替换 1。
*/

btn_1.addEventListener(MouseEvent.CLICK, fl_ClickToGoToScene);

function fl_ClickToGoToScene(event:MouseEvent):void
{
    MovieClip(this.root).gotoAndPlay(1, "场景 2");
}
```

图 6.10

(4) 按照上述操作，设置 introduction 影片剪辑元件实例、news 影片剪辑元件实例和 video 影片剪辑元件实例的实例名称分别为 btn_2、btn_3 和 btn_4，并分别给它们添加“单击以转到场景并播放”代码片断，分别修改“场景 3”为“场景 6”“场景 7”和“场景 8”，如图 6.11 所示。

为了动画的完整性和流畅性，start 文件已经将其他场景中的场景跳转效果添加完成。

> **注意：**由于 Animate 默认函数名称会与后面创建的函数名称重复，此处可以适当修改“单击以转到场景并播放”函数名称，避免函数名称的重复。

```
说明:
1. 用要播放的场景名称替换"场景 3"。
2. 在指定场景中，用希望影片从其开始播放的帧的编号替换 1。
*/

btn_2.addEventListener(MouseEvent.CLICK, fl_ClickToGoToScene_2);

function fl_ClickToGoToScene_2(event:MouseEvent):void
{
    MovieClip(this.root).gotoAndPlay(1, "场景 6");
}

/* 单击以转到场景并播放
单击此指定的元件实例可从指定的场景和帧播放影片。

说明:
1. 用要播放的场景名称替换"场景 3"。
2. 在指定场景中，用希望影片从其开始播放的帧的编号替换 1。
*/

btn_3.addEventListener(MouseEvent.CLICK, fl_ClickToGoToScene_3);

function fl_ClickToGoToScene_3(event:MouseEvent):void
{
    MovieClip(this.root).gotoAndPlay(1, "场景 7");
}


/* 单击以转到场景并播放
单击此指定的元件实例可从指定的场景和帧播放影片。

说明:
1. 用要播放的场景名称替换"场景 3"。
2. 在指定场景中，用希望影片从其开始播放的帧的编号替换 1。
*/

btn_4.addEventListener(MouseEvent.CLICK, fl_ClickToGoToScene_4);

function fl_ClickToGoToScene_4(event:MouseEvent):void
{
    MovieClip(this.root).gotoAndPlay(1, "场景 8");
}
```

图 6.11

6.4.3 动画移动效果

(1) 选择“场景 2”中的“返回主页”影片剪辑元件实例，在“属性”面板中设置它的实例名称为 title_pic。

(2) 打开“代码片断”面板。在该面板中打开 ActionScript→“动画”文件夹，双击“水平动画移动”选项，如图 6.12 所示。

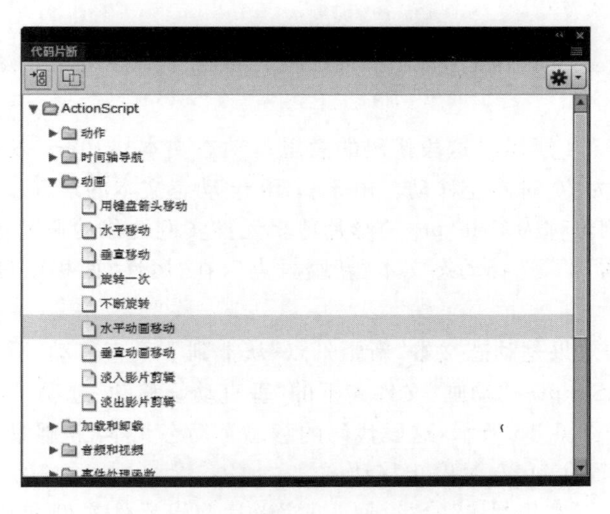

图 6.12

（3）在“title_pic. addEventListener(Event. ENTER_FRAME, fl_AnimateHorizontally)；”代码下添加代码“title_pic. x ＝ －65；”，设置实例名称为 title_pic 的影片剪辑元件的初始位置，该元件开始时是在舞台外的。

（4）更改“title_pic. x ＋＝ 10；”代码中的数值 10 为 5，并在此行代码下方添加代码：

```
if(title_pic.x → =  - 10)
{
    title_pic.removeEventListener(Event.ENTER_FRAME, fl_AnimateHorizontally);
}
```

完整代码如图 6.13 所示。这段代码的意思是实例名称为 title_pic 的影片剪辑元件以每帧 5px 的速度向右移动，直到位置 x 为 0 时停止移动。

```
/*水平动画移动
通过在 ENTER_FRAME 事件中减少或增加元件实例的 x 属性，使其在舞台上向左或向右移动。

说明:
1. 默认动画移动方向为右。
2. 要将动画移动方向更改为左，将以下数字 10 更改为负值。
3. 要更改元件实例的移动速度，将以下数字 10 更改为希望元件实例在每帧中移动的像素数。
4. 由于动画使用 ENTER_FRAME 事件，仅当播放头移动到新帧时动画才播放。动画播放速度也受文档帧频率的影响。
*/

title_pic.addEventListener(Event.ENTER_FRAME, fl_AnimateHorizontally);
title_pic.x = -65;

function fl_AnimateHorizontally(event:Event)
{

    title_pic.x += 5;
    if(title_pic.x >= -10)
    {
        title_pic.removeEventListener(Event.ENTER_FRAME, fl_AnimateHorizontally);
    }

}
```

图 6.13

（5）选择动态文本 Gallery，在“属性”面板中设置它的实例名称为 title_txt1。在“代码片断”面板中双击“水平动画移动”选项。按照上述操作，添加设置初始位置的代码“title_pic. x ＝ －120；”。在 fl_AnimateHorizontally_2 函数中的代码“title_txt1. x ＋＝ 10；”下添加代码：

```
if(title_txt1.x → = 70)
{
    title_txt1.removeEventListener(Event.ENTER_FRAME, fl_AnimateHorizontally_2);
}
```

完整代码如图 6.14 所示。这段代码的意思是动态文本 Gallery 以每帧 10px 的速度向右移动，直到位置 x 为 70 时停止移动。由于 Gallery 动态文本的最终位置更靠右，所以设置它的移动速度比实例名称为 title_pic 的影片剪辑元件实例的移动速度快。

（6）切换到“场景 3”，选择动态文本“新疆景点”，在“属性”面板中设置它的实例名称为 title1。

（7）由于实现的效果是动态文本“新疆景点”从上到下垂直移动，所以应该双击“代码片断”面板中的 ActionScript→“动画”文件夹下的“垂直动画移动”选项。

（8）修改代码如图 6.15 所示，这段代码的意思是动态文本“新疆景点”以每帧 5px 的速度向下移动，直到位置 y 为 30 时停止移动。

“场景 6”“场景 7”和“场景 8”的“返回主页”影片剪辑元件实例和动态文本运用的代码片断与“场景 2”中的类似，已经在“动作”面板中添加完成。

```
/*水平动画移动
通过在 ENTER_FRAME 事件中减少或增加元件实例的 x 属性，使其在舞台上向左或向右移动。

说明:
1. 默认动画移动方向为右。
2. 要将动画移动方向更改为左，将以下数字 10 更改为负值。
3. 要更改元件实例的移动速度，将以下数字 10 更改为希望元件实例在每帧中移动的像素数。
4. 由于动画使用 ENTER_FRAME 事件，仅当播放头移动到新帧时动画才播放。动画播放速度也受文档帧频率的影响。
*/

title_txt1.addEventListener(Event.ENTER_FRAME, fl_AnimateHorizontally_2);
title_txt1.x = -120;

function fl_AnimateHorizontally_2(event:Event)
{
    title_txt1.x += 10;
    if(title_txt1.x >= 70)
    {
        title_txt1.removeEventListener(Event.ENTER_FRAME, fl_AnimateHorizontally_2);
    }

}
```

图 6.14

```
/* 垂直动画
通过在 ENTER_FRAME 事件中减少或增加元件实例的 y 属性，使其在舞台上垂直移动。

说明:
1. 默认动画移动方向为向下。
2. 要将动画移动方向更改为向上，将以下数字 10 更改为负值。
3. 要更改元件实例的移动速度，将以下数字 10 更改为希望元件实例在每帧中移动的像素数。
4. 由于动画使用 ENTER_FRAME 事件，仅当播放头移动到新帧时动画才播放。动画播放速度也受文档帧频率的影响。
*/

title1.addEventListener(Event.ENTER_FRAME, fl_AnimateVertically);
title1.y = -20;

function fl_AnimateVertically(event:Event)
{
    title1.y += 5;
    if(title1.y >= 30)
    {
        title1.removeEventListener(Event.ENTER_FRAME, fl_AnimateVertically);
    }
}
```

图 6.15

6.4.4 淡入影片剪辑效果

(1) 选择“场景 3”中的“景点图片”影片剪辑元件实例，在“属性”面板中设置它的实例名称为 pic1。

(2) 打开“代码片断”面板。在该面板中打开 ActionScript→“动画”文件夹，双击“淡入影片剪辑”选项，初始代码如图 6.16 所示。

```
/* 淡入影片剪辑
通过在 ENTER_FRAME 事件中增加元件实例的 Alpha 属性值对其进行淡入，直到它完全显示。

说明:
1. 要更改元件实例的淡入速度，更改以下 0.01 值（数值必须大于 0 且小于或等于 1）。值越高，淡入越快。
2. 由于动画使用 ENTER_FRAME 事件，仅当播放头移动到新帧时动画才播放。动画播放速度也受文档帧频率的影响。
*/

pic1.addEventListener(Event.ENTER_FRAME, fl_FadeSymbolIn);
pic1.alpha = 0;

function fl_FadeSymbolIn(event:Event)
{
    pic1.alpha += 0.01;
    if(pic1.alpha >= 1)
    {
        pic1.removeEventListener(Event.ENTER_FRAME, fl_FadeSymbolIn);
    }
}
```

图 6.16

(3) 默认的淡入速度为0.01,此处希望淡入速度快一点,更改"pic1. alpha += 0.01;"中的数值0.01为0.05,如图6.17所示。数值越高,淡入速度越快,但是数值必须大于0且小于或等于1。

```
/* 淡入影片剪辑
通过在 ENTER_FRAME 事件中增加元件实例的 Alpha 属性值对其进行淡入，直到它完全显示。

说明:
1. 要更改元件实例的淡入速度，更改以下 0.01 值（数值必须大于 0 且小于或等于 1）。值越高，淡入越快。
2. 由于动画使用 ENTER_FRAME 事件，仅当播放头移动到新帧时动画才播放。动画播放速度也受文档帧频率的影响。
*/

pic1.addEventListener(Event.ENTER_FRAME, fl_FadeSymbolIn);
pic1.alpha = 0;

function fl_FadeSymbolIn(event:Event)
{
    pic1.alpha += 0.05;
    if(pic1.alpha >= 1)
    {
        pic1.removeEventListener(Event.ENTER_FRAME, fl_FadeSymbolIn);
    }
}
```

图 6.17

(4) 按照上述操作,设置"景点文字"影片剪辑元件实例的实例名称为txt1。并给它添加"淡入影片剪辑"代码片断,更改"txt1. alpha += 0.01;"中的数值0.01为0.02,如图6.18所示。

```
/* 淡入影片剪辑
通过在 ENTER_FRAME 事件中增加元件实例的 Alpha 属性值对其进行淡入，直到它完全显示。

说明:
1. 要更改元件实例的淡入速度，更改以下 0.01 值（数值必须大于 0 且小于或等于 1）。值越高，淡入越快。
2. 由于动画使用 ENTER_FRAME 事件，仅当播放头移动到新帧时动画才播放。动画播放速度也受文档帧频率的影响。
*/

txt1.addEventListener(Event.ENTER_FRAME, fl_FadeSymbolIn_2);
txt1.alpha = 0;

function fl_FadeSymbolIn_2(event:Event)
{
    txt1.alpha += 0.02;
    if(txt1.alpha >= 1)
    {
        txt1.removeEventListener(Event.ENTER_FRAME, fl_FadeSymbolIn_2);
    }
}
```

图 6.18

(5) 按照设置"场景3"中的"景点图片"影片剪辑元件实例和"景点文字"影片剪辑元件实例的淡入效果的步骤,来设置"场景4"中的"美食图片"影片剪辑元件实例和"美食文字"影片剪辑元件实例,"场景5"中的"文化图片"影片剪辑元件实例和"文化文字"影片剪辑元件实例。

6.5 加载外部文本

6.5 加载外部文本

在浏览网页时,就存在很多加载效果,比如加载图片、文字、视频、音频等等。当然,在Animate中也常常会加载外部文件以呈现更加丰富的效果。

切换到"场景6"中,可以看到有一个动态文本框内没有内容,接下来将利用代码片断为它加载内容。加载的内容为start文件夹中的text. txt中的内容。

(1) 选择没有内容的动态文本框,在"属性"面板中设置它的实例名称为 text。打开"代码片断"面板,在该面板中打开 ActionScript→"加载和卸载"文件夹,双击"加载外部文本"选项,初始代码如图 6.19 所示。

```
/* 加载外部文本
在"输出"面板中加载并显示外部文本文件。

说明:
1. 用要加载的文本文件的 URL 地址替换"http://www.helpexamples.com/flash/text/loremipsum.txt"。
此地址可以是相对链接或"http://"链接。
地址必须括在引号("")中。
*/

var fl_TextLoader:URLLoader = new URLLoader();
var fl_TextURLRequest:URLRequest = new URLRequest("http://www.helpexamples.com/flash/text/loremipsum.

fl_TextLoader.addEventListener(Event.COMPLETE, fl_CompleteHandler);

function fl_CompleteHandler(event:Event):void
{
    var textData:String = new String(fl_TextLoader.data);
    trace(textData);
}

fl_TextLoader.load(fl_TextURLRequest);
```

图 6.19

(2) 将加载的 URL 修改为 text.txt,如图 6.20 所示。

```
var fl_TextLoader:URLLoader = new URLLoader();
var fl_TextURLRequest:URLRequest = new URLRequest("text.txt");
```

图 6.20

(3) 修改事件处理函数中的"trace(textData);"代码为"text.text=textData;",如图 6.21 所示。修改后的代码是指将新载入的文本赋予实例名为 text 的文本框。此时在运行程序时,实例名为 text 的文本框中将显示文件 text.txt 中的内容。

```
/* 加载外部文本
在"输出"面板中加载并显示外部文本文件。

说明:
1. 用要加载的文本文件的 URL 地址替换"http://www.helpexamples.com/flash/text/loremipsum.txt"。
此地址可以是相对链接或"http://"链接。
地址必须括在引号("")中。
*/

var fl_TextLoader:URLLoader = new URLLoader();
var fl_TextURLRequest:URLRequest = new URLRequest("text.txt");

fl_TextLoader.addEventListener(Event.COMPLETE, fl_CompleteHandler);

function fl_CompleteHandler(event:Event):void
{
    var textData:String = new String(fl_TextLoader.data);
    text.text=textData;
}

fl_TextLoader.load(fl_TextURLRequest);
```

图 6.21

(4) 选择"控制"→"测试影片"→"在 Animate 中"命令,预览动画效果。当单击"介绍"按钮进入到"场景 6"时,Animate 会加载 text.txt 文本文件,并在动态文本框中显示出来,如图 6.22 所示。

注意:Animate 用函数调入外部文件后,如果需要修改,只需修改外部文件就能达到修改 Animate 内容的目的。

图 6.22

6.6 定时器

"定时器"代码片断有定时执行任务的功能，通过设置定时器的间隔时间，会自动在时间间隔后执行预先设置好的任务。

6.6 定时器

(1) 切换到"场景 6"中，打开"代码片断"面板。在该面板中打开 ActionScript→"动作"文件夹，双击"定时器"选项，初始代码如图 6.23 所示。

```
/* 定时器
从指定秒数开始倒计时。

说明:
1. 要更改倒计时长度，将以下第一行中的值 10 更改为您所需的秒数。
*/

var fl_SecondsToCountDown:Number = 10;

var fl_CountDownTimerInstance:Timer = new Timer(1000, fl_SecondsToCountDown);
fl_CountDownTimerInstance.addEventListener(TimerEvent.TIMER, fl_CountDownTimerHandler);
fl_CountDownTimerInstance.start();

function fl_CountDownTimerHandler(event:TimerEvent):void
{
	trace(fl_SecondsToCountDown + " 秒");
	fl_SecondsToCountDown--;
}
```

图 6.23

(2) 默认的倒计时长度是 10s，可以将其修改为所需要的秒数。此处更改代码"var fl_SecondsToCountDown:Number = 10;"中的数字 10 为 3，即倒计时长度为 3s。

(3) 删除定时器函数中的"trace(fl_SecondsToCountDown + "秒");"，在"fl_SecondsToCountDown--;"代码下添加代码：

```
if(fl_SecondsToCountDown == 0){
```

```
        intro3.visible = true;
        intro4.visible = true;
        intro1.visible = false;
        intro2.visible = false;
    }
```

完整代码如图 6.24 所示。这段代码的意思是跳转到“场景 6”的 3s 后，影片剪辑元件 intro1 和 intro2 不可见，影片剪辑元件 intro3 和 intro4 出现。呈现图片自动变换的效果。

```
/*水平动画移动
通过在 ENTER_FRAME 事件中减少或增加元件实例的 x 属性，使其在舞台上向左或向右移动。

说明:
1. 默认动画移动方向为右。
2. 要将动画移动方向更改为左，将以下数字 10 更改为负值。
3. 要更改元件实例的移动速度，将以下数字 10 更改为希望元件实例在每帧中移动的像素数。
4. 由于动画使用 ENTER_FRAME 事件，仅当播放头移动到新帧时动画才播放。动画播放速度也受文档帧频率的影响。
*/

title_txt1.addEventListener(Event.ENTER_FRAME, fl_AnimateHorizontally_2);
title_txt1.x = -120;

function fl_AnimateHorizontally_2(event:Event)
{
    title_txt1.x += 10;
    if(title_txt1.x >= 70)
    {
        title_txt1.removeEventListener(Event.ENTER_FRAME, fl_AnimateHorizontally_2);
    }
}
```

图 6.24

6.7 为动画添加音频和视频

6.7 为动画添加音频和视频

6.7.1 添加背景音乐

音乐伴随着人们生活、学习和工作的每一天，为 Animate 动画中添加背景音乐可以让我们在感受视觉效果的基础上，将听觉调动起来，视听结合，获得更好的体验。

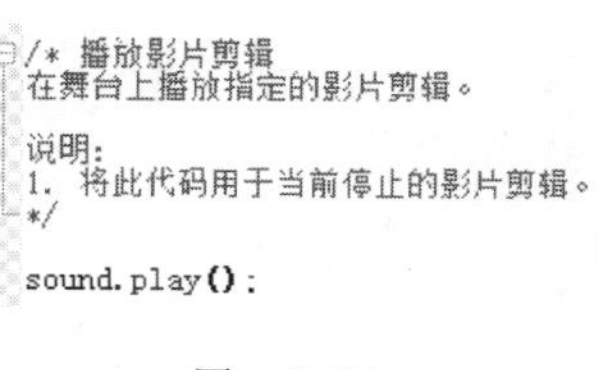

```
/* 播放影片剪辑
在舞台上播放指定的影片剪辑。

说明:
1. 将此代码用于当前停止的影片剪辑。
*/

sound.play();
```

图 6.25

(1) 切换到“场景 1”，在“库”面板中打开“视频和音频”文件夹，将“声音”影片剪辑元件拖动到舞台上。

(2) 选择“声音”影片剪辑元件实例，在“属性”面板中设置它的实例名称为 sound。打开“代码片断”面板。在该面板中打开 ActionScript→“动作”文件夹，双击“播放影片剪辑”选项，初始代码如图 6.25 所示。

6.7.2 添加视频

(1) 切换到“场景 9”，打开“代码片断”面板。在该面板中打开 ActionScript→“音频和视频”文件夹，双击“创建 NetStream 视频”选项，初始代码如图 6.26 所示。

(2) 修改播放视频的 URL“http://www.helpexamples.com/Flash/video/water.flv”为“线路 1.mp4”。

(3) 在“addChild(fl_Vid);”代码下添加代码“fl_Vid.width = 800; fl_Vid.height = 470;”设置视频的宽和高，如图 6.27 所示。

```
/* 创建 NetStream 视频
在不使用 FLVPlayback 视频组件的情况下在舞台上显示视频。

说明:

1. 如果您要连接的视频文件位于 Adobe Flash Media Server 2 等流服务器上，请用此视频文件的 URL 地址替换以下'
2. 如果您要连接本地视频文件或者当前没有使用流服务器的视频文件，按原样保留以下'null'。
3. 用您要播放的视频的 URL 替换"http://www.helpexamples.com/flash/video/water.flv"。保留引号 ("")。
*/

var fl_NC:NetConnection = new NetConnection();
fl_NC.connect(null);    // 开始连接；只有使用 Flash Media Server 时才不使用 null。

var fl_NS:NetStream = new NetStream(fl_NC);
fl_NS.client = {};

var fl_Vid:Video = new Video();
fl_Vid.attachNetStream(fl_NS);
addChild(fl_Vid);

fl_NS.play("http://www.helpexamples.com/flash/video/water.flv");
```

图 6.26

```
/* 创建 NetStream 视频
在不使用 FLVPlayback 视频组件的情况下在舞台上显示视频。

说明:

1. 如果您要连接的视频文件位于 Adobe Flash Media Server 2 等流服务器上，请用此视频文件的 U
2. 如果您要连接本地视频文件或者当前没有使用流服务器的视频文件，按原样保留以下'null'。
3. 用您要播放的视频的 URL 替换"http://www.helpexamples.com/flash/video/water.flv"。保留
*/

var fl_NC:NetConnection = new NetConnection();
fl_NC.connect(null);    // 开始连接；只有使用 Flash Media Server 时才不使用 null。

var fl_NS:NetStream = new NetStream(fl_NC);
fl_NS.client = {};

var fl_Vid:Video = new Video();
fl_Vid.attachNetStream(fl_NS);
addChild(fl_Vid);

fl_Vid.width = 800;
fl_Vid.height = 470;

fl_NS.play("线路1.mp4");
```

图 6.27

(4) 选择“控制”→“测试影片”→“在 Animate 中”命令，预览动画效果。当单击“线路一”按钮进入到“场景 9”时，Animate 会播放视频，但是此时背景音乐仍然会播放，造成音频和视频声音重叠的错误，此时可以在创建视频的代码之前添加代码“SoundMixer. stopAll();”，停止播放背景音乐，如图 6.28 所示。

```
SoundMixer.stopAll();

/* 创建 NetStream 视频
在不使用 FLVPlayback 视频组件的情况下在舞台上显示视频。

说明:

1. 如果您要连接的视频文件位于 Adobe Flash Media Server 2 等流服务器上，请用此视频文件的 U
2. 如果您要连接本地视频文件或者当前没有使用流服务器的视频文件，按原样保留以下'null'。
3. 用您要播放的视频的 URL 替换"http://www.helpexamples.com/flash/video/water.flv"。保留
*/

var fl_NC:NetConnection = new NetConnection();
fl_NC.connect(null);    // 开始连接；只有使用 Flash Media Server 时才不使用 null。

var fl_NS:NetStream = new NetStream(fl_NC);
fl_NS.client = {};

var fl_Vid:Video = new Video();
fl_Vid.attachNetStream(fl_NS);
addChild(fl_Vid);

fl_Vid.width = 800;
fl_Vid.height = 470;

fl_NS.play("线路1.mp4");
```

图 6.28

(5) 选择“控制”→“测试影片”→“在 Animate 中”命令,预览动画效果。当单击“返回”按钮返回到“场景 8”时,“场景 8”和视频会重叠。此时可以在“单击以转到场景并播放”函数中添加代码“removeChild(fl_Vid);”,移除视频。

6.7.3 添加控制视频播放和暂停的按钮

(1) 选择“场景 9”中的实例名称为 stop_video 影片剪辑元件实例,打开“代码片断”面板,在该面板中打开 ActionScript→“事件处理函数”文件夹,双击“Mouse Click 事件”选项。

(2) 在事件处理函数中,删除代码“trace(“已单击鼠标”);”,并添加代码:

```
fl_NS.pause();
play_video.visible = true;
stop_video.visible = false;
```

完整代码如图 6.29 所示,这段代码指单击实例名称为 stop_video 影片剪辑元件时,视频会停止播放,并且暂停视频按钮会消失,播放视频按钮显示出来。

```
/* Mouse Click 事件
单击此指定的元件实例会执行您可在其中添加自己的自定义代码的函数。

说明:
1. 在以下"// 开始您的自定义代码"行后的新行上添加您的自定义代码。
单击此元件实例时,此代码将执行。
*/

stop_video.addEventListener(MouseEvent.CLICK, fl_MouseClickHandler_9);

function fl_MouseClickHandler_9(event:MouseEvent):void
{
    fl_NS.pause();
    play_video.visible = true;
    stop_video.visible = false;
}
```

图　6.29

(3) 选择“场景 9”中的实例名称为 stop_video 的影片剪辑元件实例,移动它的位置。在其下方有一个实例名称为 play_video 的影片剪辑元件实例,选中它。打开“代码片断”面板,在该面板中打开 ActionScript→“事件处理函数”文件夹,双击“Mouse Click 事件”选项。

(4) 这个鼠标单击函数控制视频的播放,按照如图 6.30 所示修改代码。

```
/* Mouse Click 事件
单击此指定的元件实例会执行您可在其中添加自己的自定义代码的函数。

说明:
1. 在以下"// 开始您的自定义代码"行后的新行上添加您的自定义代码。
单击此元件实例时,此代码将执行。
*/

play_video.addEventListener(MouseEvent.CLICK, fl_MouseClickHandler_8);

function fl_MouseClickHandler_8(event:MouseEvent):void
{
    fl_NS.play("线路1.mp4");
    stop_video.visible = true;
    play_video.visible = false;


}
```

图　6.30

(5) 选择“场景 9”中的实例名称为 stop_video 影片剪辑元件实例,在“属性”面板中设置它的位置 X 为 10、Y 为 470,使暂停按钮和播放按钮重叠。

作业

一、模拟练习

打开 Lesson06→ “模拟”→ Complete→“06 模拟 complete(CC 2017). swf”文件进行浏览播放，根据上述知识点，做一个类似的课件。课件资料已完整提供，获取方式见“前言”。

要求 1：了解 ActionScript 3.0 的概念。

要求 2：熟练掌握“代码片断”面板的使用方法。

要求 3：尝试修改代码片断中的代码以适应自己的需求。

二、自主创意

自主设计一个 Animate 动画，应用本章所学习的基本的“代码片断”，比如场景的跳转，播放、淡入影片剪辑元件，垂直动画和水平动画移动，定时器的使用，加载外部文本以及创建 NetStream 视频等。也可以把自己完成的作品上传到课程网站进行交流。

三、理论题

1. ActionScript 3.0 是什么？
2. “代码片断”是什么？
3. 如何打开“代码片断”面板？
4. “注释”有什么作用？

第7章

创建交互式导航

本章学习内容

1. 创建按钮元件
2. 复制元件
3. 交换元件与位图
4. 命名按钮实例
5. 编写 ActionScript 3.0，以便创建非线性导航
6. 使用代码片断面板快速添加交互性
7. 创建并使用帧标签
8. 创建动画式按钮

完成本章的学习需要大约 3 小时，相关资源获取方式见“前言”和第 1 章中的描述。

知识点

由于本书篇幅有限，下面的知识点并非在本章中都有涉及或详细讲解，在本书的学习网站有详细的资料，欢迎登录学习。

创建按钮元件　ActionScript 3.0“代码片断”窗口　使用关键帧上的标签　创建过渡动画
使用 ActionScript 控制实例和元件　动画式按钮　设置 ActionScript 脚本
在不同位置编辑脚本　ActionScript 控制影片播放　注释 ActionScript 脚本

本章案例介绍

范例：

本章案例是一个影片介绍的交互式动画，用户通过单击每一个影片海报，动态地进行文字解释。本范例的学习目的是让读者使用按钮元件和 ActionScript 创建出令人着迷的、用户驱动式的交互式体验，如图 7.1 所示。

图 7.1

模拟案例：

本章模拟案例中，将学习通过导入素材文件，新建元件，以此制作出一幅美丽的星空图，如图 7.2 所示。

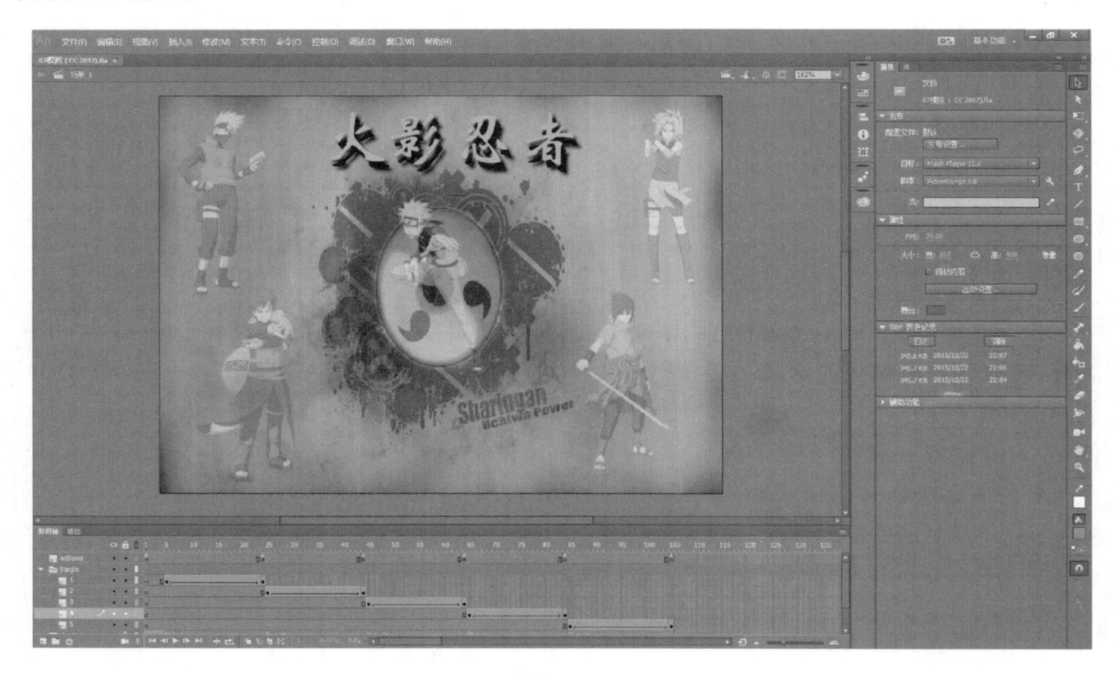

图 7.2

7.1　预览完成的案例

7.1　预览

（1）右击“Lesson07 范例/Complete”文件夹的“07complete(CC 2017). swf”文件，在打开方式中选择已安装的 Adobe Flash Player 播放器对“07 范例 complete(CC 2017). swf”进行播放。

（2）关闭 Adobe Flash Player 播放器。

（3）可以用 Adobe Animate CC 2017 打开源文件进行预览，在 Adobe Animate CC 2017 菜单栏中选择“文件”→“打开”命令，再选择“Lesson07/范例/Complete”文件夹的“07 范例 complete(CC 2017). fla”，并单击“打开”按钮，如图 7.3 所示。

图 7.3　（见彩插）

7.2　关于交互式影片

交互式影片基于观众的动作而改变，比如，当浏览者单击按钮时，将会出现带有更多信息的不同图形。交互可以很简单，如单击按钮；也可以很复杂，以便接受多个输入，如鼠标的移动、键盘上的按键或是移动设备上的数据。

在 Flash 中，可使用 ActionScript 实现大多数的交互操作。ActionScript 可在用户单击按钮时，指导按钮的动作。下面将会学习一个非线性的导航，这样影片就不需要从头至尾直接播放。ActionScript 可基于用户单击的按钮，通知 Flash 播放头在时间轴的不同帧之间跳转。时间轴上不同的帧包含不同的内容，浏览者并不会知道播放头在时间轴上的跳转，仅会在单击舞台上的按钮时，看到或听到不同的内容。

7.3 创建按钮

7.3 创建按钮

按钮是一种元件，有 4 种特殊状态(或关键帧)，用于确定按钮的显示形态。按钮能够非常直观地指示用户与什么交互。用户一般单击按钮进行交互，也可以通过双击、鼠标经过等事件触发。

7.3.1 创建按钮元件

首先，简单了解按钮的 4 种形态。

“弹起”：显示当光标还未与按钮交互时的按钮外观。

“指针经过”：显示当鼠标指针悬停在按钮上时按钮外观。

“按下”：显示按钮被单击的外观。

“单击”：显示按钮的可单击区域。

在学习本节内容的过程中，将会了解这些状态和按钮外观之间的关系。

(1) 在“库”面板中创建文件夹，命名为“影片按钮”。

(2) 选择“插入”→“新建元件”命令。

(3) 在“创建新元件”对话框中，选择“按钮”并把文件命名为“疯狂动物城”，如图 7.4 所示。单击“确定”按钮，将按钮移至“影片按钮”文件夹。

图 7.4

(4) 双击创建的“疯狂动物城”，进入新建元件的编辑界面。

(5) 在“库”面板中展开名为“新元件”的文件夹，把图形元件“疯狂动物城”拖到“舞台”中间，如图 7.5 所示。

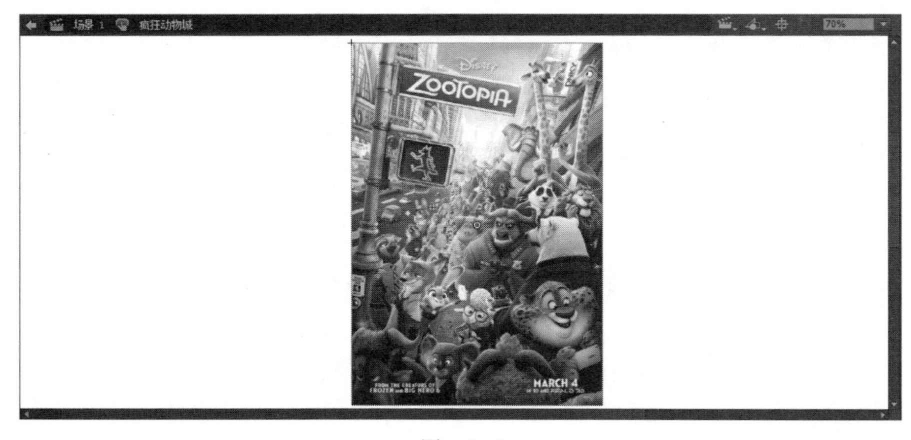

图 7.5

(6) 在“属性”面板里把 X、Y 值均设为 0；宽设置为 159、高设置为 235.3。“疯狂动物城”图像左上角将与元件中心点对齐。

(7) 在“时间轴”上选择“单击”帧，并选择“插入”→“时间轴”→“帧”命令扩展时间轴。“疯狂动物城”元件现在将出现“弹起”“指针经过”“按下”和“单击”状态，如图 7.6 所示。

(8) 插入一个新的图层。

(9) 选中“指针经过”帧，并选择“插入”→“时间轴”→“关键帧”命令。或使用快捷键，选中“指针经过”帧按下 F6 键，如图 7.7 所示。

图 7.6

图 7.7

(10) 在“库”面板中展开“获取更多框/基础元件”文件夹，并把名称为“疯狂动物城”的影片剪辑元件添加到“舞台”，调整其合适大小。

(11) 在“属性”面板中，调整 X、Y 的值均为 0；宽为 159、高为 95，如图 7.8 所示。此时，当鼠标指针经过按钮时，在“疯狂动物城”上就会显示该图像的“获取更多”信息框。

图 7.8

(12) 在当前时间轴最上方插入新图层，并且在其“按下”帧处添加关键帧，如图 7.9 所示。

(13) 从“库”面板的“音效”文件夹中把 clicksound.mp3 的声音文件添加到舞台上，如图 7.10 所示。

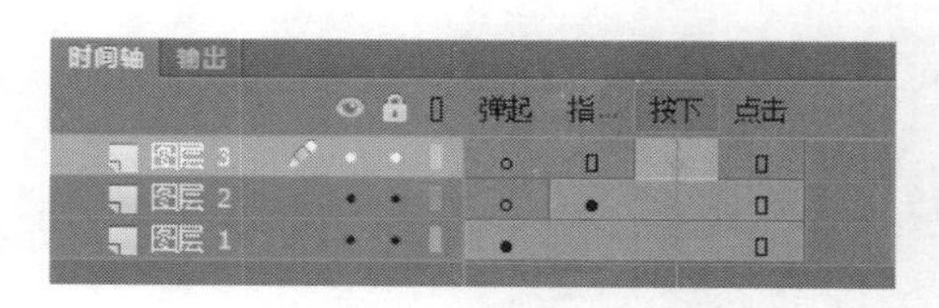

图 7.9

图 7.10

(14) 选择其中显示有声音形式的“按下”关键帧，在“属性”面板确保“同步”设置为“事件”，如图 7.11 所示。这样当按下按钮时才会出现声音。

(15) 单击“舞台”上方的“场景 1”，退出元件编辑模式，返回主“时间轴”。这时候，就已经成功完成了一个交互式按钮！可以在“库”中查看创建的按钮元件，如图 7.12 所示。

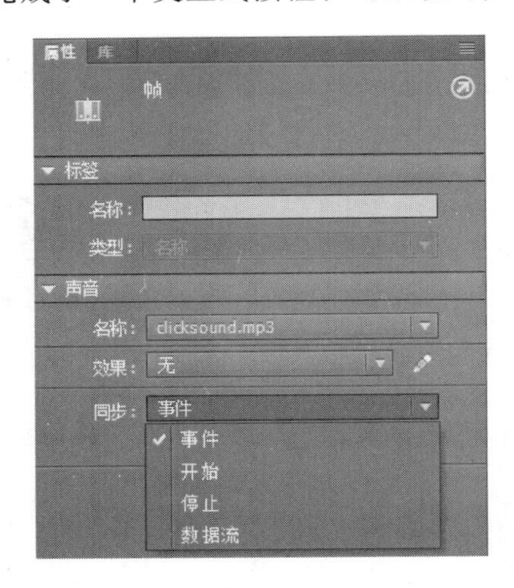

图 7.11

图 7.12

7.3.2 直接复制按钮元件

既然创建了一个按钮，其他按钮就更加容易创建了。只需要复制一个按钮，在 7.3.3 节更改相关内容，然后继续此操作直至所需按钮制作完毕。

(1) 在“库”面板中选中影片按钮中的“疯狂动物城”按钮元件，右击调出快捷菜单，选择“直接复制”命令，如图 7.13 所示。

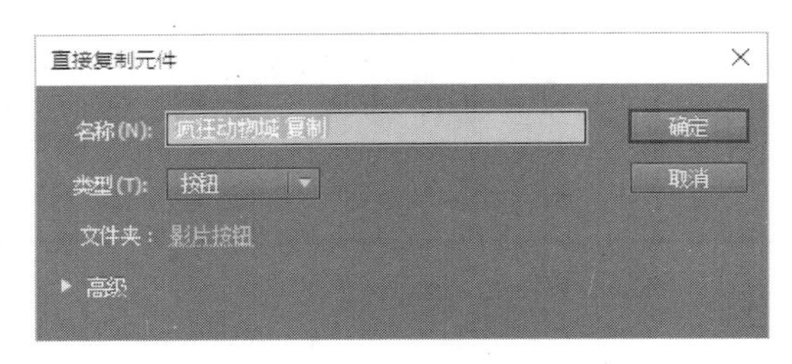

图 7.13

(2) 选择“按钮”类型，并且重命名为“盗梦空间”，如图 7.14 所示，然后单击“确定”按钮。

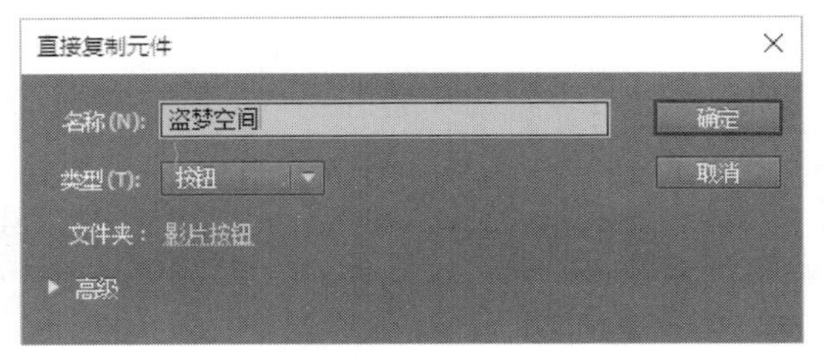

图 7.14

7.3.3 交换位图

在“舞台”上替换位图和元件很容易，并且可大大提高制作的工作效率。

(1) 在“库”面板中选择“影片按钮”中的“盗梦空间”按钮元件，双击以打开其编辑状态。

(2) 选择舞台上的疯狂动物城海报图像，在“属性”面板中单击“交换”按钮，出现如图 7.15 所示的“交换元件”面板。

(3) 选择“盗梦空间”的缩略图像，单击“确定”按钮，如图 7.16 所示。

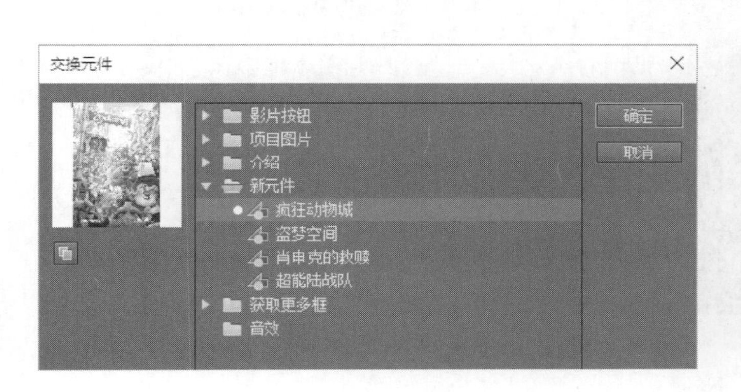

图 7.15

图 7.16

(4) 选取“指针经过”关键帧，单击疯狂动物城信息“介绍”框并回到“属性”面板，如图 7.17 所示。

(5) 在弹出的菜单栏中选择“交换元件”选项，与“盗梦空间”的元件进行替换。

(6) 按上面的方法依次制作“肖申克的救赎”按钮和“超能陆战队”按钮，如图 7.18 所示。

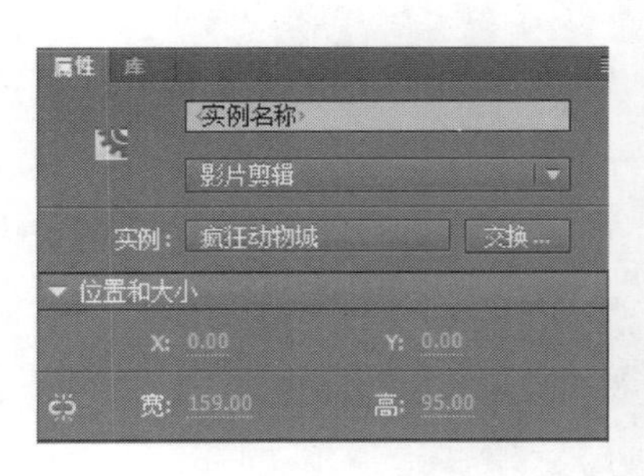

图 7.17

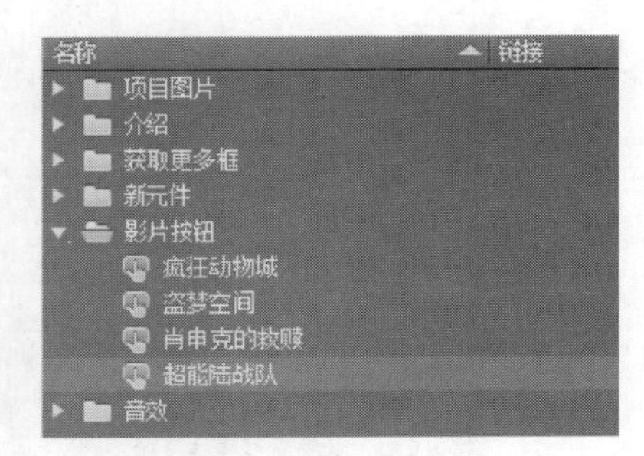

图 7.18

7.3.4 放置按钮元件

现在需要把之前创建的按钮放置在“舞台”上，并在“属性”面板里为其命名，以便使用 ActionScript 3.0 代码控制交互。

(1) 在主“时间轴”上插入一个新图层，命名为“按钮”，如图 7.19 所示。

图 7.19

(2) 在“库”中把创建的按钮依次移动到舞台上。

(3) 依次选择按钮，在“属性”面板中设置各个按钮的位置 X、Y 和大小，全部按钮都在“舞台”上正确地定位，也可以根据实际情况自行调整(如图 7.20 所示)。

图 7.20

现在可以测试影片，看按钮如何工作。选择“控制”→“测试影片”→“在 Animate 中”命令。值得注意的是，当鼠标指针经过影片按钮时介绍信息框是如何显示的，按钮单击时声音是如何触发的，如图 7.21 所示。

图 7.21

CS6 在 Flash CS6 和 Flash CC 2015 版本中，应选择“控制”→“测试影片”→“在 Flash Professional 中”命令。

然而，现在还没有指示按钮具体要操作些什么，下面首先命名按钮，然后学习一些关于 ActionScript 的知识后才能进行。

7.3.5 给按钮实例命名

实例命名规则

从“库”中把元件拖放到舞台上就是元件的实例，一个元件可以有很多实例。如果要用 ActionScript 3.0 代码对实例进行控制就必须为实例命名。首先选中实例，然后在“属性”面板中输入实例的名称。实例名称不同于“库”面板中的元件名称，元件名称是用来在库中管理组织元件的，实例名称是在代码中使用的。

实例命名遵循下面简单规则：

(1) 除下画线外，不能使用空格和特殊标点符号。

(2) 不能以数字开头。

(3) 英文字母区分大小写。

(4) 不能使用 Flash ActionScript 关键字和预留的任何单词。

为每个按钮实例命名其实上是为了更好地被 ActionScript 3.0 引用，这容易被初学者们忽略，但是它确实是至关重要的步骤，所以希望大家能够牢记。

(1) 单击“舞台”上的任意空白部分，取消选中所有按钮，然后选择“疯狂动物城”按钮，如图 7.22 所示。

图 7.22

(2) 在“属性”面板的实例名称框中输入 fan，如图 7.23 所示。

(3) 将剩下的按钮分别依次命名为 dan、xan、can。

(4) 确保都是小写字母,没有空格,并且反复检查是否有拼写错误。以免细节上的问题影响整个项目的工作。

(5) 锁定所有的图层。

图 7.23

7.4 简单了解 ActionScript 3.0 的术语和语法

7.4.1 理解脚本术语

1. 变量

变量主要用来保存数据,在程序中起着十分重要的作用,如存储数据、传递数据、比较数据、简化代码、提高模块化程度和增加可移植性等。在使用变量时,首先要声明变量。声明变量时,可以先为变量赋值,也可等到使用变量时再为变量赋值。

2. 关键字

在 ActionScript 3.0 中,不能使用关键字和保留字作为标识符,即不能使用这些关键字和保留字作为变量名、方法名、类名等。"保留字"只能由 ActionScript 3.0 使用,不能在代码中将它们用作标识符。保留字包括"关键字"。如果将关键字用作标识符,则编译器会报告一个错误。例如,var 是一个关键字,用来创建一个变量。在 Flash 的"帮助"里可以找到完整的关键字列表。因为这些词是保留的,不能将它们作为变量名或其他方式使用。AS 3.0 总是使用它们执行所分配的任务。当进入"动作"面板中输入 AS 3.0 脚本代码时,关键字会变成不同的颜色。通过这种方式,可以知道某个词是不是 Flash 保留的。

3. 函数

函数是执行特定任务并可以在程序中重用的代码块。ActionScript 3.0 中包含两类函数:"方法"(method)和"函数闭包"(function closures)。如果将函数定义为类的一部分或者将其与对象绑定,则该函数称为方法。如果以其他任何方式定义函数,则该函数称为函数闭包。

4. 参数

参数为一个特定的命令提供具体信息,即一行代码中的圆括号()里的值。例如,在代码"gotoAndPlay(3);"中,参数 3 指示脚本跳转至第 3 帧。

5. 对象

在 ActionScript 3.0 中,可以把一切都看作对象,函数也不例外。当创建函数时,其实质就是创建了一个对象。与其他对象不同的是,函数的对象类型为 Function 类型,该对象不仅作为参数进行传递,还可以有附加的属性和方法。在前面创建的按钮元件也是对象,被称为 button 对象。每个对象被命名后可以利用 AS 3.0 来进行控制。"舞台"上的按钮被称为实例,事实上,实例(instance)和对象(object)含义接近。

6. 方法

方法是导致某动作发生的命令。方法是 AS 3.0 脚本代码中的"行为者",每类对象都有它自己的一套方法集。理解 AS 3.0 需要学习各种对象的方法。例如,一个影片剪辑对象(MovieClip)关联的两种方法是:stop()和 gotoAndPlay()。

7. 属性

属性用于描述一个对象。例如，一个影片剪辑的特性包括它的高度和宽度、x 和 y 坐标，以及水平和垂直尺度。许多属性都可以被改变，而其他一些属性只能被“读取”，所以它们仅仅是描述一个对象。

8. 常量

常量是指具有无法改变的固定值的属性。ActionScript 3.0 新加了关键字 const 用来创建常量。在创建常量的同时，需为常量进行赋值。

9. 注释

注释是一种对代码进行注解的方法，编译器不会把注释识别成代码。注释可以使 ActionScript 程序更容易理解。注释的标记为/ * …… * /和//。使用/ * …… * /可创建多行注释，而//只能创建单行注释和尾随注释。

7.4.2 使用适当的脚本语法

如果不熟悉程序代码或脚本编程，那么 ActionScript 脚本代码可能不是那么容易理解。一旦了解了基本的语法(syntax)，就会发现脚本语言很容易使用。

排在最后的分号(semicolon)告诉 ActionScript，它已经达到了代码行末尾，结束此行转至新的代码行。

和英语一样，每一个左括号必须有相应的右括号以组成完整的圆括号(parenthesis)，这同样适用于方括号(bracket)和花括号(curly bracket)。通常，在 ActionScript 中的花括号将处在不同的行上，这使得它更容易阅读和理解。

点(dot)操作符(.)提供了用来访问对象的属性和方法的方式。

每当输入一个字符串或文件名，都要使用引号(quotation mark)。

在“动作”面板输入脚本时，在 ActionScript 中有特定含义的单词，如关键字和词句，会显示为蓝色。不是 ActionScript 中预留的单词，比如说变量名，会显示为黑色。字符串显示为绿色。而 ActionScript 忽略的注释呈现为灰色。

在“动作”面板，Flash 检测到输入代码的动作并且显示代码提示。有两种类型的代码提示：工具提示和弹出式菜单，前者包含针对那个动作的完整语法，后者列出了可能的 ActionScript 元素。

7.5 扩充案例的“时间轴”

7.5 扩充案例的“时间轴”

在案例的 07demo.fla 文件中，项目开始只是一个单帧。要在“时间轴”上创建空间来添加更多的内容，需要在所有的图层上增加更多的帧。

(1) 解锁图层并选择顶层的某一帧。在这个例子中，选择第 50 帧，如图 7.24 所示。

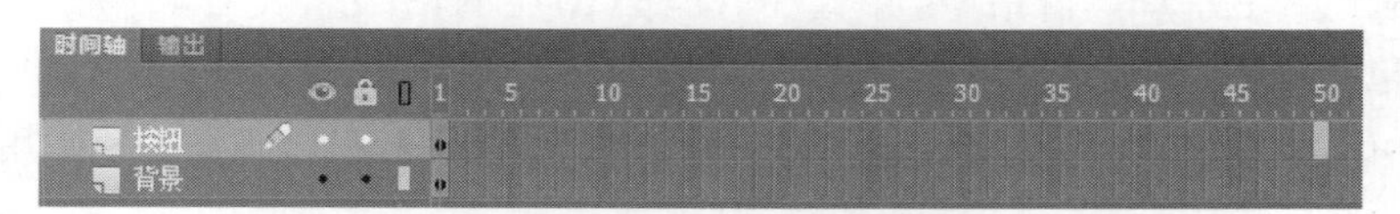

图 7.24

(2) 选择“插入”→“时间轴”→“帧”命令(或按 F5 键),也可以右击,然后从弹出的快捷菜单中选择“插入帧”命令,Flash 会在这个图层里添加帧直到选择的点,这里是第 50 帧,如图 7.25 所示。

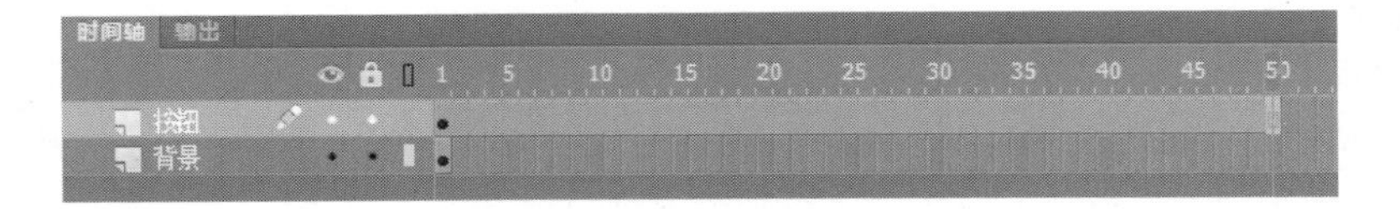

图 7.25

(3) 选择“背景”图层的第 50 帧,重复此项操作。现在“时间轴”上的 2 个图层都有 50 个帧,如图 7.26 所示。

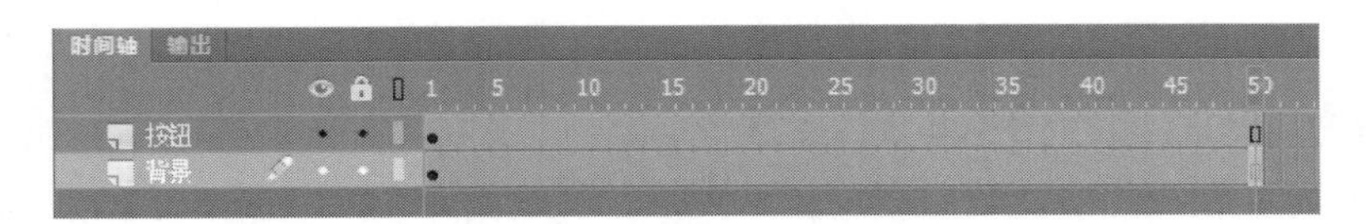

图 7.26

7.6 添加停止动作代码(stop)

7.6 添加停止动作代码

“时间轴”上有帧了,影片将会从第 1 帧播到第 50 帧。然而,本节需要在第 1 帧暂停影片等待观众单击按钮开始,这种交互性需要使用 ActionScript 代码来实现。

(1) 选择在顶层插入一个新的图层,命名为“动作”,如图 7.27 所示。

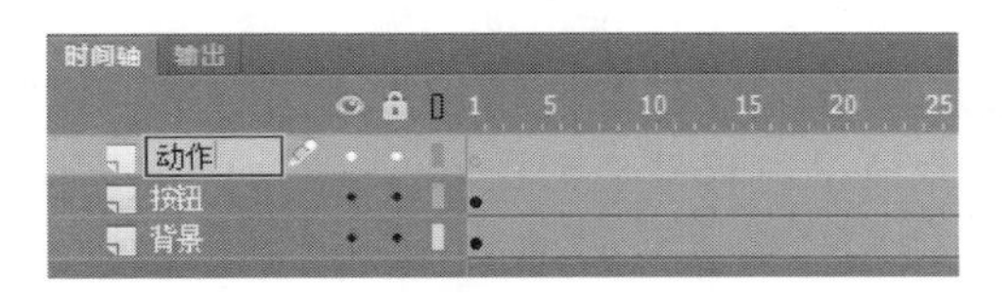

图 7.27

(2) 选择动作图层第一帧,打开“动作”面板(选择“窗口”→“动作”命令),输入“stop();”,在输入代码时要把输入法切换到英文状态,如图 7.28 所示。

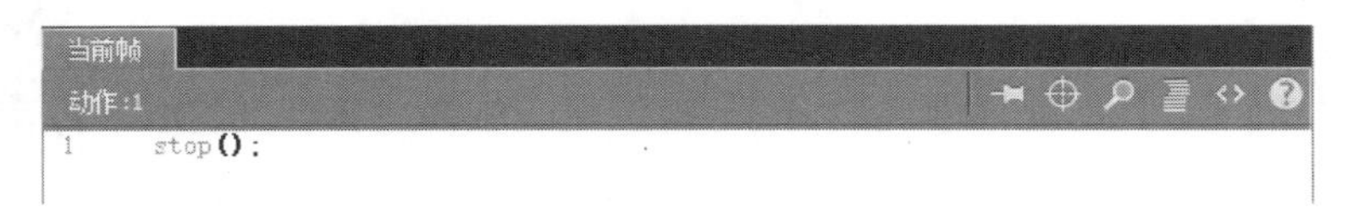

图 7.28

(3) 代码出现在“脚本”窗格中,并且在“动作”图层的第一个关键帧中出现一个极小的小 a,指示它包含一些 ActionScript,如图 7.29 所示。

代码“stop();”放在第 1 帧时,案例播放时将会暂停在第 1 帧,以便等待用户单击交互按钮开始。

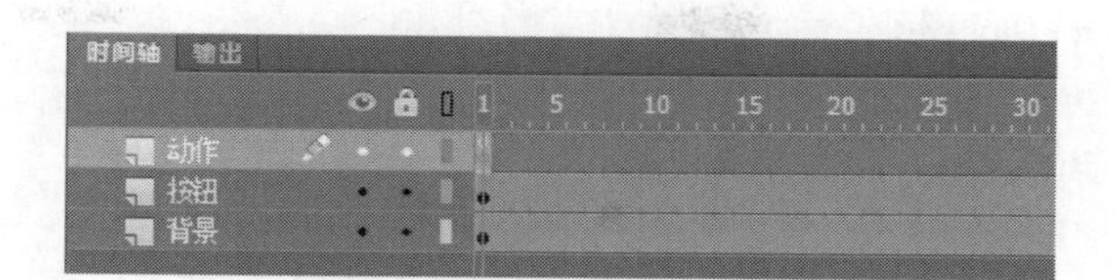

图　7.29

7.7　为案例的按钮创建事件处理程序

7.7　为按钮创建事件处理程序

Flash 可以检测并且响应在 Flash 环境中发生的事件。Flash 的交互采用的是事件机制，即发生了什么事然后触发什么响应。事件可以由用户发出，例如，鼠标单击、鼠标经过以及键盘上的按键。这些都是事件，这些事件由用户个人产生。也可以由程序执行过程中满足某种条件后发出，是独立于用户发生的，比如说成功加载一份数据或声音完成。利用 ActionScript 还可以编写代码检测事件，并且利用事件处理程序响应它们。

事件处理中的第一步是创建将检测事件的侦听器。侦听器如下所示：

```
wheretolisten.addEventListener(whatevent, responsetoevent);
```

实际的命令是 addEventListener()。其他单词是针对情况的对象和参数的占位符。Wheretolisten 是其中发生事件的对象(如按钮)，whatevent 是特定类型的事件(比如鼠标单击)，responsetoevent 是在事件发生时触发函数名称。所以，如果要侦听 button_btn 按钮上的单击事件，并且响应时触发名为 showimage1 的函数，则代码如下：

```
button_btn.addEventListener(MouseEvent.CLICK, showimage1);
```

下一步是创建响应事件函数，在这种情况下，调用的函数名称是 showimage1。该函数简单地把动作组在一起；然后可以引用它的名字触发函数的运行。这个函数如下所示：

```
function showimage1 (myEvent:MouseEvent){ };
```

函数的名字，像按钮名称一样，可以叫任何有意义的名称。在这个特殊的例子中，函数的名称是 showimage1。它接收一个名称是 myEvent 的参数(括号内)，这是一个鼠标事件。冒号后面显示它是什么类型的对象。如果这个函数被触发，就会执行花括号之间的所有代码。

7.7.1　为案例添加事件侦听器和函数

下面添加 ActionScript 代码，用于侦听每个按钮上的鼠标单击事件。响应将 Flash 跳转到“时间轴”上的特定帧以显示不同的内容。

(1) 选择“动作”层的第 1 帧。

(2) 打开“动作”面板。

(3) 在“动作”面板的“脚本”窗格里，在第 2 行开始处，输入代码(如图 7.30 所示)。

```
fan.addEventListener(MouseEvent.CLICK,f);
```

图 7.30

(4) 在“脚本”窗格中的最后一行，输入以下代码，如图 7.31 所示。

```
function f(event:MouseEvent):void {
      gotoAndStop (10);
    }
```

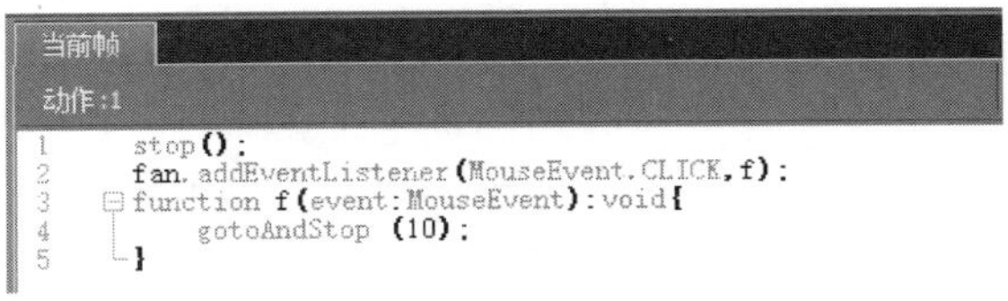

图 7.31

名为 f 的函数包含转到第 10 帧并停留在那里的指令。这时就完成了用于名为 fan 的按钮代码。

(5) 在“脚本”窗格的最后行，输入余下 3 个按钮的额外代码。可以复制并粘贴第 2～5 行，简单地更改按钮名称、函数名称(在两个位置)以及目标帧。完整脚本应该如下所示：

```
stop();
fan.addEventListener(MouseEvent.CLICK,f);
function f(event:MouseEvent):void{
    gotoAndStop (10);
}
dan.addEventListener(MouseEvent.CLICK,d);
function d(event:MouseEvent):void{
    gotoAndStop (20);
}
xan.addEventListener(MouseEvent.CLICK,xs);
function xs(event:MouseEvent):void{
    gotoAndStop (30);
}
can.addEventListener(MouseEvent.CLICK,c);
function c(event:MouseEvent):void{
    gotoAndStop (40);
}
```

1. 鼠标事件

在 ActionScript 3.0 中，统一使用 MouseEvent 类来管理鼠标事件。在使用过程中，无论是按钮还是影片事件，统一使用 addEventListener 注册鼠标事件。此外，若在类中定义鼠标事件，则需要先引入(import)Flash. events. MouseEvent 类。

MouseEvent 类定义了 10 中常见的鼠标事件，具体如下：

CLICK——定义鼠标单击事件。

DOUBLE_CLICK——定义鼠标双击双击事件。

MOUSE_DOWN——定义鼠标按下事件。

MOUSE_MOVE——定义鼠标移动事件。

MOUSE_OUT——定义鼠标移出事件。

MOUSE_OVER——定义鼠标移过事件。

MOUSE_UP——定义鼠标提起事件。

MOUSE_WHEEL——定鼠标滚轴滚动触发事件。

ROLL_OUT——定义鼠标滑入事件。

ROLL_OVER——定义鼠标滑出事件。

2. ActionScript 常用导航命令

(1) 停止命令 stop。

格式：stop()

功能：停止正在播放的动画。此命令没有参数。

(2) 播放命令 play。

格式：play()

功能：当动画被停止播放之后，使用 play 命令使动画继续播放。此命令没有参数。

(3) 跳转停止命令 gotoAndStop。

格式：gotoAndStop([scene,] frame)

功能：将播放头转到场景中指定的帧并停止播放。如果未指定场景，则播放头将转到当前场景中的帧。

(4) 跳转到下一帧命令 nextFrame。

格式：nextFrame()

功能：将播放头转到下一帧并停止。无参数。

(5) 跳转到上一帧命令 prevFrame。

格式：prevFrame()。

功能：将播放头转到前一帧停止。如果当前帧为第 1 帧，则播放头不移动。无参数。

(6) 跳转到下一场景命令 nextScene。

格式：nextScene()。

功能：将播放头移到下一场景的第 1 帧并停止。无参数。

7.7.2 检查语法和格式化代码

程序代码要求精确，一个细节上的错误都会使得整个项目工程停顿，ActionScript 也不例外。

(1) 选择“窗口”→“编译器错误”命令，打开“编译器错误”面板。

(2) Flash 将会对 ActionScript 代码的语法进行检查，Flash 会通知代码有错误或没有错误。如果代码是正确的，则得到结果是“0 个错误，0 个警告”，如图 7.32 所示。

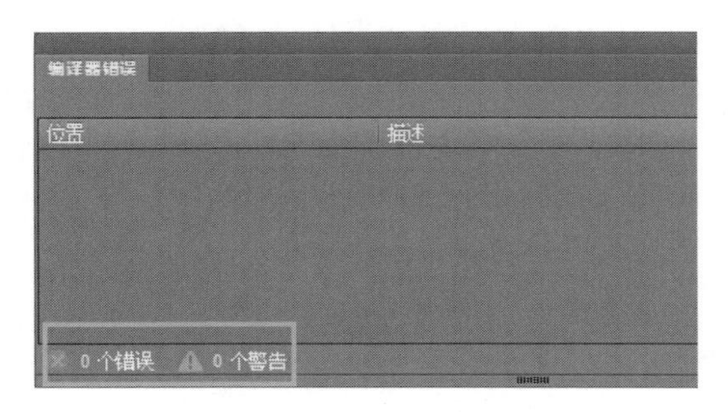

图 7.32

7.8 创建目标关键帧

7.8 创建目标关键帧

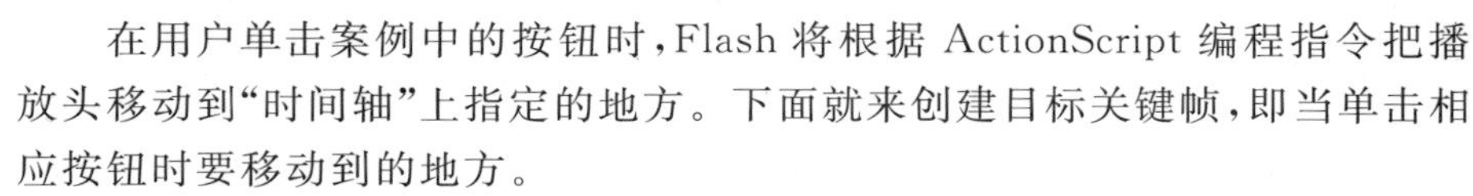

在用户单击案例中的按钮时，Flash 将根据 ActionScript 编程指令把播放头移动到“时间轴”上指定的地方。下面就来创建目标关键帧，即当单击相应按钮时要移动到的地方。

7.8.1 插入具有不同内容的关键帧

在新图层里创建 4 个关键帧，并在每个关键帧放置对应的影片信息。

（1）在图层组的顶层，“动作”层的下面插入一个新图层，命名为“标签”，如图 7.33 所示。

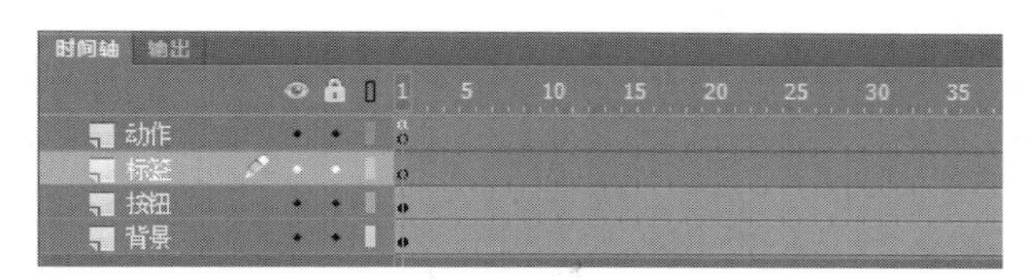

图 7.33

（2）选择“标签”图层中的第 10 帧。

（3）在第 10 帧处插入一个新的关键帧（选择“插入”→“时间轴”→“关键帧”命令，或者按 F6 键），如图 7.34 所示。

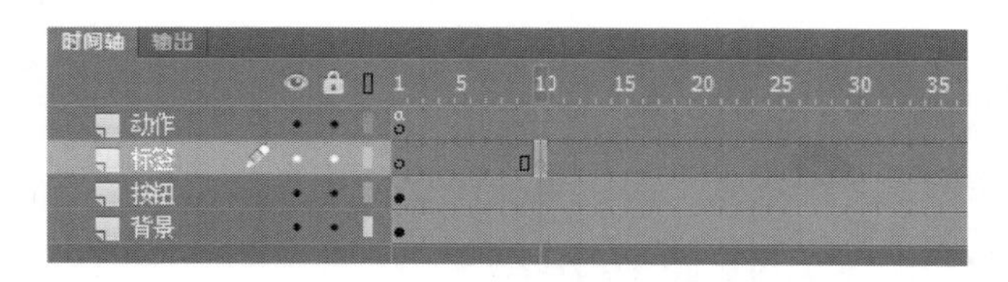

图 7.34

（4）分别在第 20 帧、第 30 帧和第 40 帧处插入新的关键帧。此时，“时间轴”在“标签”层中具有 4 个空白关键帧，如图 7.35 所示。

（5）选中第 10 帧处的关键帧。

（6）在“库”面板中找到“介绍”文件夹，把其中的“疯狂动物城”元件移到“舞台”上，并在“属性”面板中调整 X、Y 均为 0，如图 7.36 所示。

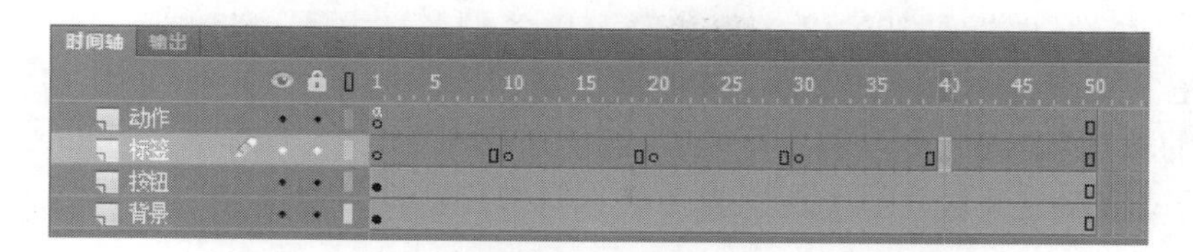

图　7.35

图　7.36

(7) 在“属性”面板中修改实例名称为 f_mc。

(8) 在“舞台”上居中显示关于疯狂动物城的影片信息。

(9) 选择第 20 帧处的关键帧。在“库”面板中找到“介绍”文件夹，把其中的“盗梦空间”元件移到“舞台”上。这是另一个影片剪辑元件，其中包含关于盗梦空间的介绍内容，如图 7.37 所示。

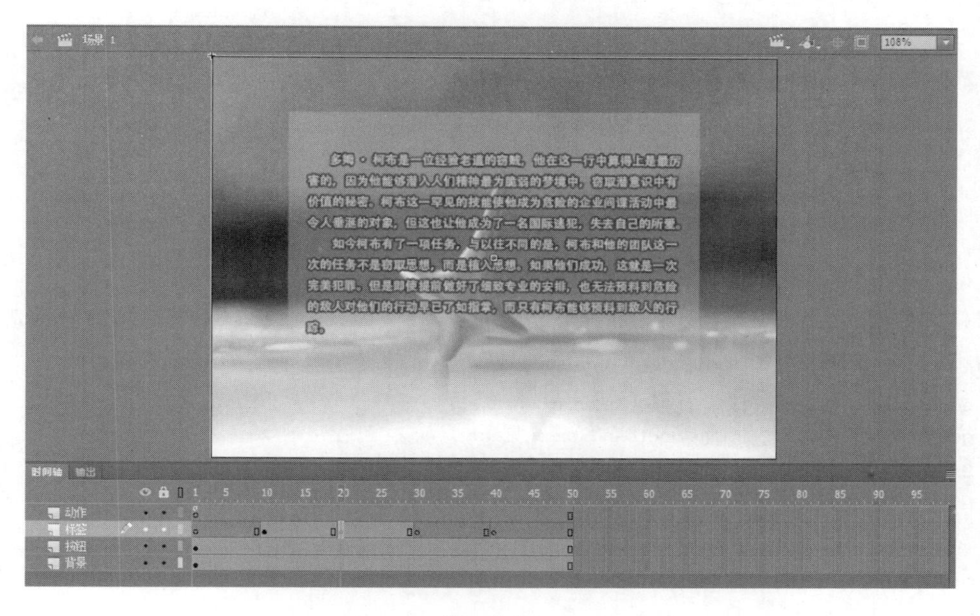

图　7.37

(10) 在"属性"面板中把 X 值 Y 值均设为 0,实例名称为 d_mc。

(11) 把"库"面板中"介绍"文件夹中的每个影片剪辑都放在"标签"层的相应关键帧上。将"肖申克的救赎"实例名称命名为 x_mc,"超能陆战队"实例名称命名为 c_mc。

每个关键帧都应该包含一个关于影片的不同影片剪辑元件。

7.8.2 使用关键帧上的标签

当用户单击按钮时,ActionScript 代码告诉 Flash 跳转至不同的帧编号。但是,如果当前编辑的"时间轴"添加或删除几帧,就需要回到 ActionScript 代码中重新改变代码,使帧编号匹配。

为了避免这个问题,有一个简单的方法是使用帧标签代替固定帧编号。帧标签是给关键帧命名。即使将目标关键帧的位置进行了改动,标签仍然保持与它们名字对应的关键帧不变。在 ActionScript 中使用帧标签,必须用引号。命令 gotoAndStop("Label1")使播放头跳转至标签为 Label1 关键帧上。

(1) 在"标签"层选中第 10 帧。

(2) 在"属性"面板的"标签""名称"框里输入 label1,如图 7.38 所示。

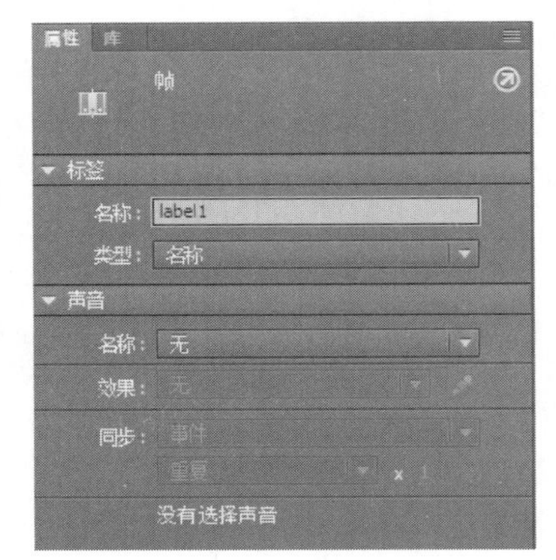

图 7.38

(3) 在"标签"层选中第 20 帧。

(4) 在"属性"面板的"标签""名称"框里输入 label2。

(5) 依次选择第 30 帧和第 40 帧,然后在"属性"面板的"标签""名称"框中分别输入 label3 和 label4。在具有标签的每个关键帧上方将会出现极小的旗帜图标,如图 7.39 所示。

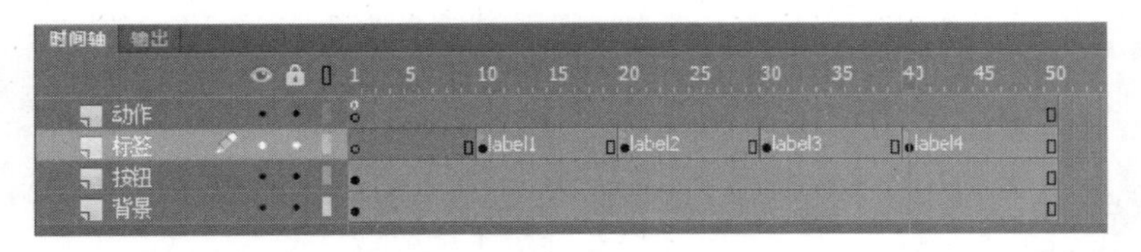

图 7.39

(6) 选择"动作"图层中的第 1 帧,并打开"动作"面板。

(7) 在 ActionScript 代码中,将每个 gotoAndStop()命令中所有固定的帧编号都改为对应的帧标签,如图 7.40 所示。

```
gotoAndStop (10); 应该改为 gotoAndStop ("label1");
gotoAndStop (20); 应该改为 gotoAndStop ("label2");
gotoAndStop (30); 应该改为 gotoAndStop ("label3");
gotoAndStop (40); 应该改为 gotoAndStop ("label4");
```

ActionScript 代码现在将把播放头指引至特定的帧标签,而不是特定的帧编号。

```
当前帧
动作:1
1   stop();
2   fan.addEventListener(MouseEvent.CLICK,f);
3   function f(event:MouseEvent):void{
4       gotoAndStop ("label1");
5   }
6   dan.addEventListener(MouseEvent.CLICK,d);
7   function d(event:MouseEvent):void{
8       gotoAndStop ("label2");
9   }
10  xan.addEventListener(MouseEvent.CLICK,xs);
11  function xs(event:MouseEvent):void{
12      gotoAndStop ("label3");
13  }
14  can.addEventListener(MouseEvent.CLICK,c);
15  function c(event:MouseEvent):void{
16      gotoAndStop ("label4");
17  }
18
```

图　7.40

7.9　创建返回事件

7.9　创建返回事件

返回事件只是使播放头回到时间轴上的第 1 帧，或者向观众提供选择原始设置或主菜单的一个关键帧。下面将学习如何使用“代码片断”面板向项目中添加 ActionScript 代码。

“代码片断”面板提供了一些常用的 ActionScript 代码，可以给 Flash 项目添加简单的交互性效果。“代码片断”面板还可以保存、导入以及在开发人员团队当中共享代码，从而提高效率。

（1）选择“窗口”→“代码片断”命令，或者在“动作”面板中单击“代码片断”按钮（<>），将显示“代码片断”面板。代码片断被组织在描述它们的功能文件夹中，如图 7.41 所示。

（2）选择时间轴上“标签”图层的第 19 帧，选取“舞台”上的 f_mc 按钮（即疯狂动物城的详细介绍界面）。

（3）在“代码片断”面板中，展开名为“时间轴导航”的文件夹，并选择“单击以转到帧并停止”选项，如图 7.42 所示。

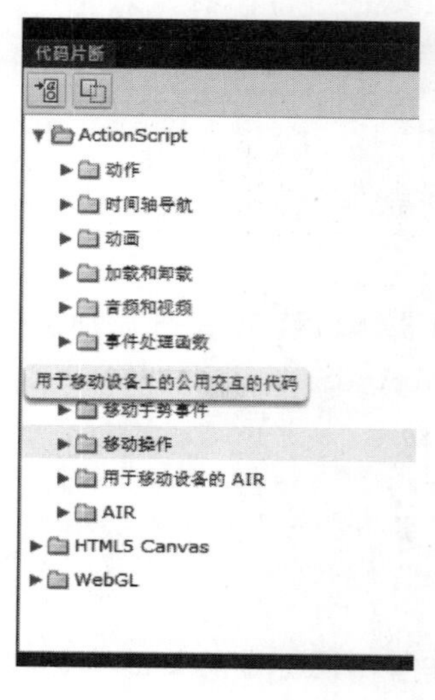

图　7.41

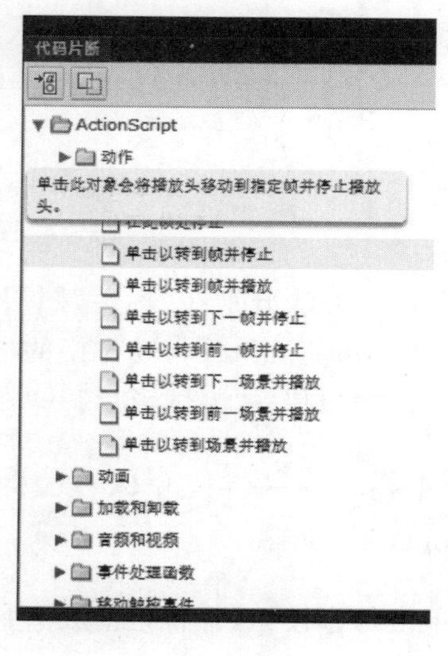

图　7.42

(4) 单击“代码片断”面板左上角的“添加到当前帧”按钮,如图 7.43 所示。

(5) 将打开“动作”面板,显示生成代码。Flash 向“动作”图层中的现有代码添加了代码。如果没有现有代码,Flash 将会新建一个图层并在第一个帧插入代码,代码以灰色显示注释(在“/ * ”和“ * /”符号之间),以正常字体显示插入的代码,如图 7.44 所示。

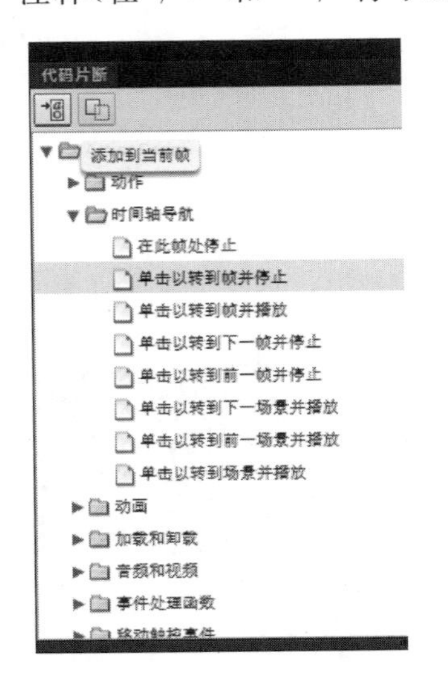

图 7.43

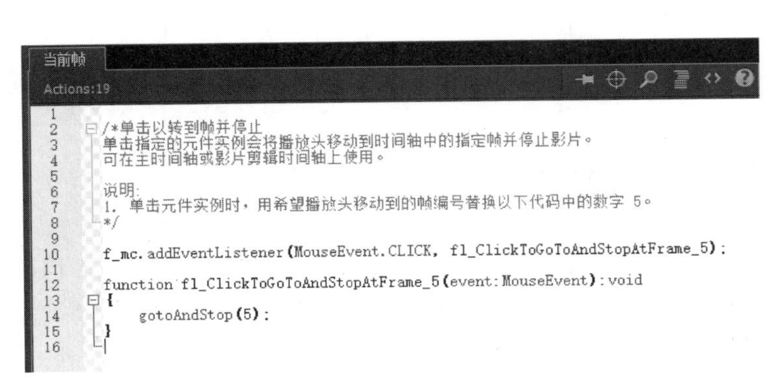

图 7.44

(6) 在名为 fl_ClickToGoToAndStopAtFrame 的函数内,利用 gotoAndStop(1)替换 gotoAndStop(5)动作。当观众单击 f_mc 按钮时,希望播放头返回到第 1 帧,因此要替换 gotoAndStop()动作中的参数,如图 7.45 所示。

```
当前帧
Actions:19
1
2  /*单击以转到帧并停止
3  单击指定的元件实例会将播放头移动到时间轴中的指定帧并停止影片。
4  可在主时间轴或影片剪辑时间轴上使用。
5
6  说明:
7  1. 单击元件实例时,用希望播放头移动到的帧编号替换以下代码中的数字 5。
8  */
9
10 f_mc.addEventListener(MouseEvent.CLICK, fl_ClickToGoToAndStopAtFrame_5);
11
12 function fl_ClickToGoToAndStopAtFrame_5(event:MouseEvent):void
13 {
14     gotoAndStop(1);
15 }
16
```

图 7.45

(7) 用以上方法分别在“标签”图层的第 29 帧、第 39 帧、第 50 帧处添加同样的代码片断,全部设置 gotoAndStop()动作中的参数为 1,即 gotoAndStop(1)。

(8) 选择“控制”→“测试影片”→“在 Animate 中”命令。

> CS6 在 Flash CS6 和 Flash CC 2015 版本中,选择“控制”→“测试影片”→“在 Flash Professional 中”命令。

(9) 单击每个按钮,都将把播放头移到“时间轴”中带不同标签的关键帧上,显示也会不同。单击各个介绍框时，返回第 1 帧，显示原始影片海报 4 个按钮，如图 7.46 所示。但是目前不能实现该效果，还需要继续做完下面的步骤。

图　7.46

7.10　在目标位置播放动画

如何在影片介绍中用户单击一个按钮后播放一个介绍的页面呢？可以使用命令 gotoAndPlay()，移动播放头到相应帧编号或帧标签，参数可以是帧编号或帧标签，即播放头从这一点开始播放。

7.10　在目标处播放动画

7.10.1　使用关键帧上的标签

下一步，将创建影片介绍动画。这需要 ActionScript 代码直接跳转至每个关键帧并开始播放动画。

(1) 把播放头移到 label1 帧标签，如图 7.47 所示。

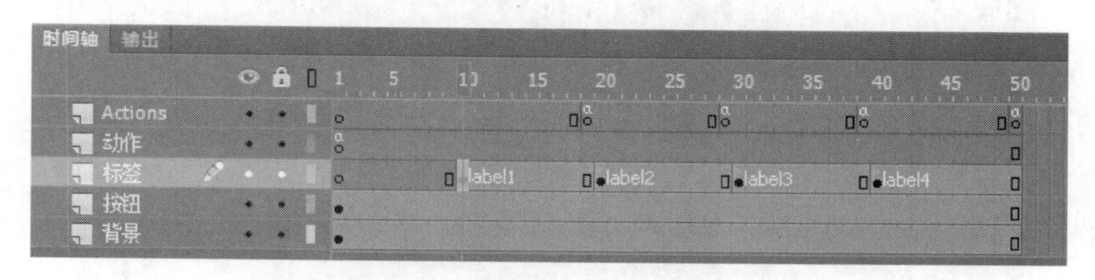

图　7.47

(2) 右击“舞台”上的影片疯狂动物城介绍实例，然后选择“创建补间动画”命令。

(3) Flash 将会为实例创建单独的“补间”图层，以便它可以继续创建补间动画，给生成的补间图层命名为 f，如图 7.48 所示。

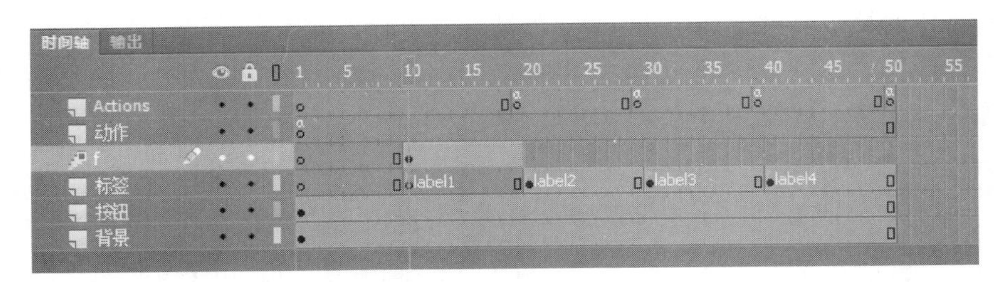

图 7.48

(4) 在“属性”面板中，选择“色彩效果”→“样式”→Alpha 选项。

(5) 把 Alpha 滑块设置为 0%，如图 7.49 所示。“舞台”上的实例将完全变成透明的。

(6) 把播放头拖至补间范围末层，即第 19 帧处。

(7) 在“舞台”上选择透明实例。

(8) 在“属性”面板中将 Alpha 滑块设置为 100%，如图 7.50 所示。

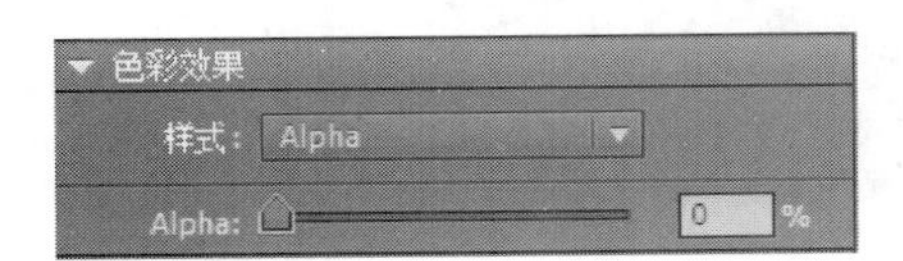

图 7.49

图 7.50

(9) 这将会以正常的透明度级别显示实例。从第 10 帧到第 19 帧的补间动画显示了平滑的淡入效果，如图 7.51 所示。

图 7.51

(10) 在标记为 label2、label3 和 label4 的关键帧中为其余的影片创建类似的补间动画，给生成的补间图层依次命名为 d、x、c，如图 7.52 所示。

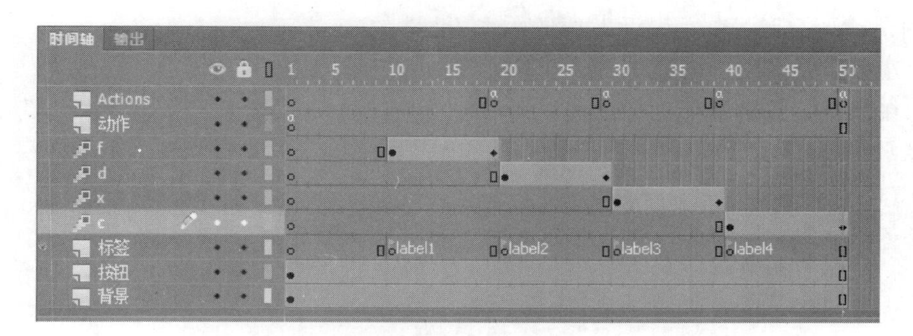

图　7.52

7.10.2　使用 gotoAndPlay 命令

gotoAndPlay 命令使 Flash 播放头移到“时间轴”上的特定帧处，并开始从那个位置播放动画。

(1) 选择“动作”层中的第 1 帧，并打开“动作”面板。

(2) 在 ActionScript 代码中，把前 4 个 gotoAndStop()命令都改为 gotoAndPlay()命令，并保持参数不变，如图 7.53 所示。

```
gotoAndStop("label1"); 应该改为 gotoAndPlay("label1");
gotoAndStop("label2"); 应该改为 gotoAndPlay("label2");
gotoAndStop("label3"); 应该改为 gotoAndPlay("label3");
gotoAndStop("label4"); 应该改为 gotoAndPlay("label4")
```

当前帧

动作:1

```
1   stop();
2   fan.addEventListener(MouseEvent.CLICK,f);
3   function f(event:MouseEvent):void{
4       gotoAndPlay ("label1");
5   }
6   dan.addEventListener(MouseEvent.CLICK,d);
7   function d(event:MouseEvent):void{
8       gotoAndPlay ("label2");
9   }
10  xan.addEventListener(MouseEvent.CLICK,xs);
11  function xs(event:MouseEvent):void{
12      gotoAndPlay ("label3");
13  }
14  can.addEventListener(MouseEvent.CLICK,c);
15  function c(event:MouseEvent):void{
16      gotoAndPlay ("label4");
17  }
18
```

图　7.53

对于每个影片按钮，ActionScript 代码现在将把播放头指引到特定的帧标签，并在那个位置开始播放动画。

7.10.3　停止动画

如果现在测试影片(选择“控制”→“测试影片”→“在 Animate 中”命令)，将看到每个按钮跳转至其对应帧标签并从那位置开始播放，但它会一直播放下去，从而会显示“时间轴”中所有的剩余动画。下一步是告诉 Flash 何时停止播放。

(1) 选择"动作"图层的第 19 帧,新建关键帧并打开"动作"面板。

(2) 在"脚本"窗格中第一行输入"stop();",如图 7.54 所示。当到达第 19 帧时,Flash 将停止播放。

图 7.54

(3) 依次在第 29 帧、第 39 帧和第 50 帧中添加相应的关键帧和代码,如图 7.55 所示。

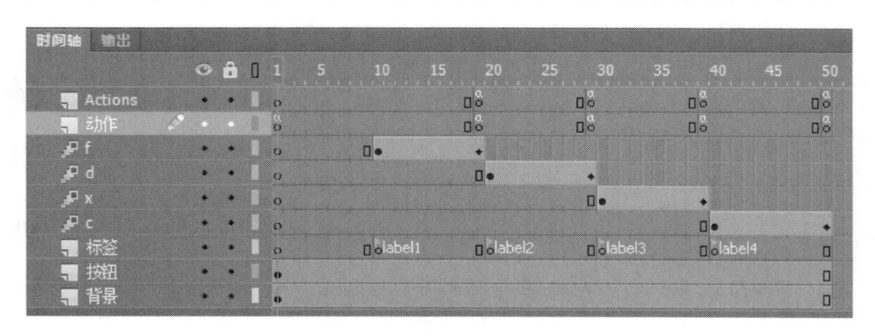

图 7.55

(4) 选择"控制"→"测试影片"→"在 Animate 中"命令,测试的影片。每个按钮都会转到不同的关键帧,并且播放简短的淡入动画。在动画末尾,影片会停止。可单击介绍框返回。

7.11 动画式按钮

7.11 动画式按钮

动画按钮显示"弹起""指针经过"或"按下"的关键帧动画。目前,当将鼠标指针放在化学仪器的按钮上时,灰色的附加信息会出现。但如果使灰色的信息出现动画效果,它将给用户带来更多的趣味和复杂的交互作用。

创建一个动画式按钮的关键是:在一个影片剪辑元件里创建动画,然后将影片剪辑元件置于按钮元件的"弹起""指针经过"或"按下"的关键帧内。当显示其中一个关键帧时,影片剪辑将会播放动画。

在影片剪辑元件中创建动画

影片介绍的按钮元件的"指针经过"已经包含了一个灰色信息框的影片剪辑元件。下面将编辑每一个影片剪辑元件,在里面添加一个动画。

(1) 在"库"面板中,展开"获取更多框/基础元件"文件夹,双击"疯狂动物城"的影片剪辑元件图标。Flash 会进入到名为"疯狂动物城"的影片剪辑元件的元件编辑模式,如图 7.56 所示。

(2) 全选"舞台"上的元素。

(3) 右击,选择"创建补间动画"命令,如图 7.57 所示。

图　7.56

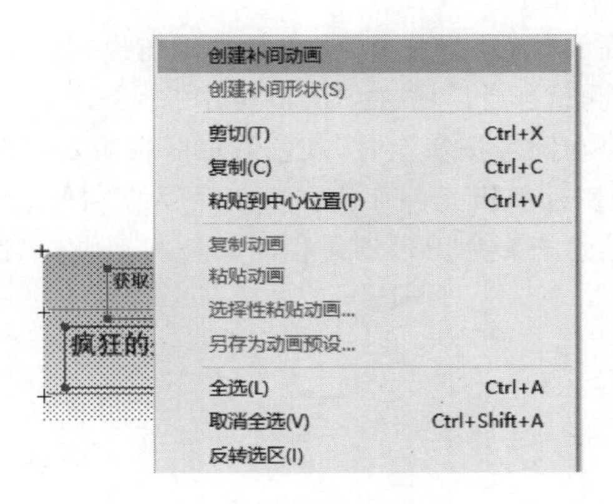

图　7.57

(4) 在出现的对话框中，要求确认将所选的内容转换为元件，单击“确定”按钮，Flash 将会创建一个“补间”图层(如图 7.58 所示)。

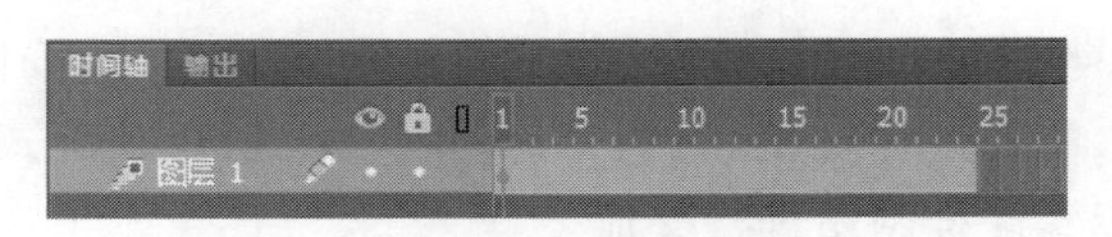

图　7.58

(5) 拖动补间范围的末尾，使得“时间轴”上只有 10 帧，如图 7.59 所示。

图　7.59

(6) 将播放头移至第 1 帧处，并选取“舞台”上的实例。

(7) 在“属性”面板中，选择“色彩效果”→“样式”→Alpha 选项。把 Alpha 滑块设置为 0%。“舞台”上的实例将完全变成透明的。

(8) 把播放头拖至补间范围末层，即第 10 帧处。

(9) 在“舞台”上选择透明实例。

(10) 在“属性”面板中将 Alpha 滑块设置为 100%，Flash 将在 10 帧的补间范围内在透明实例与不透明实例之间创建平滑的过渡。

(11) 插入一个新图层，重命名为“动作”。

(12) 在“动作”图层的最后一帧(第 10 帧)中插入新关键帧，如图 7.60 所示。

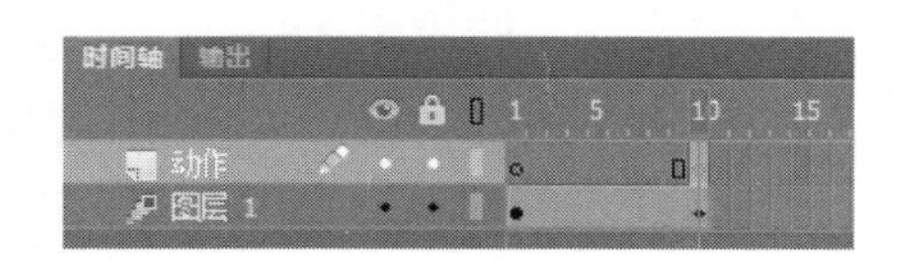

图 7.60

(13) 打开“动作”面板，并在“脚本”窗格输入“stop()；”。在最后一帧中添加停止动作可以确保淡入效果只会播放最后一次。

(14) 单击“舞台”上面的“场景 1”按钮，退出元件编辑模式。

(15) 选择“控制”→“测试影片”→“在 Animate 中”命令。

(16) 当鼠标指针悬停在圆号按钮上时，灰色信息框将淡入。影片剪辑元件内的补间动画将播放淡入效果。并把影片剪辑元件存放在按钮元件的“指针经过”状态内。

(17) 为其他的灰色信息框影片剪辑创建相同的补间动画，以便 Flash 可以为所有乐器按钮创建动画效果。

作业

一、模拟练习

打开 Lesson07→“模拟”→“07 模拟(CC 2017).swf”文件进行浏览播放，根据本章所述知识做一个类似的作品。作品资料已完整提供，获取方式见“前言”。

二、自主创意

自主设计一个 Flash 课件，应用本章所学习的创建按钮元件、按钮元件添加声音、复制元件、交换元件与位图、命名按钮实例、编写 AS3.0 代码、创建动画式按钮等知识。也可以把自己完成的作品上传到课程网站进行交流。

三、理论题

1. 如何添加 ActionScript 代码？
2. 简述事件与侦听的含义。
3. function 关键字代表什么？
4. 怎么创建动画式按钮？

第8章

Animate中制作视频课件

本章学习内容

1. 导入和编辑声音文件
2. 使用 Adobe Media Encoder
3. 加载外部视频文件
4. 利用代码和遮罩动画制作视频特效

完成本章的学习大约需要 3 小时，相关资源获取方式见“前言”和第 1 章中的描述。

知识点

由于本书篇幅有限，下面的知识点并非在本章中都有涉及或详细讲解，在本书的学习网站有详细的资料，欢迎登录学习。

导入导出声音　给按钮添加声音 ActionScript 加载外部视频　给视频添加特效
使用 Adobe Media Encoder 软件编辑视频　设置导入声音的基本属性　给元件添加链接
使用视频提示点　导出 QuickTime 视频文件　Adobe Flash 和 After Effects
AdobeFlash 和 Adobe Premiere Pro

本章案例介绍

范例：

本章案例为水族馆水母运动的视频展示。在本章将学习如何导入与加载外部视频文件。通过单击不同颜色水母的缩略图按钮欣赏各种水母运动的视频，每段视频出现前会导入视频的渐变，并且每段视频播放完毕后会出现一句古诗词对视频进行点评。主要涉及如何导入调用外部文件，运用代码给视频的出现添加特效，利用 Adobe Media Encoder 软件编辑视频，如图 8.1 所示。

图 8.1

模拟案例：

本章模拟案例是展示国宝熊猫的日常活动，通过单击不同熊猫的头像按钮，欣赏它们在动物园日常玩耍的视频，如图 8.2 所示。

图 8.2

8.1 预览完成的案例

8.1 预览完成的案例

(1) 右击"Lesson08/范例/Complete"文件夹的"08 范例 complete(CC 2017).swf"动画，进行播放。

(2) 关闭 Adobe Flash Player 播放器。

(3) 可以用 Adobe Animate CC 2017 打开源文件进行预览，在 Adobe Animate CC 2017 菜单栏中选择"文件"→"打开"命令，再选择"Lesson08/范例/complete"文件夹的"08 范例 complete(CC 2017).fla"，如图 8.3 所示。

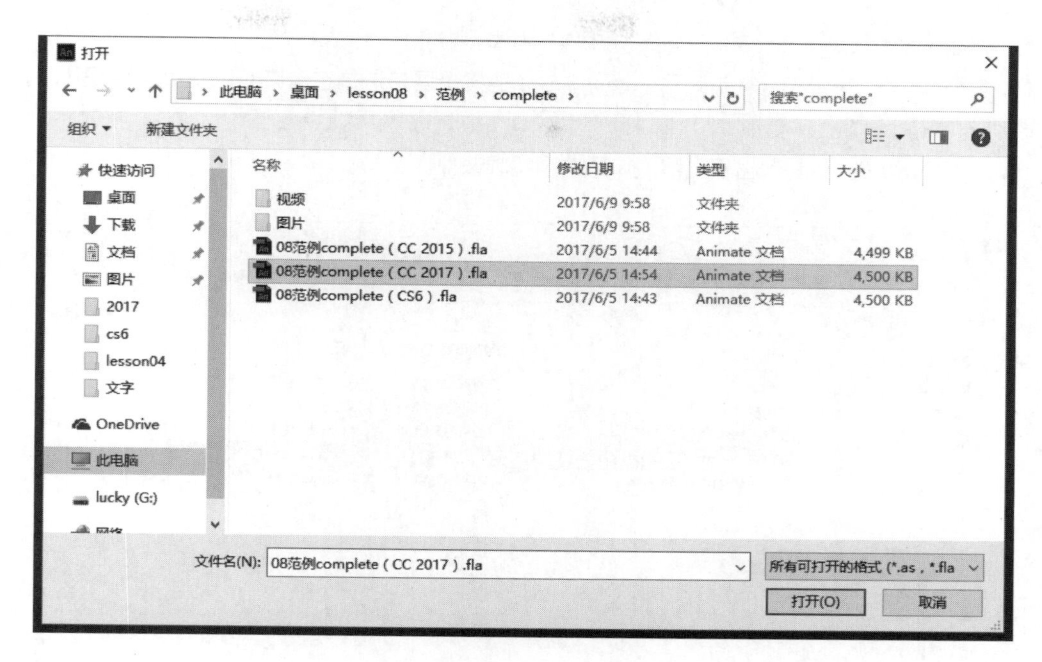

图 8.3

8.2 打开 start 文件

8.2 打开 start 文件

(1) 在菜单栏中,选择“文件”→“打开”命令,在“打开文件”对话框中,选择“Lesson08/范例/start”文件夹的“08 范例 start(CC 2017). fla”文件,并单击“打开”按钮,如图 8.4 所示。

(2) 在“08 范例 start(CC 2017). fla”文件中,添加了基本的初始设置。其中,范例舞台大小为 800×600px;设置好 4 个场景,分别为场景 1、2、3、4,其中场景 1 为主页,其余场景为调用的视频内容;给每个场景建立了相应的时间轴图层;将范例中需要用到的基本代码放在动作面板;在库中导入了基本文件并做好了文件分类;制作好场景背景与标题,3 个场景 1 按钮和返回按钮。

提示 在菜单栏选择“窗口”→“动作”命令,打开“动作”面板,可发现该范例在每个场景相应的帧上有较多代码,如图 8.5 所示。对于没有学习过 ActionScript 语言的读者来讲,重新编写代码完成范例可能有些困难,但不用担心,部分代码已经放在 start08. fla 文件夹中,完整代码以 Word 文档形式放在 complete 和 start 文件夹中。本章读者主要关注声音和视频文件的应用知识,了解 ActionScript 3. 0 在视频交互方面的作用,为今后进一步学习奠定基础。

(3) 接下来就需要在此基础上进行操作,以实现案例效果。

提示 start 文件中的元件的实例名称,在此给出已完成设置的实例名称,方便读者进行代码理解与检查。

3 个按钮为 button_S、button_Z、button_L;返回按钮为 home;

背景音乐在场景 1 的第 1 帧的“动作”面板中，用代码导入；

库中 name 文件夹内的元件进行了 ActionScript 链接设置方法是右击该元件，在“属性”面板的“高级”选项卡中进行设置。

读者可在此基础上，制作出相类似的其他主题视频课件。

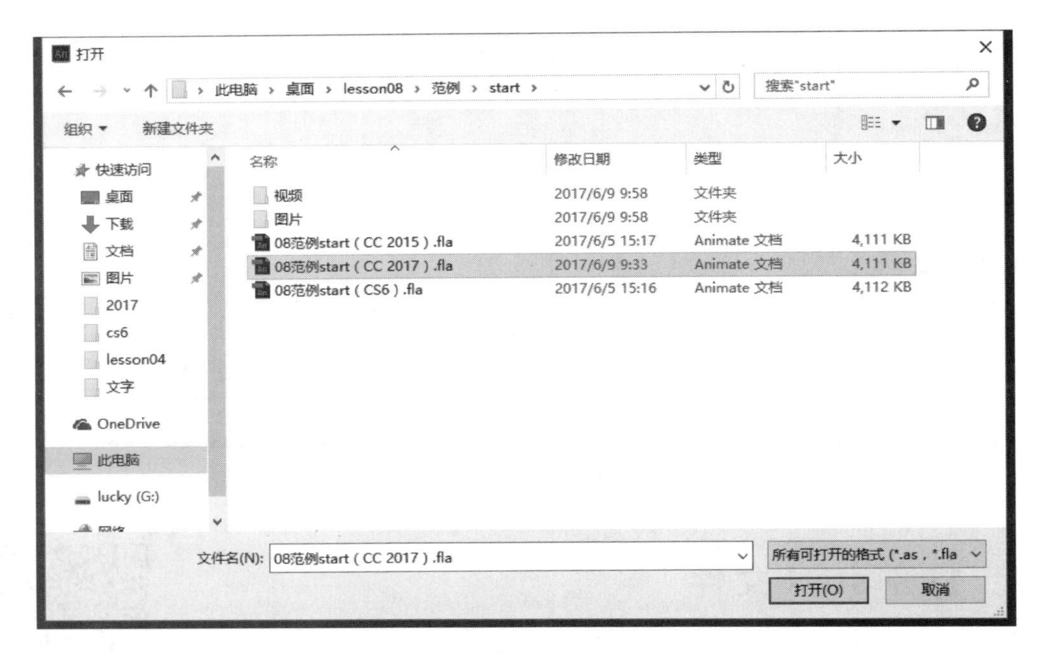

图 8.4

```
动作
场景 1
  Actions：第 1 帧
场景 2
  as：第 1 帧
  as：第 26 帧
场景 3
  as：第 1 帧
  as：第 26 帧
场景 4
  as：第 1 帧
  as：第 26 帧
元件定义
  补间1
    Layer 1：第 76 帧
    Layer 1：第 131 帧
    Layer 1：第 145 帧
  补间2
    Layer 1：第 76 帧
    Layer 1：第 121 帧
    Layer 1：第 145 帧
  补间3
    Layer 1：第 76 帧
    Layer 1：第 121 帧
    Layer 1：第 145 帧
```

```
当前帧
Actions:1
1
2   stop();
3
4   button_S.addEventListener(MouseEvent.CLICK, fl_ClickToGoToScene);
5
6   function fl_ClickToGoToScene(event: MouseEvent): void {
7       MovieClip(this.root).gotoAndPlay(1, "场景 2");
8       SoundMixer.stopAll();
9       fl_ToPlay_2 = true;
10  }
11
12  button_Z.addEventListener(MouseEvent.CLICK, fl_ClickToGoToScene_2);
13
14  function fl_ClickToGoToScene_2(event: MouseEvent): void {
15      MovieClip(this.root).gotoAndPlay(1, "场景 3");
16      SoundMixer.stopAll();
17      fl_ToPlay_2 = true;
18  }
19
20  button_L.addEventListener(MouseEvent.CLICK, fl_ClickToGoToScene_3);
21
22  function fl_ClickToGoToScene_3(event: MouseEvent): void {
23      MovieClip(this.root).gotoAndPlay(1, "场景 4");
24      SoundMixer.stopAll();
25      fl_ToPlay_2 = true;
26  }
27
28
29  sound_btn.addEventListener(MouseEvent.CLICK, fl_ClickToPlayStopSound_2);
30
31  var fl_SC_2:SoundChannel;
32
33  //此变量可跟踪要对声音进行播放还是停止
第 1 行（共 50 行），第 1 列
```

图 8.5

8.3 导入声音文件

8.3 导入声音文件

Animate中支持导入多种类型的音频文件到库，例如WAV、AIFF、MP3等类型的声音文件。读者只需要将音频文件拖动到时间轴上需要使用的位置就可以使用，不过要注意的是，在拖动使用音频文件之前必须先创建关键帧。

8.3.1 导入按钮声音文件

(1) 在菜单栏上，选择"文件"→"导入"→"导入到库"命令。在"Lesson08/范例/Start"文件夹中选择"按钮声.wav"文件，然后单击"打开"按钮。此时，"按钮声.wav"文件出现在库面板中，声音文件会标明喇叭按钮，而且预览窗口会显示声音的波形图，如图8.6所示。

(2) 可单击"库"预览窗口右上角的"播放"按钮，进行预览。

提示 在"库"中右击音频文件，在弹出的快捷菜单中，选择"属性"命令可以了解音频的属性，其中包括其源位置、文件大小和各个属性等。

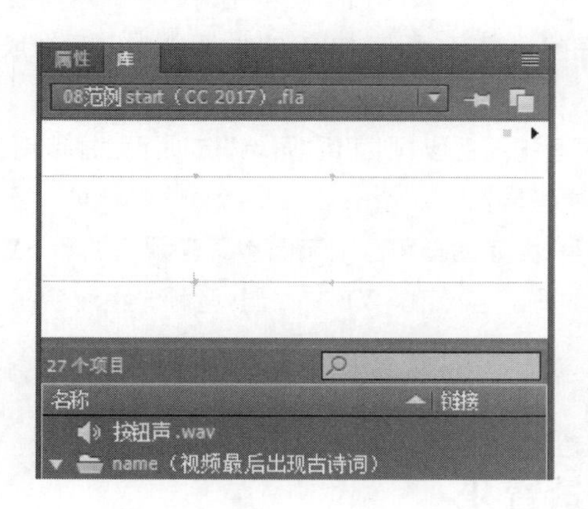

图 8.6

8.3.2 为按钮添加声音

接下来需要将"库"中的音频文件放置在按钮的单击状态上。

(1) 在场景1中，双击button_s按钮进入编辑状态。

(2) 新建图层，并在"按下帧"处插入关键帧(或直接按下F6键)，将"库"面板中的"按钮声.wav"拖入"舞台"，如图8.7所示。

提示1 若按钮图层被锁住，则需要先解锁再进行操作。

提示2 直接插入帧的快捷键为F5；直接插入关键帧的快捷键为F6；直接打开"动作"面板的快捷键为F9。

提示3 时间轴上出现波纹代表声音添加成功。

(3) 选中"按下"关键帧，在"属性"面板中修改声音设置，将同步设为事件、重复，如图 8.8 所示。

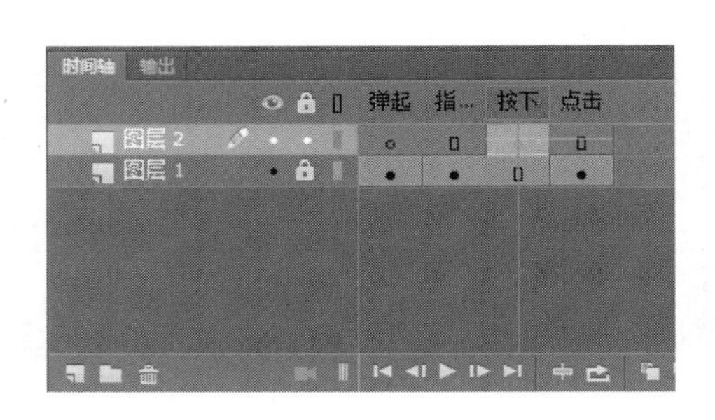

图 8.7

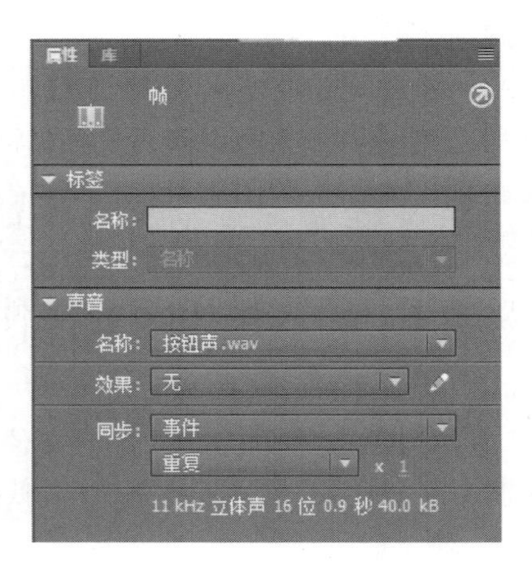

图 8.8

提示 "同步"选项决定了在"时间轴"上以哪种方式播放声音。

"事件"选项会将声音和一个事件的发生过程同步起来。事件声音在它的起始关键帧开始显示时播放，并独立于时间轴播放完整个声音，即使 SWF 文件停止也继续播放。当播放发布的 SWF 文件时，事件声音混合在一起。

在"开始"选项中，如果声音正在播放，则使用"开始"选项不会播放新的声音实例。

"停止"选项将使指定的声音静音。

"数据流"选项将同步声音、强制动画和音频流同步。音频流随着 SWF 文件的停止而停止；音频流的播放时间短于帧的播放时间；当发布 SWF 文件时，音频流将混合在一起。

(4) 返回到场景 1，依据 button_s 按钮添加声音的方法，为剩余的 button_2 和 button_L 两个按钮加上声音。

8.3.3 添加背景音乐

在 Animate 中，可除了将音频文件导入到库进行使用外，还可以通过代码调用外部声音文件。在本章案例中，将通过代码调用为主页面添加背景音乐。

(1) 在"场景 1"中，选中"背景"图层，若"背景"图层锁定，则先解锁"背景"图层。单击"背景"，右击选择"转换为元件"命令。在弹出的界面中修改"名称"为"背景"、"类型"为"按钮"，单击"确定"按钮，并将实例名称修改为 sound_btn，如图 8.9 所示。

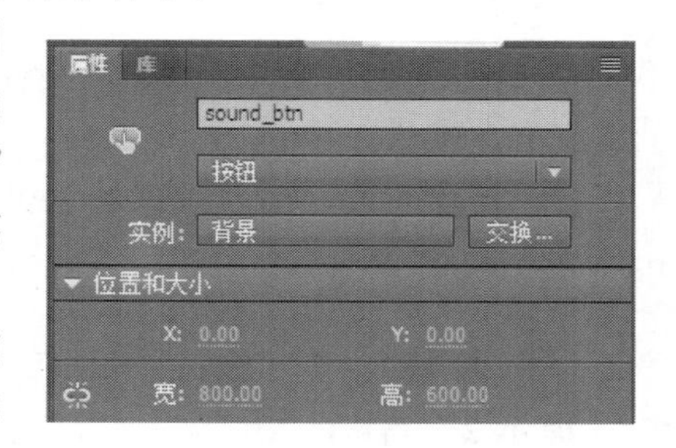

图 8.9

(2) 选中"动作"图层，打开"动作"面板，添加调用外部音乐代码。此处，将灰色代码的注释去掉即可，即去掉"/ * "和" * /"，如图 8.10 所示。

```
/*sound_btn.addEventListener(MouseEvent.CLICK, fl_ClickToPlayStopSound_2);

var fl_SC_2:SoundChannel;

//此变量可跟踪要对声音进行播放还是停止
var fl_ToPlay_2:Boolean;
var s:Sound = new Sound(new URLRequest("背景音乐(浪淘沙).mp3"));
fl_SC_2 = s.play();

function fl_ClickToPlayStopSound_2(evt:MouseEvent):void
{
    if(fl_ToPlay_2)
    {
        fl_SC_2 = s.play();
    }
    else
    {
        fl_SC_2.stop();
    }
    fl_ToPlay_2 = !fl_ToPlay_2;
}*/
```

图 8.10

提示1 注释掉的代码将在文件夹中另附Word文档。

提示2 以上代码的主要作用是调用外部的声音文件"背景音乐(浪淘沙).mp3"作为背景音乐,并在单击背景图片是开始播放,再次单击停止播放。

其原理为:"sound_btn.addEventListener(MouseEvent.CLICK,fl_ClickToPlayStopSound_2);"语句使已转换为按钮的背景图片具有侦听鼠标单击事件的功能,一旦侦听到鼠标单击事件,便运行fl_ClickToPlayStopSound_2函数,该函数的功能主要是控制声音的播放和停止。fl_SC_2定义为SoundChannel类型(声音通道),用该变量来播放s(s被定义为声音类型并赋值代表"背景音乐(浪淘沙).mp3"声音文件)代表的声音。fl_ToPlay_2变量表示声音当前状态(播放为true,停止为false)。

8.3.4 调整声音属性

在Animate中,可以对音频文件做基本的编辑操作。在此,由于案例提供的声音是完整的,因此只做操作说明,读者可根据自身情况对自己以后的案例进行调整。但在本章实例中可以适当修改发布设置。

(1) 声音剪辑:选择声音波纹的任意一帧(例如,button_s按钮中"图层2"的"按下"),在"属性"面板中单击"效果"后的笔状按钮,进入"编辑封套"对话框,如图8.11所示,然后拖动修改中间时间轴的长短,单击"确定"按钮即完成声音剪辑。

提示 该对话框显示了声音的波形。上面和下面的波形分别是声音(立体声)的左、右声道;"时间轴"位于两个波形之间;左上角是预设效果的下拉菜单;视图选项位于底部。

(2) 更改音量:在"编辑封套"对话框中,单击上方波形上面的水平线,此时会出现一个小的方框,进行拖动调整,对下方波形进行同样操作。完成后单击对话框左下角的"播放声音"按钮,测试声音编辑后的效果,如图8.12所示。

提示 出现的小的方框就是用于调节声音的音量的,在左声道中从中心标尺到上面水平线上声音由小变大,在右声道中从中心标尺到下面水平线上声音由大变小。

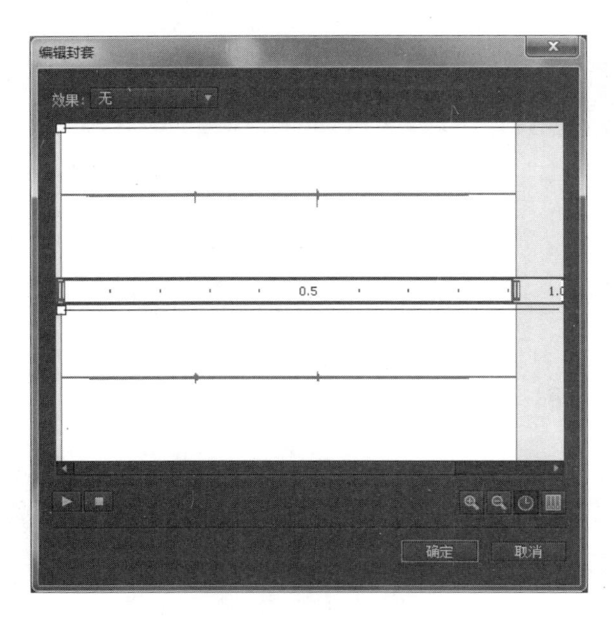

图 8.11

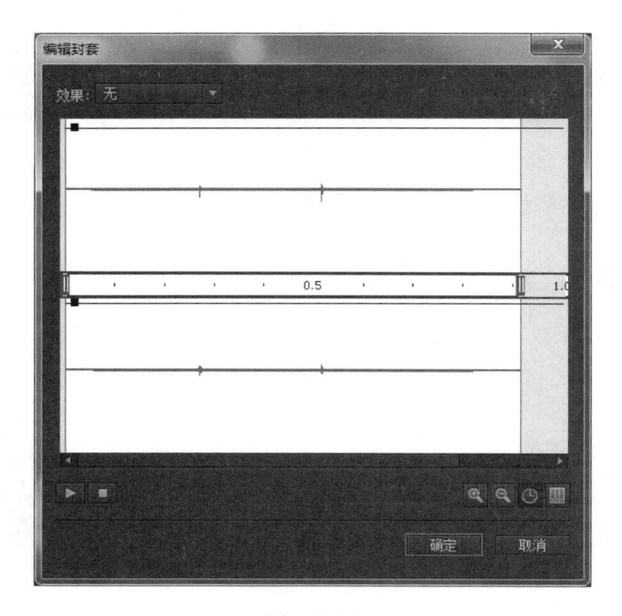

图 8.12

(3) 删除或更改声音：在“属性”面板中，选择“名称”下拉菜单，可以选择其中的不同选项。当选择“无”选项时时间轴上将不会出现声音波纹，如图 8.13 所示。

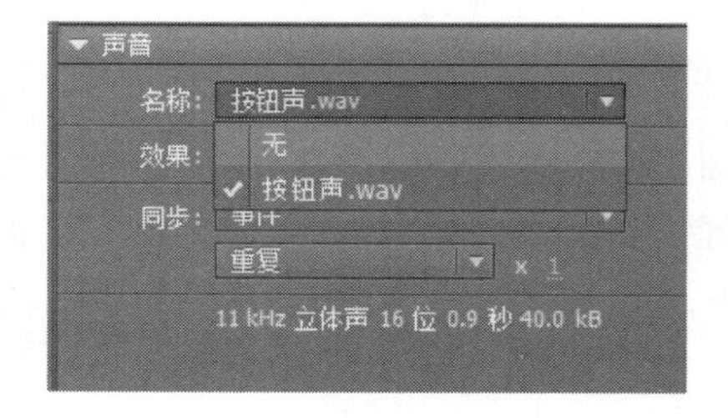

图 8.13

(4) 设置声音品质：选择“文件”→“发布设置”命令，在“发布设置”对话框中选中左侧的 Flash 选项卡和右侧的“覆盖声音设置”复选框，如图 8.14 所示；单击“音频流”选项后面的数据，进入“声音设置”对话框，修改参数，如图 8.15 所示；单击“音频事件”选项后面的数据，进入“声音设置”对话框，修改参数，如图 8.16 所示。全部设置成功后，单击“确定”按钮。

提示 1　可以控制在最终的 SWF 文件中压缩声音的程度。压缩程度越小，声音音质就越好，但生成的 SWF 文件就会越大；反之，压缩程度越大，声音音质就越差，生成的 SWF 文件就越小。

提示 2　比特率的单位是 kb/s，它决定了最终导出的 Flash 影片的声音音质。比特率越高，声音音质越好，但相应生成的文件就会越大。

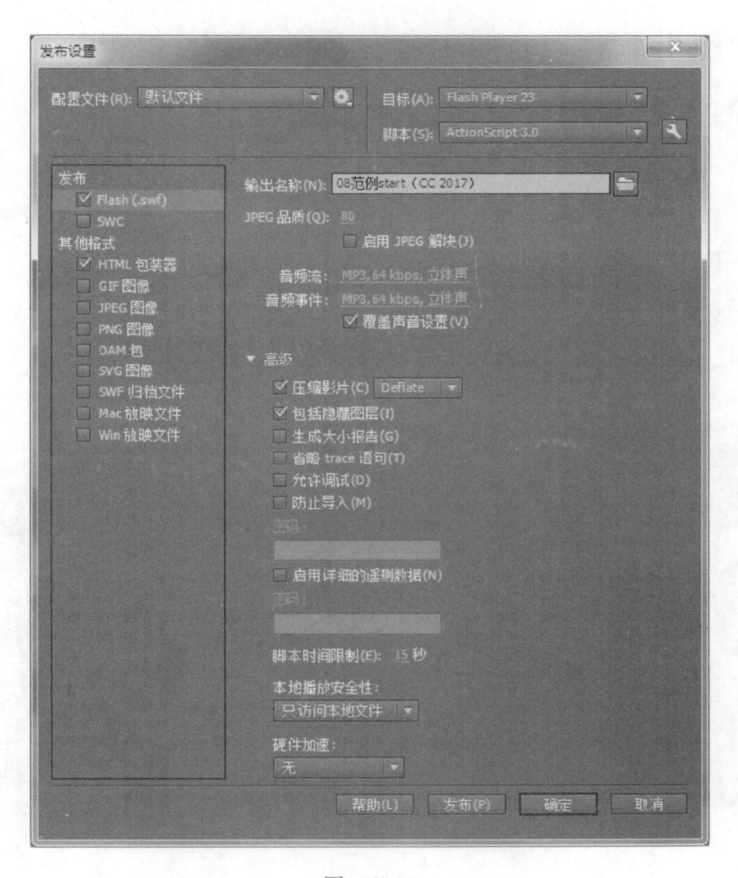

图　8.14

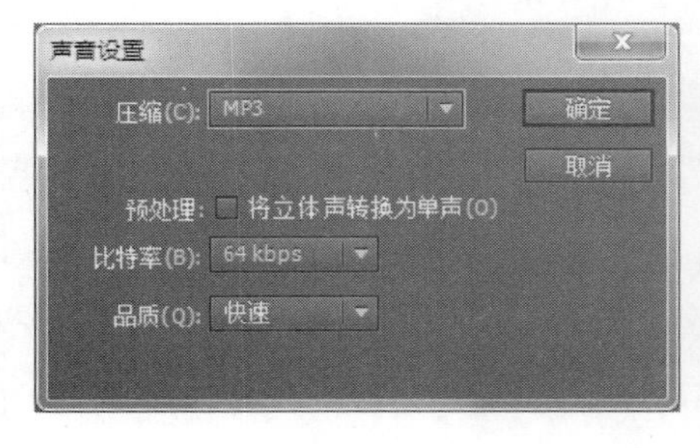

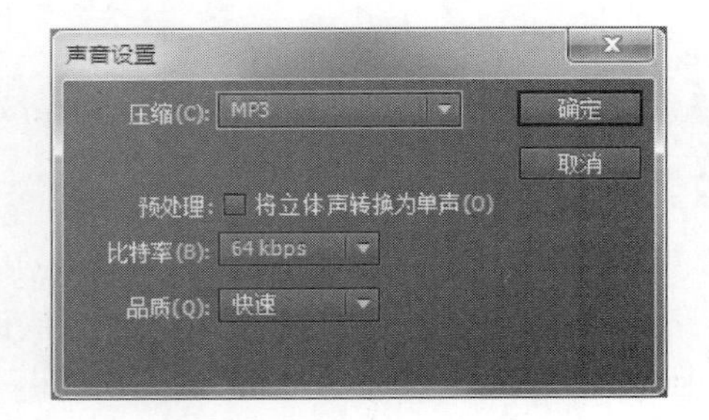

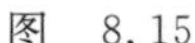
图　8.15　　　　图　8.16

8.4 添加视频

8.4 添加视频

通过 8.3 节的操作，了解了如何通过代码调用外部音乐，接下来将展示如何给场景添加外部视频，如何使用 FLVPlayback 组件播放视频。再次观看范例文件，可以发现调用外部视频时，视频不是直接出来的，而是以圆圈状淡出显示的，这就是通过把 FLVPlayback 2.5 组件实例转换为元件，然后通过代码控制用遮罩动画效果实现的。

8.4.1 使用 FLVPlayback 组件播放视频

(1) 单击舞台右上方“编辑场景”按钮，在弹出的面板中选择“场景 2”。

提示 此时场景中以及建立好了 5 个图层，分别为 as、“返回”“补间”“视频”和“背景”图层。可以发现 as 图层在关键帧上有一个小写字母 α，这是说明该帧有代码，因此该图层为代码图层。相应地，“场景 1”中的 Actions 也为代码图层。

(2) 选中“视频”图层，打开“窗口”→“组件”面板，打开 video 目录，把 FLVPlayback 2.5 组件拖到舞台上，如图 8.17 所示，单击“确定”按钮。

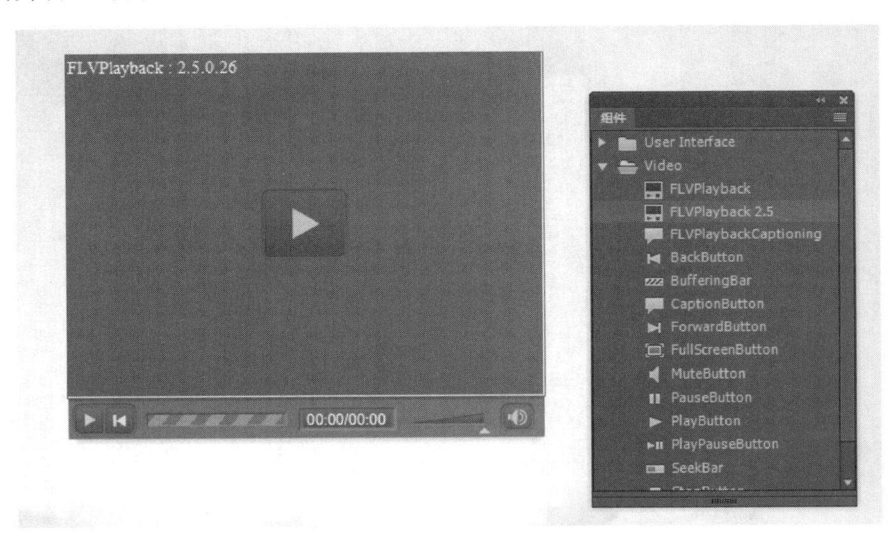

图 8.17

注意：此时，在库中移动组件位置到“视频”文件夹中，在制作案例时需要有一个良好的整理习惯，以便后续操作或检查。

(3) 在“属性”面板打开“组件参数”的下拉列表框，单击 source 后的铅笔图标，单击“内容路径”的文件夹按钮，选择“lesson08/范例/Start/视频”文件夹下的“序列 01.mp4”文件，并且选中“匹配源尺寸”，单击“确定”按钮，如图 8.18 所示。“舞台”上会出现“序列 01.mp4”视频。

注意：如果想要设置视频组件的外观，例如不需要视频组件下方的播放条，可以在导入视频后单击舞台上的视频组件，这时在"属性"面板中会出现组件参数选项，单击 skin 后的铅笔图标，在"选择外观"对话框中对视频的外观和颜色进行设置。

(4) 使用"任意变形工具"和"移动工具"修改视频的大小和位置，或直接在"属性"面板中修改位置和大小，在此给出参考参数，如图 8.19 所示。

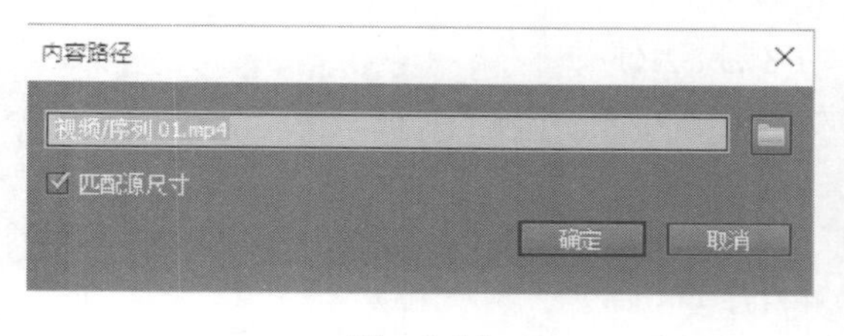

图 8.18

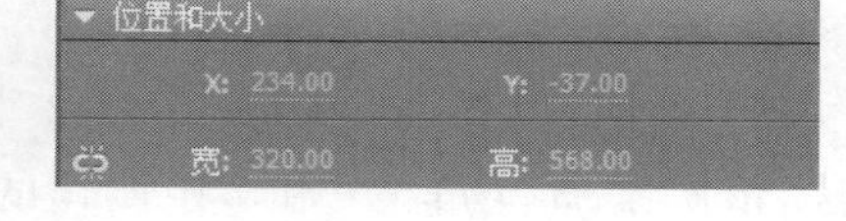

图 8.19

(5) 依据"场景 2"添加视频的方法，依次添加"场景 3"和"场景 4"的视频，视频名称分别为"序列 02. mp4"和"序列 03. mp4"，大小和位置可自行调整。

补充：组件是带有参数的电影剪辑，这些参数可以用来修改组件的外观和行为。每个组件都有预定义的参数，并且它们可以被设置。每个组件还有一组属于自己的方法、属性和事件，它们被称为应用程序程接口。使用组件，可以使程序设计与软件界面设计分离，提高代码的可复用性。库项目中的电影剪辑可以被预编译成 SWF 文件。这样可以缩短影片测试和发布的执行时间。将 SWC 文件复制到 First Run\Components 目录下，该组件便会出现在"组件"面板中。

使用组件，必须把"组件"面板中所需要的组件拖到舞台，使组件出现在"库"面板中。这样组件就可以像普通的库项目一样被使用。组件被添加后可以在"属性"或"参数"面板中直接设置组件的参数。另外还要为组件定义事件，使用侦听器和事件处理函数等定义组件事件的处理方法。

8.4.2 添加视频特效

在本章案例中，为视频添加特效需要先将组件实例转换成元件，然后使用遮罩动画和 ActionScript 代码为视频播放加上特效。若图层被锁定，则先解锁相关图层，否则无法对其进行操作。

(1) 在"场景 2"中，选中 FLVPlayback 2.5 组件实例，在其右键快捷菜单中选择"转换为元件"命令，在弹出的面板中，选择"名称"为系统默认的名称、"类型"为"影片剪辑"，单击"确定"按钮。

(2) 在"属性"栏里，将转换为元件的实例名称设置为 mask_image，并将"元件 1"移到"视频"文件夹中，如图 8.20 所示。

(3) 然后在"补间"图层中，将"库"面板里的"补间 1"元件拖到"舞台"中央，并选中元件，将该实例名称设置为 maskMC，如图 8.21 所示。

提示 "补间 1"元件是预先制作好的一个圆点逐渐向周围扩散的补间动画，当该动画作为视频界面的遮罩时，视频的显示就是这个补间动画的效果。

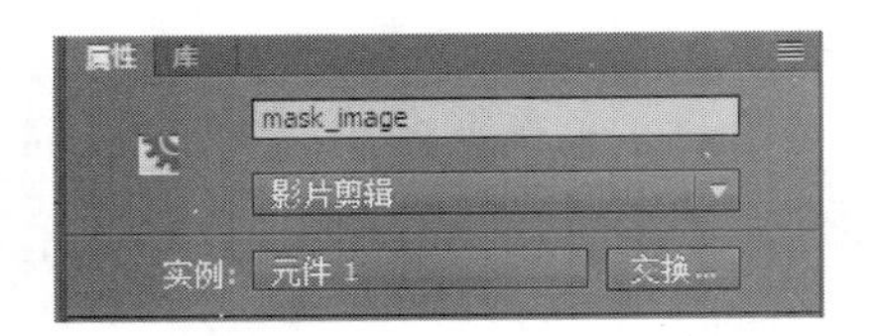

图 8.20

图 8.21

(4) 操作完成后，在“视频”图层中，双击视频组件进入“元件 1”，将视频的实例名称设置为 video1，如图 8.22 所示。

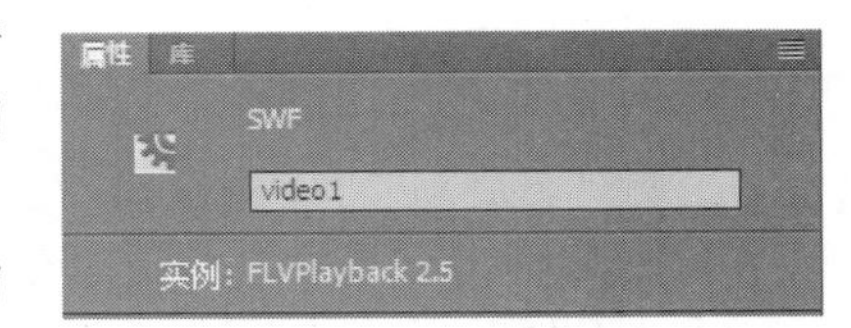

图 8.22

(5) 返回“场景 2”，依据“场景 2”添加视频效果的方法，依次添加“场景 3”和“场景 4”的视频。注意，后面场景在“补间”层要添加的补间动画元件分别为“补间 2”和“补间 3”。

提示 1 此时转换的元件名称分别为“元件 2”和“元件 3”，其他实例名称与场景 2 中名称一致。

提示 2 该遮罩的实现并没有在时间轴建立遮罩层，而是用代码实现的遮罩，如果在时间轴建立遮罩，则无法实现遮罩边缘逐渐过渡的效果。在本章案例中，代码已经提前放置在了“动作”面板上，该代码以 Word 形式放置在了文件夹中。

8.5 使用 Adobe Media Encoder

8.5 使用 Adobe Media Encoder

Adobe Media Encoder 软件可以将视频文件转换为 FLV 格式，以方便 Animate 中视频播放组件(FLVPlayback 组件)调用。当然，若视频素材格式为 mp4，也可以直接进行调用。由于 Adobe Media Encoder 2017 并不能转换成 FLV 格式，所以本章素材并没有使用 Adobe Media Encoder 处理，读者可以根据以下操作将视频处理为自己所需要的格式，处理完毕后保存在该章的项目文件夹中，然后进行相关操作。

CS6 该软件在 Flash CS6 以前的版本随 Flash 程序一起安装。Flash CC 和 Animate 需要单独安装。

8.5.1 面板介绍

(1) “队列”面板：如图 8.23 所示，位于界面右上角，可以将想要编码的文件添加到“队列”面板中，可直接拖放文件到“队列”面板或通过单击“添加源”按钮实现。

监控文件夹：如图 8.23 所示，位于界面右上角，硬盘驱动器中的任何文件夹都可以被指定为“监视文件夹”。当选择“监视文件夹”后，任何添加到该文件夹的文件都将使用当前的预设设置设进行编码。Adobe Media Encoder 会自动检测添加到“监视文件夹”中的媒体文件并开始编码。

(2)“编码”面板：如图 8.23 所示，位于界面右下角，“编码”面板中提供了有关每个编码项目的状态的信息。同时对多个输出进行编码时，“编码”面板将显示每个编码输出的缩略图预览、进度条和完成时间估算。

(3) 媒体浏览器：如图 8.23 所示，位于界面左上角，提供打开目录，可寻找到计算机中的各个文件和文件夹。

(4) 预设浏览器：如图 8.23 所示，位于界面左下角，提供各种选项简化 Adobe Media Encoder 中的工作流程。浏览器中的系统预设基于其使用(如广播、Web 视频)和设备目标(如 DVD、蓝光、摄像头、绘图板)进行分类。

2015 使用 Adeobe Media Encoder 2015 版本的读者请注意：“队列”面板位于界面左上角，“编码”面板位于界面的左下角，“预设浏览器”位于界面的右上角，“监控文件夹”位于界面的右下角，缺少“媒体浏览器”面板。

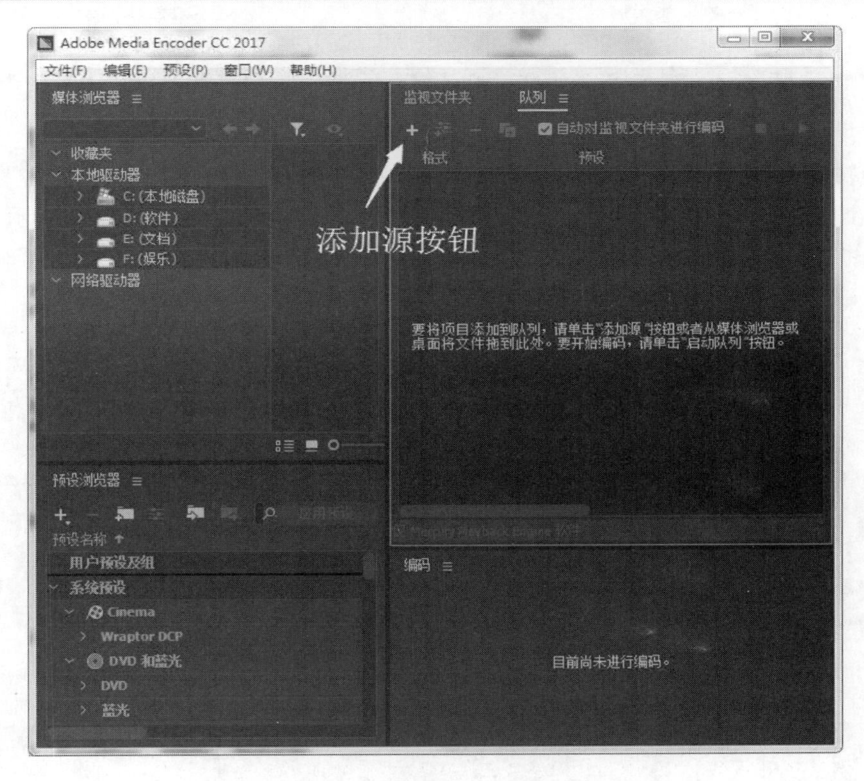

图 8.23

8.5.2 基本功能

(1) 导入项目：单击“添加源”按钮(“+”形状按钮)，在弹出的选择视频文件的对话框中选择“lesson08/范例/Start/视频”中的“序列 03.mp4”文件，然后单击“打开”按钮；也可以双击“队列”面板中打开的区域，然后选择一个或多个文件，如图 8.24 所示。

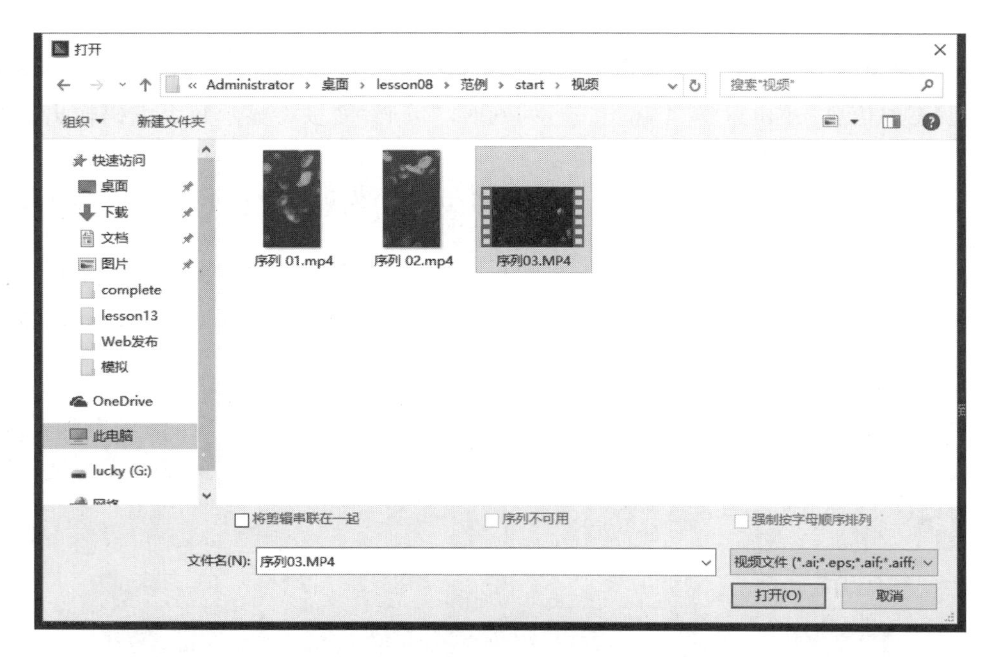

图 8.24

(2) 转换视频格式：在导入视频的“格式”一栏下，选择 H.264 格式；根据需要更改“预设”和“输出文件”(输出文件决定了导出视频的保存位置和名称)，如图 8.25 所示。最后单击右上角的“启动队列”(绿色三角形)按钮，此时 Adobe Media Encoder 开始进行编码，如图 8.26 所示。

2015 使用 Flash 2015 软件版本的读者注意，在转换格式下拉菜单中同样没有 FlV 格式，只有 Adobe Media Encoder CS6 软件版本及以下的读者可以更改为 FLV 格式。

图 8.25

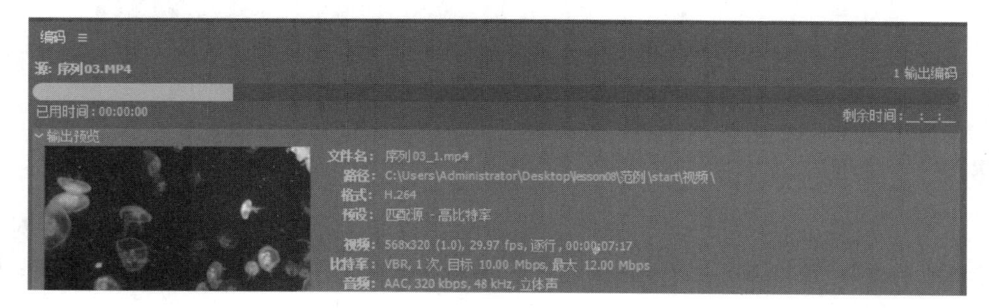

图 8.26

（3）导出设置：选择要编辑的视频下方的任意参数单击，或者选中视频下方参数栏单击“编辑”→“导出设置”命令，打开“导出设置”对话框，可进行视频裁剪、修剪或调整大小等操作，如图 8.27 所示。

提示 此操作要在视频编码操作之前进行操作。

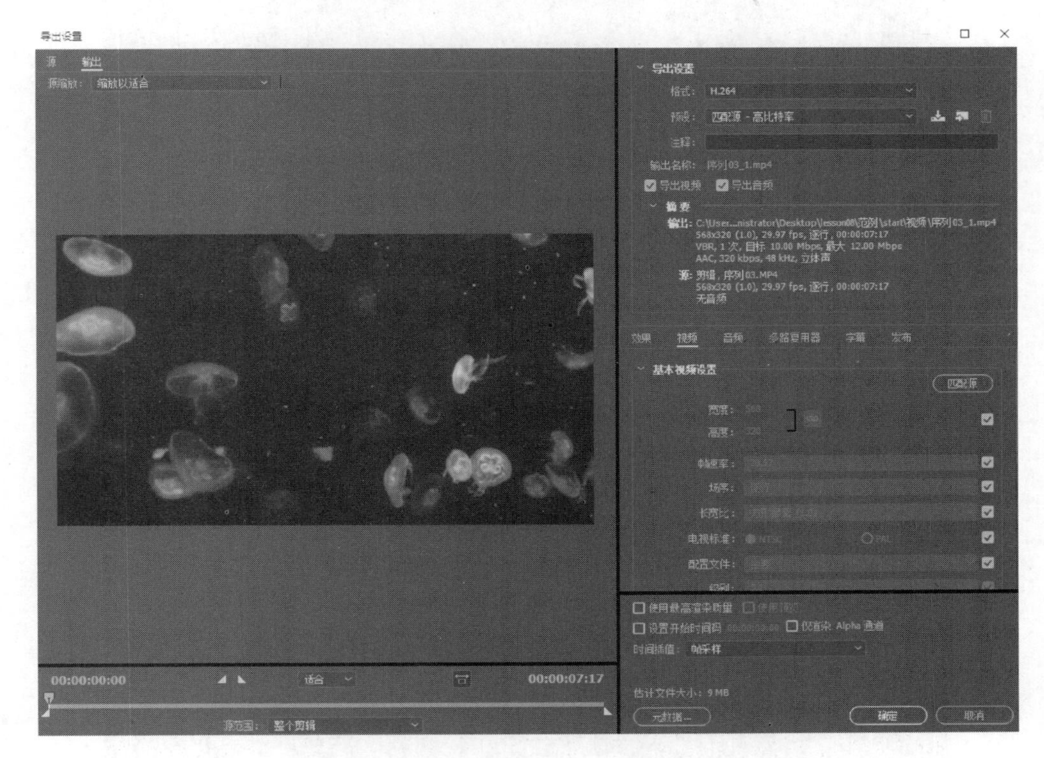

图 8.27

① 视频裁剪：位于“导出设置”对话框的左上角的“源”标签下。可输入右、左、上、下边的值以裁剪视频，或使用“裁剪”工具按钮直观调整视频尺寸。还可以在“裁剪比例”下拉列表框中，设置裁剪矩形的长宽比，如图 8.28 所示。

② 预览裁剪效果：单击“导出设置”对话框左上角的“输出”标签。“源缩放”下拉列表框中包含了各种用于设置最终输出文件的裁剪效果的选项，如图 8.29 所示。

缩放以适合：消除因裁剪或使用不同像素大小的视频而产生的上下和左右黑边。

缩放以填充：必要时，可以在裁剪源帧的同时，缩放源帧以完全填充输出帧。保持源帧的像素长宽比。

拉伸以填充：改变源帧的尺寸以完全填充输出帧。系统不会保持源的像素长宽比，因此，如果输出帧与源的长宽比不同，则可能会发生扭曲。

缩放以适合黑色边框：将缩放包括裁剪区域在内的源帧以适合输出帧。保持像素长宽比。黑色边框将应用于视频，即使目标视频的尺寸小于源视频。

更改输出尺寸以匹配源：将输出视频帧的高度和宽度自动设置为源视频帧的高度和宽度，覆盖输出帧大小设置。若想让输出帧大小与源帧大小匹配，请选择此设置。

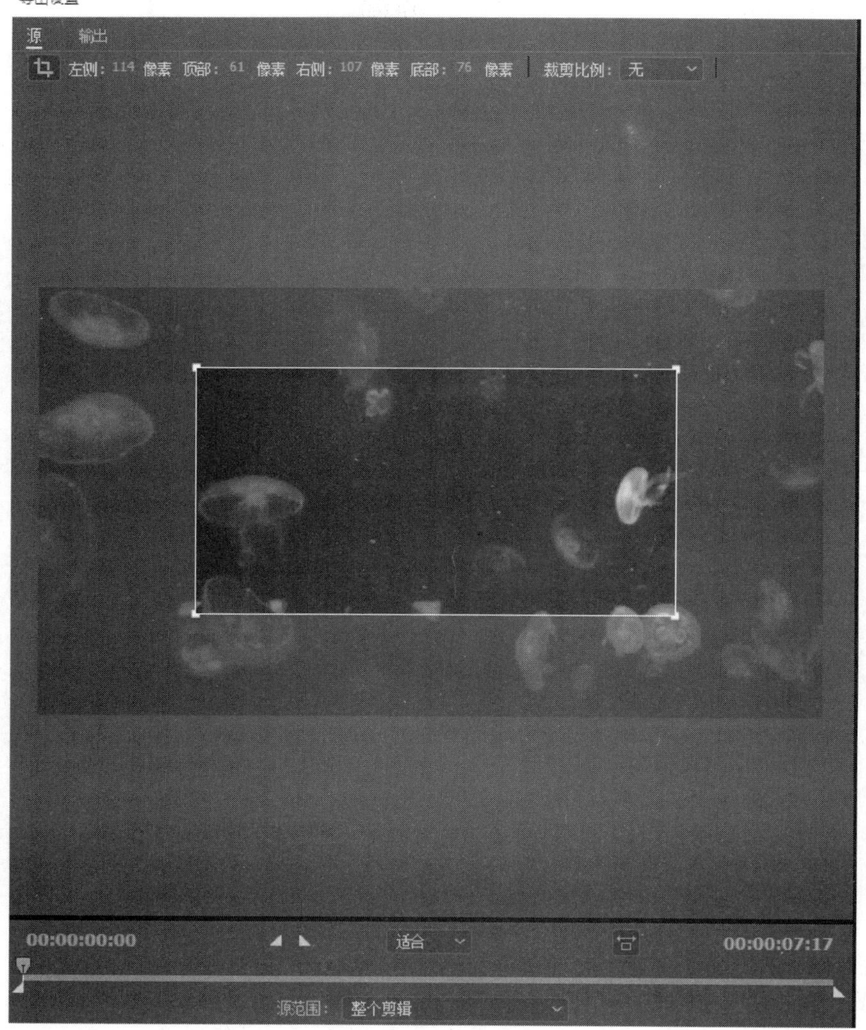

图 8.28

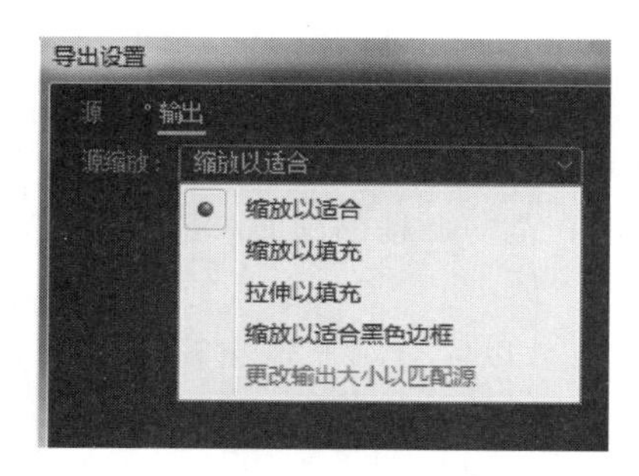

图 8.29

③ 视频修剪：位于"导出设置"对话框的左下角。拖动进度条下的入点和出点标记，设置入点和出点(视频开始和结束的点)，如图 8.30 所示。

提示 将播放头拖至视频所需的开始点或结束点，然后单击上方的“设置入点/出点”按钮可快速确定视频剪辑范围。

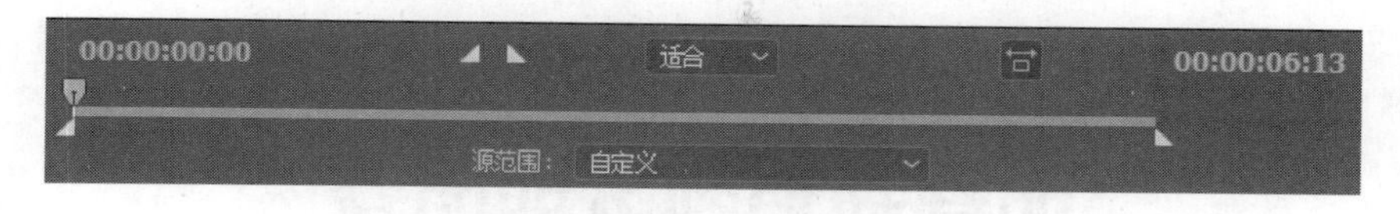

图 8.30

④ 设置视频和音频：在“导出设置”对话框右侧上方可设置单独导出视频或音频；在“导出设置”对话框右侧下方可设置导出视频的宽度和高度，如图 8.31 所示。

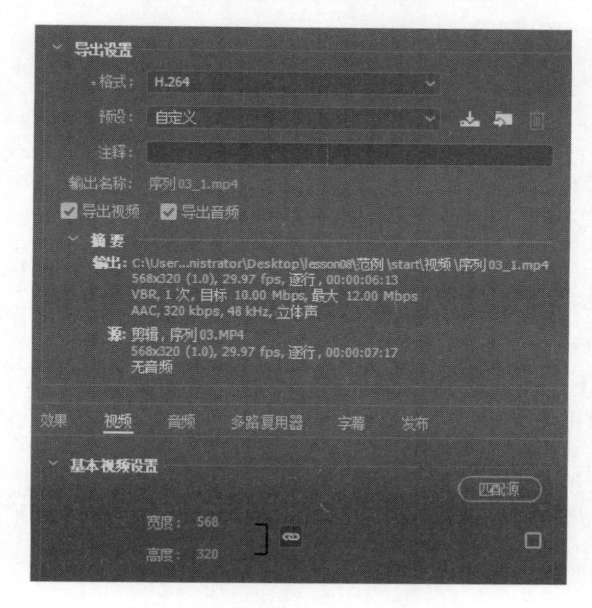

图 8.31

作业

一、模拟练习

打开 Lesson08→“模拟”→ Complete→“08 模拟 complete(CC 2017). swf”文件进行浏览播放，根据本章所述知识做一个类似的作品。作品资料已完整提供，获取方式见“前言”。

二、自主创意

自主创造出一个场景，应用本章所学习知识，制作出自我创意的视频课件。也可以把自己完成的作品上传到课程网站进行交流。

三、理论题

1. 怎么在 Animate 中添加音频？
2. “同步”选项中提供了哪几种方式在“时间轴”上播放声音？
3. 将音频拖动到时间轴上要使用的位置之前需要注意什么？

第9章

加载和控制外部内容

本章学习内容

1. 学习和创建遮罩层
2. 使用 ActionScript 加载外部 SWF 文件
3. 管理加载 SWF 文件
4. 删除加载的 SWF 文件
5. 控制影片剪辑

完成本章的学习需要大约 2 小时，相关资源获取方式见“前言”和第 1 章中的描述。

知识点

由于本书篇幅有限，下面的知识点并非在本章中都有涉及或详细讲解，在本书的学习网站有详细的资料，欢迎登录学习。

创建事件侦听器　　ActionScript 控制影片剪辑　　创建 ActionScript 类
unload()函数　　addChild()函数　　removeChild()函数
创建 ProLoader 对象　　创建 URLRequest 对象

本章案例介绍

范例：

本章是一个中国传统文化介绍的动画范例，使用 Flash 中的 ActionScript 加载外部 SWF 文件。本范例首先使用图层遮罩制作一个动画标题，然后制作一组元件(通过单击让其调用外部文件)，使用 ActionScript 编写相应的代码，实现加载外部 SWF 文件和控制 SWF 文件，如图 9.1 所示。

模拟案例：

在本章模拟案例中，将学习通过加载外部内容展示中国传统服饰，如图 9.2 所示。

图　9.1

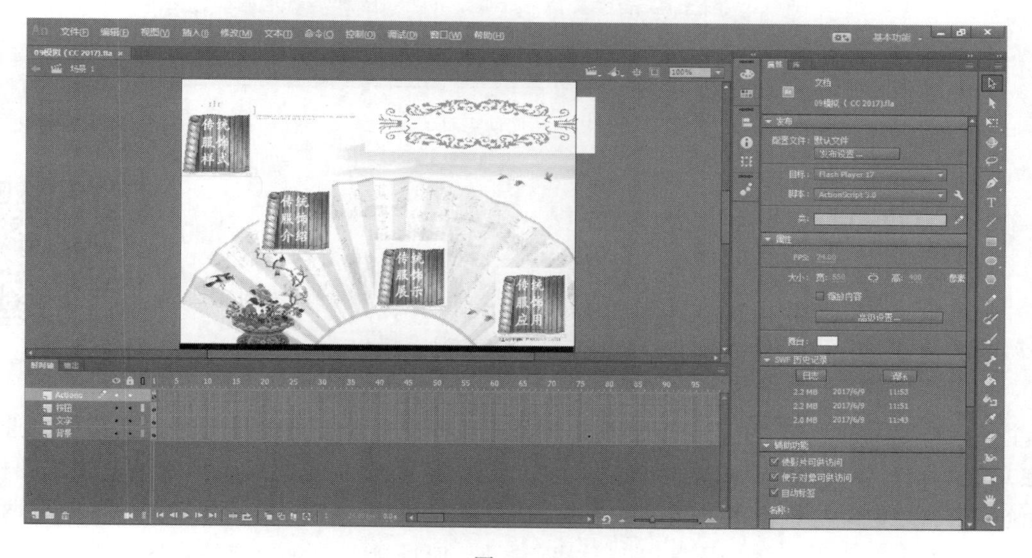

图　9.2

9.1　预览完成的案例

9.1　预览完成的实例

(1) 右击“Lesson09 范例/Complete”文件夹的“09complete(CC 2017).swf”文件，在打开方式中选择已安装的 Adobe Flash Player 播放器对“09 范例 complete(CC 2017).swf”，进行播放。

动画中的项目是关于中国传统文化的介绍，首页显示 4 个部分：传统文学、传统节日、传统戏剧以及琴棋书画，这 4 个部分中每个都是一个嵌套动画的影片剪辑。

可在首页单击每一部分，以观看相对应的内容，再次单击，即可返回首页。

(2) 关闭 Adobe Flash Player 播放器。

(3) 可以用 Adobe Animate CC 2017 打开源文件进行预览,在 Adobe Animate CC 2017 菜单栏中选择"文件"→"打开"命令,再选择"Lesson09/范例/Complete"文件夹的"09 范例 complete(CC 2017).fla",并单击"打开"按钮,如图 9.3 所示。

图 9.3 (见彩插)

9.2 创建遮罩

9.2 创建遮罩

遮罩用来有选择地显示图层上的文字内容。利用遮罩可以看到不一样的动画效果,以此可以使得影片内容更加丰富和美观。

一般创建遮罩是在需要创建遮罩的图层上右击(前提是时间轴上已经有两个或两个以上的图层,并且在图层下方至少还要有一个图层),在弹出的快捷菜单中选择"遮罩层"命令,该图层就会自动生成遮罩层,"层图标"就会从普通层图标变为遮罩层图标,系统会自动把遮罩层下面的一层关联为"被遮罩层",如图 9.4 所示。而"遮罩"主要有两种用途:一个作用是用在整个场景或一个特定区域,使场景上的对象或特定区域外的对象不可见;另一个作用是用来遮罩住某一元件的一部分,从而实现一些特殊的效果(在本章中后面会介绍)。

(1) 选择"插入"→"新建元件"命令,设置元件名称为 logo,元件类型为"影片剪辑",然后单击"确定"按钮。

(2) 修改 logo 元件中"图层 1"的名称为 logo(右击图层,选择"重命名"命令),再选择"文本工具",在 logo 图层上输入"中国传统文化",然后打开"属性"面板,在"属性"面板中设置文本"系列"是"华文隶书",字体大小是 40 磅,颜色为"红色",文字的具体位置根据情况可以自行调整,也可以参照图中的参数,如图 9.5 所示。

(3) 右击 logo 图层,在弹出的快捷菜单中选择"复制图层"命令,产生一个新的图层"logo 复制"。此图层中文本的其他属性值不变,仅在"属性"面板中将文字颜色更改为"蓝色”；然后选择“logo 复制”图层，右击，选择“插入图层”命令。

图 9.4

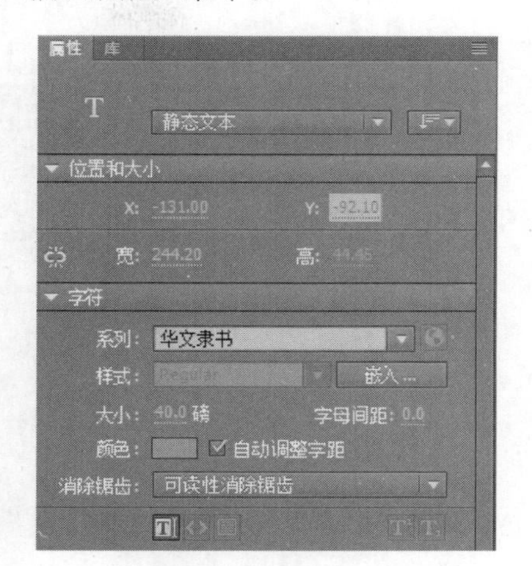

图 9.5

(4) 选中“时间轴”面板中的“图层 2”，在此图层上右击，在弹出的快捷菜单中，选择“遮罩层”命令，将会自动生成遮罩效果。此时“时间轴”面板中的图层显示内容应该如图 9.6 所示。

(5) 选中“遮罩层”的第一帧，选择“矩形”工具在“舞台”上创建一个矩形，然后使用旋转工具将其旋转一定的角度，然后将矩形移动到文字左上方，如图 9.7 所示。

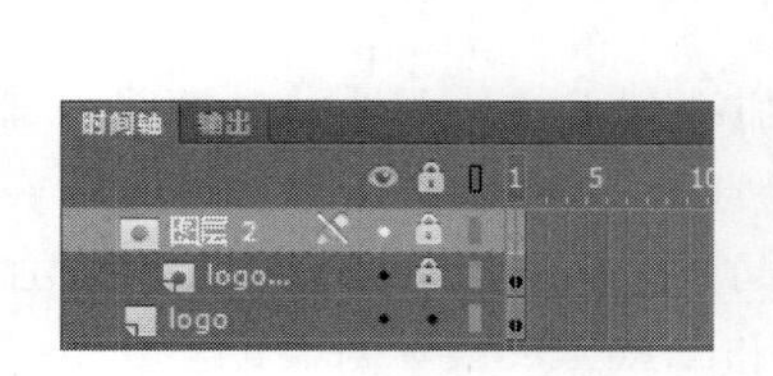

图 9.6

图 9.7

(6) 同时选中所有图层的第 15 帧，右击，选择“添加关键帧”命令(或按快捷键 F6)。

(7) 选择“遮罩层”的第 15 帧，将长方形移动到文字右下方，如图 9.8 所示。

(8) 然后选中“图层 2”，在此图层的任意帧上右击，在弹出的快捷菜单中，选择“创建传统补间”命令，如图 9.9 所示。

图 9.8

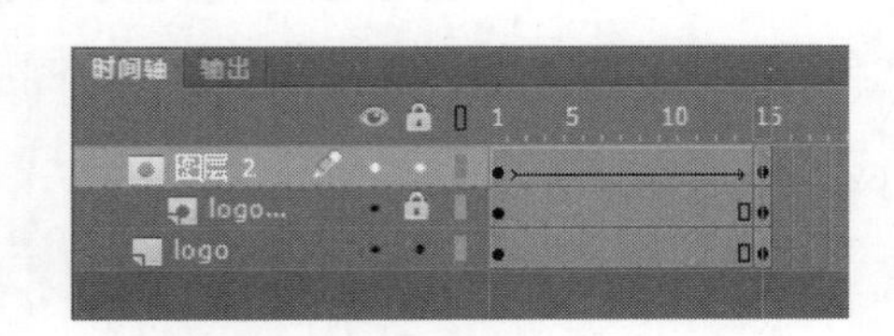

图 9.9

(9) 返回 Scene1,选择 logo 图层,选择"库"面板中的 logo 元件,将其拖到"舞台"上,调整其位置如图 9.10 所示。

图 9.10

(10) 单击"控制"→"测试影片"→"在 Flash Professional 中"命令(或者使用快捷键 Ctrl+Enter),测试影片。可以看到舞台中"中国传统文化"所产生的遮罩效果。

9.3 加载外部内容

可使用 ActionScript 代码将外部的 SWF 文件加载到 Flash 文件中。加载外部内容可以防止 Flash 文件变得太大并且难以下载。最重要的是,它可以使整个项目分布在不同模块中,便于分模块编辑,并使得主 Flash 文件简易明了,且涵盖了更多的内容。要加载外部 SWF 文件,将使用两个 ActionScript 对象：Loader 和 URLRequest 对象。

(1) 选择时间轴中第 2 个图层,即 Action 图层的关键帧第 1 帧,如图 9.11 所示。

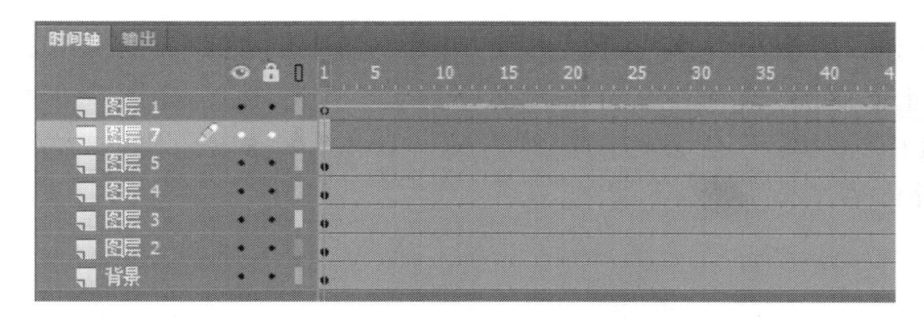

图 9.11

(2) 按 F9 键(Windows)或 Option+F9 组合键(Mac),以打开"动作"面板。

(3) 在"动作"面板的"stop();"代码行下输入以下 3 行代码：

```
stop();
import fl.display.ProLoader;
```

```
var myLoader:Loader = new Loader  ();
```

这段代码首先会导入 ProLoader 类所需的代码，然后创建一个 ProLoader 对象，并将其命名为 myProLoader，如图 9.12 所示。

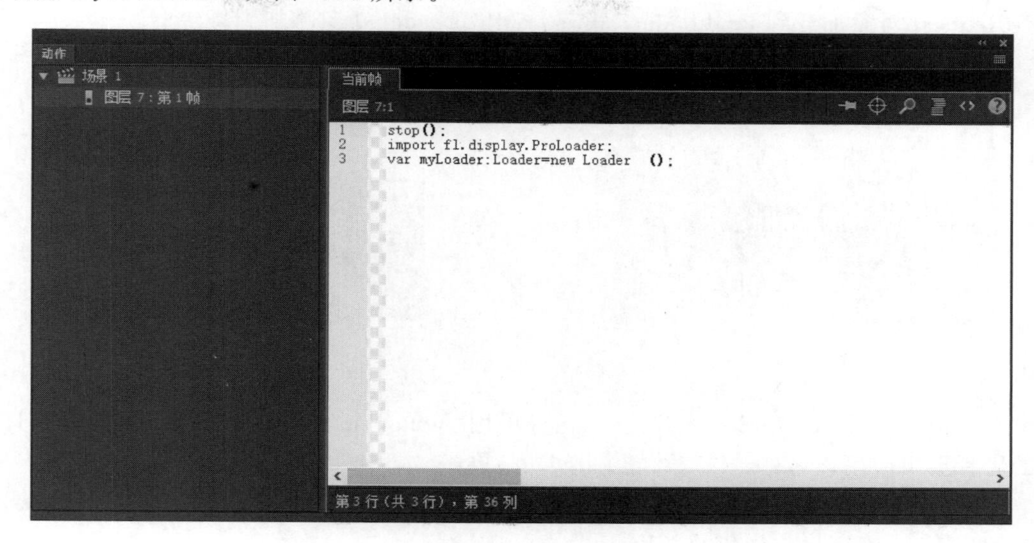

图　9.12

(4) 按回车键，接着输入以下代码，如图 9.13 所示。

```
one_mc.addEventListener(MouseEvent.CLICK, onecontent);
function onecontent(myevent:MouseEvent):void {
    var myURL:URLRequest = new URLRequest("one.swf");
    myLoader.load(myURL);
    addChild(myLoader);
}
```

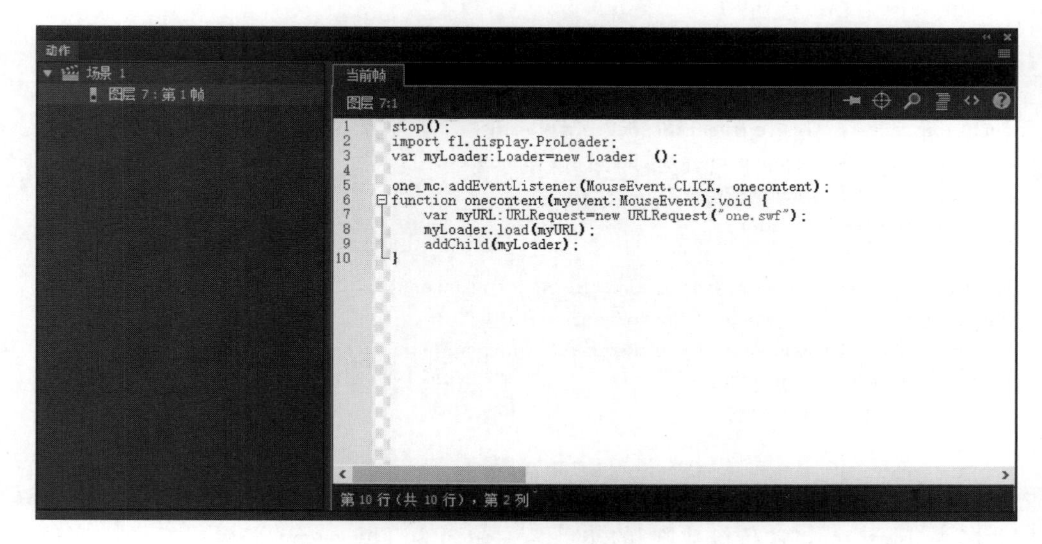

图　9.13

在这段代码的第一行中，创建了一个单击 One_mc 对象的侦听器，它是舞台上的一个影片剪辑，作为响应，Flash 将会执行 Onecontent()函数。Onecontent()函数在这里有 3 个作用：第一，它将参考需要加载的文件名来创建一个 URLRequest 对象；第二，将 URLRequest 对象加载到 ProLoader；第三，将 ProLoader 对象添加到舞台上。

(5) 在“舞台”中选中“传统文学”，如图 9.14 所示。

(6) 打开“属性”面板，在实例名称中将其命名为 one_mc，如图 9.15 所示。

图 9.14

图 9.15

在之前输入的 ActionScript 代码中，已经引用了 one_mc 名称，所以需要给“舞台”上对应的影片剪辑应用该名称。

(7) 选择“控制”→“测试影片”→“在 Flash Professional 中”命令或按下 Ctrl+Enter 组合键测试影片，观察目前创建的影片。

此时，在首页单击“传统文学”，将会加载并播放 One. swf。

(8) 关闭测试影片窗口。

(9) 选中“图层 7”的第 1 帧，打开“动作”面板。

(10) 接着添加如下代码：

```
Two_mc.addEventListener(MouseEvent.CLICK, Twocontent);
function Twocontent(myevent:MouseEvent):void {
    var myURL:URLRequest = new URLRequest("two.swf");
    myProLoader.load(myURL);
    addChild(myProLoader);
}
Three_mc.addEventListener(MouseEvent.CLICK, Threecontent);
function Threecontent(myevent:MouseEvent):void {
    var myURL:URLRequest = new URLRequest("three.swf");
    myProLoader.load(myURL);
    addChild(myProLoader);
}
Four_mc.addEventListener(MouseEvent.CLICK, Fourcontent);
function Fourcontent(myevent:MouseEvent):void {
    var myURL:URLRequest = new URLRequest("four.swf");
    myProLoader.load(myURL);
    addChild(myProLoader);
}
```

(11) 在“舞台”上单击其余 3 个按钮，并在“属性”面板中为它们命名。将“传统节日”的实例命名为 Two_mc，将“传统戏剧”的实例名称命名为 Three_mc，将琴棋书画的实例名称命名为 Four_mc。

9.4　删除加载的外部内容

9.4　删除加载的外部内容

从前面的介绍可以看到，已经成功地加载了外部的 SWF 文件，但是，加载了之后，又要如何使得文件回到 Flash 主页面呢？所以，本节将要学到使用 removeChild()命令来删除已加载的外部 SWF 文件。

在学习之前，首先要了解什么是 removeChild()命令，在 removeChild()命令的小括号之间要指定 Loader 对象的名称，从而在影片运行时在舞台上达到删除 Loader 对象的效果。要知道这个命令并不能完全删除对象，只是将对象从舞台上清除而已，它仍存在，只是在播放时不显示。

(1) 打开“图层 7”的第一帧，打开“动作”面板。在现有代码下添加如下代码：

```
myLoader.addEventListener(MouseEvent.CLICK, unloadcontent);
functionunloadcontent(myevent:MouseEvent):void {
    removeChild(myLoader);
}
```

这段代码的意思是把一个侦听器添加到一个名为 myLoader 的 Loader 对象中。单击此对象时，将会执行名为 unloadcontent 的函数。从此函数的执行过程来看，将不会在“舞台”上看到 Loader 对象，因为此时它已经被删除。

(2) 测试影片，单击影片中的任意一个 Loader 对象，可以看到加载到外部的 SWF 文件，然后单击被加载的文件内容中的任何区域，将返回到 Flash 文件主页面。

作业

一、模拟练习

打开 Lesson09→“模拟”→“09 模拟(CC 2017).swf”文件，进行浏览播放，根据本章所述知识做一个类似的作品。作品资料已完整提供，获取方式见“前言”。

二、自主创意

自主设计一个 Flash 课件，应用本章所学习的创建遮罩层、使用 ActionScript 加载外部 SWF 文件、控制影片剪辑等知识。也可以把自己完成的作品上传到课程网站进行交流。

三、理论题

1. 怎样创建遮罩层？创建遮罩层有什么作用？
2. 怎样加载外部的 SWF 文件？
3. 加载外部的 SWF 文件有什么好处？需要注意什么？
4. 怎样删除已加载的 SWF 文件？

第10章

Animate文本制作

本章学习内容

1. 了解各类文本
2. 添加静态文本、动态文本和输入文本
3. 调整文本的样式和排版
4. 学会在影片剪辑元件中制作各种图片效果
5. 掌握创建超链接的方法
6. 学会使用“代码片断”面板来实现交互效果

完成本章的学习需要大约3～4个小时，相关资源获取方式见“前言”和第1章中的描述。

知识点

由于本书篇幅有限，下面的知识点并非在本章中都有涉及或详细讲解，在本书的学习网站有详细的资料，欢迎登录学习。

创建静态文本和垂直文本	创建动态文本	创建输入文本
对齐与变形文本	使用“字符”样式	文字的分离操作
嵌入字体	设置文本的超链接	加载外部文件
使用代码片断实现交互效果		

本章案例介绍

范例：

本章范例动画是一个介绍中国古代四大发明的文本案例，分别介绍关于造纸术、司南、火药和活字印刷术的相关知识。在本章，将介绍Animate中各类文本的区别和创建方法，设置文本的相关属性，学习在影片剪辑元件中制作各种图片效果，掌握创建超链接的方法以及使用代码片断实现一些交互效果，如图 10.1 所示。

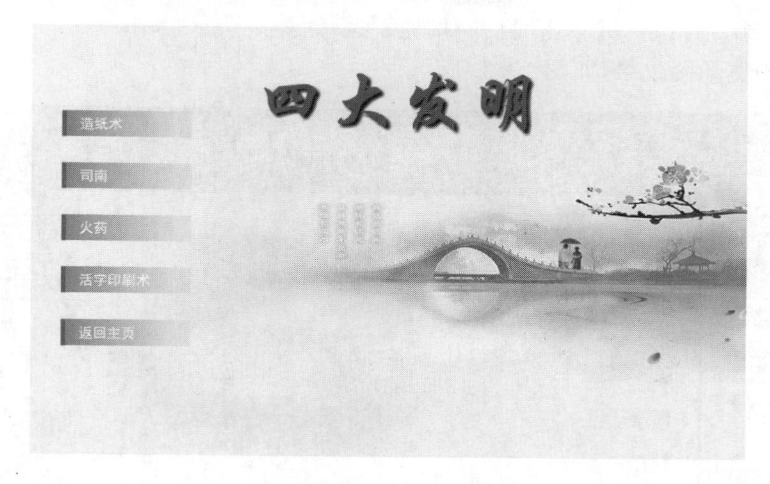

图 10.1 （见彩插）

模拟案例：

本章模拟案例中，将通过制作介绍金砖四国的小动画来加深对知识点的理解，如图 10.2 所示。

图 10.2 （见彩插）

10.1 预览完成的案例

10.1 预览

（1）右击“Lesson10/范例/complete”文件夹的“10 范例 complete（CC 2017）.swf”动画进行播放，该动画是一个用图文介绍中国古代四大发明的动画。

（2）关闭 Adobe Flash Player 播放器。

（3）可以用 Adobe Animate CC 2017 打开源文件进行预览，在 Adobe Animate CC 2017

菜单栏中选择"文件"→"打开"命令，再选择"Lesson10/范例/complete"文件夹的"10 范例 complete (CC 2017). fla"，并单击"打开"按钮。选择"控制"→"测试影片"→"在 Animate 中"命令即可预览动画效果，如图 10.3 所示。

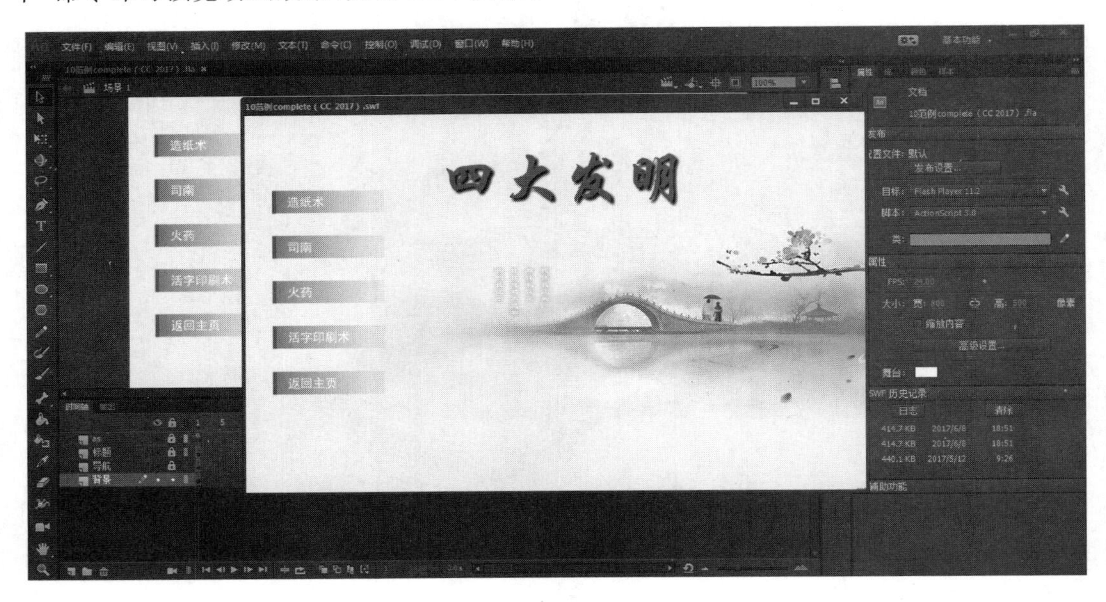

图 10.3

CS6 2015 在 Flash CS6 和 Flash CC 2015 版本中，此步骤应为：选择"控制"→"测试影片"→"在 Flash Professional 中"命令。

10.2 了解各类文本

Animate 提供了静态文本、动态文本和输入文本，当然仅仅认识这 3 种文本还不够，还需要了解从 Animate CS5 版本开始出现但在 CC 版本中消失的 TLF 文本。

(1) 静态文本：是一种普通的文本，仅仅用于输入需要显示的文字，它在动画运行期间是不可以编辑修改的。

(2) 动态文本：是一种特殊的文本，它在动画运行期间可以通过 ActionScript 脚本进行编辑。

(3) 输入文本：是一种特殊的文本，它接收用户在文本框中输入文本，用户输入的文本可以用于创建复杂的自定义交互。

(4) TLF(文本布局框架)文本：是一种强大的文本，与以前的传统文本相比，"TLF 文本"支持更丰富的文本布局功能和对文本属性的精细控制。"TLF 文本"依赖于特定的外部 ActionScript 库，为了能正确地工作，在测试或者发布包含"TLF 文本"的影片时，将随 SWF 文件创建额外的"文本布局"SWZ 文件。SWZ 文件是支持"TLF 文本"的外部 ActionScript 库。虽然"TLF 文本"功能强大，但是它无法用作遮罩。

10.3 在 CC 中添加文本

10.3 在 CC 中添加文本

（1）在 Animate CC 2017 菜单栏中选择“文件”→“打开”命令，再选择“Lesson10/范例/start”文件夹的“10 范例 start(CC 2017).fla”，并单击“打开”按钮。

（2）“10 实例 start(CC 2017).fla”文件中已经创建好了相应的场景，通过动画中的“造纸术”“司南”“火药”和“活字印刷术”4 个按钮可以跳转到“场景 2”“场景 3”“场景 4”和“场景 5”。

10.3.1 添加标题文本

（1）在“场景 1”中，选择“标题”图层的第 1 帧，在“工具”面板中选择“文本工具”。在“属性”面板中选择“静态文本”选项，设置“系列”为“华文行楷”，“大小”为 80，颜色为“深灰色”，如图 10.4 所示。

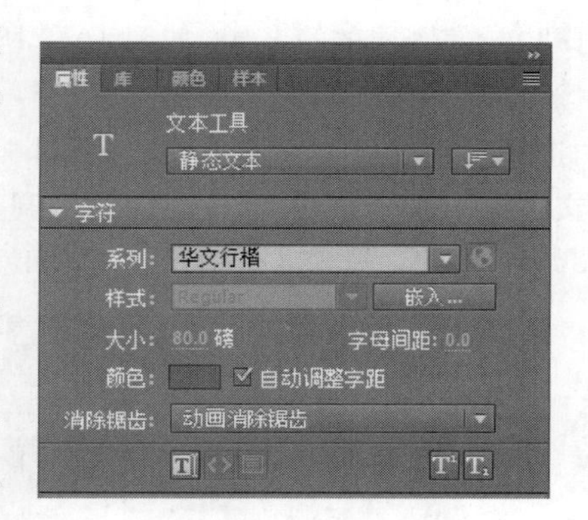

图 10.4

（2）在舞台中单击，添加文本“四大发明”。使用“选择工具”选择文本“四大发明”，在“属性”面板中设置位置 X 为 245、Y 为 45。

（3）在“属性”面板中单击“滤镜”→“添加滤镜”→“投影”按钮，如图 10.5 所示，给标题文本添加投影效果，使字体看起来比较立体。

（4）在“属性”面板中设置“投影”的“模糊 X”为 5px，“模糊 Y”为 5px，“距离”为 5px，如图 10.6 所示。

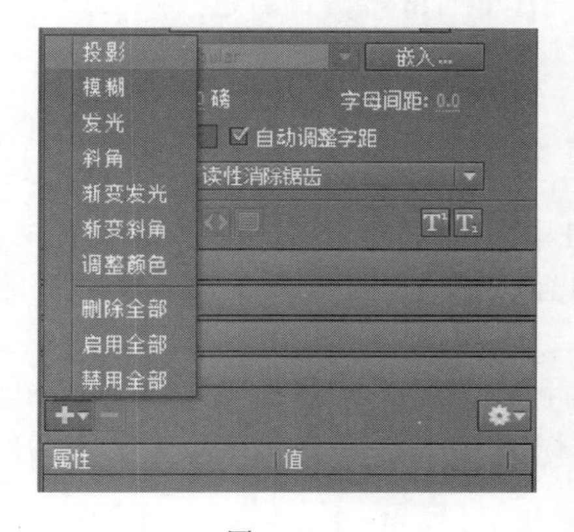

图 10.5

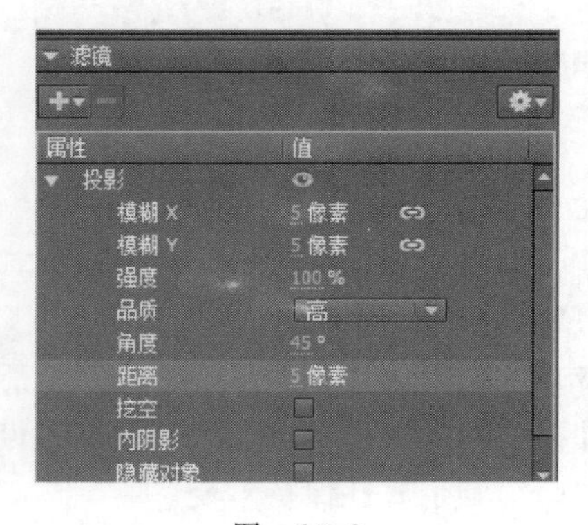

图 10.6

10.3.2 添加静态内容文本

（1）切换到“场景 2”，选择“标题矩形”图层，单击时间轴底部的“新建图层”按钮（ ），也可以选择“插入”→“时间轴”→“图层”命令，还可以右击“标题矩形”图层，在弹出的快捷菜单中选择“插入图层”命令，将新图层命名为“文本”。

(2) 选择“文本”图层的第1帧，在“工具”面板中选择“文本工具”。在“属性”面板中选择“静态文本”选项，设置“系列”为“华文新魏”，“大小”为30，颜色为“#003333”，如图10.7所示。

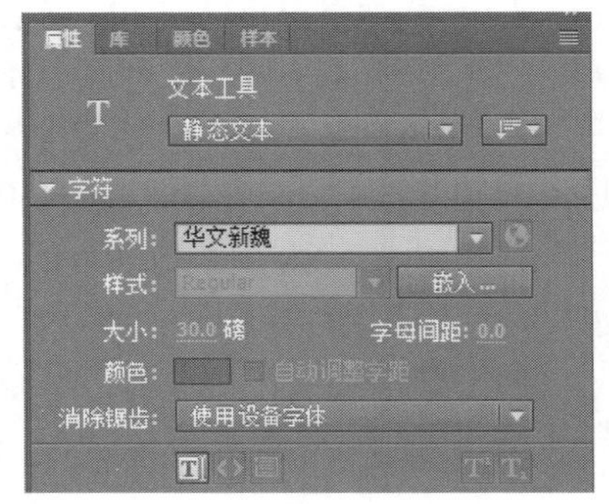

图 10.7

(3) 在舞台中单击，添加文本“中国四大发明之造纸术”。使用“选择工具”选择文本“中国四大发明之造纸术”，在“属性”面板中设置位置X为330、Y为8。

(4) 复制“Lesson10/范例/start”文件夹中“文本(CC).txt”文件所提供的“造纸术”下的第一段文本。单击空白处，使舞台上没有被选中的文本，选择“文本工具”，在“属性”面板中选择“静态文本”选项，设置“系列”为“微软雅黑”，“大小”为15，颜色为“黑色”，再选择“文本”图层的第1帧，如图10.8所示。

(5) 在舞台中继续单击，拖出一个文本框，将复制的文本粘贴到文本框中。通过单击“选择工具”退出“文本工具”。此时文本内容的排版并不好看，可以通过将鼠标指针移动到文本框的4个角，拖动出现的箭头调整文本框的宽度，也可以直接在“属性”面板中设置宽为300。接着设置文本框的行距为0，位置X为200、Y为52，如图10.9所示。

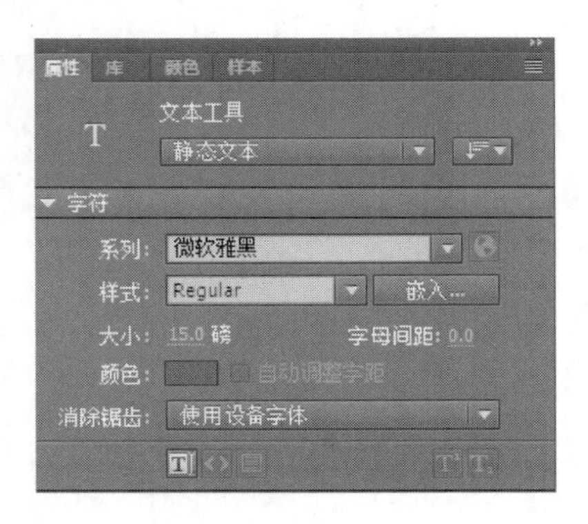

图 10.8

图 10.9

(6) 按照上述操作，复制“文本(CC).txt”文件中提供的“造纸术”下的其他几段文本，在“文本”图层中添加第二个文本框，并为其添加内容。在“属性”面板中设置文本框的宽为590，位置X为200、Y为255。

(7) 切换到“场景3”中，按照在“场景2”中的操作，在“标题矩形”图层上新建图层“文本”，并按照同样的步骤在“文本”图层中设置文本标题，只需修改文本的内容为“中国四大发明之司南”，其余属性保持不变。

(8) 复制“文本(CC).txt”文件中提供的“司南”下的第一段文本，单击空白处，使舞台上没有被选中的文本，选择“文本工具”，在“属性”面板中选择“静态文本”选项，设置“系列”为“微软雅黑”，“大小”为15，颜色为“黑色”，再选择“文本”图层的第1帧。在舞台中继续单击，拖出一个文本框，将复制的文本粘贴到文本框中。使用“选择工具”调整文本框的宽度，或者直接在“属性”面板中设置宽为580。接着设置文本框的行距为0，位置X为200、Y为52。

(9) 按照上述操作，复制“文本(CC).txt”文件中提供的“司南”下的第二段文本和第三段文本，在文本图层中添加第二个文本框，并为其添加内容。在“属性”面板中设置文本框的宽为 300，位置 X 为 200、Y 为 135。

(10) 复制“文本(CC).txt”文件中提供的“司南”下的第四段文本，在“文本”图层中添加第三个文本框，并为其添加内容。在“属性”面板中设置文本框的宽为 530，位置 X 为 200、Y 为 465，最终效果如图 10.10 所示。

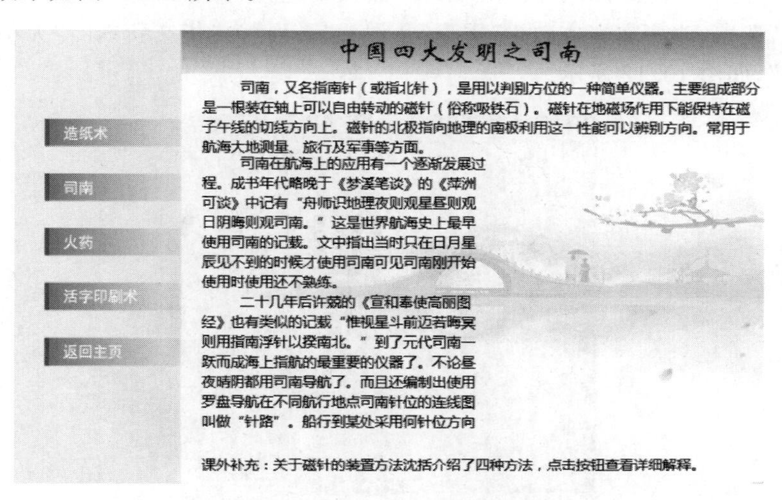

图 10.10

(11) 切换到“场景 5”中，在“蒙版”图层上新建图层“文本”，并按照同样的步骤在“文本”图层中设置内容。保持“文本工具”的属性不变，复制“文本(CC).txt”文件中提供的“印刷术”下的前 3 段文本，在舞台中继续单击，拖出一个文本框，将复制的文本粘贴到文本框中。使用“选择工具”调整文本框的宽度，或者直接在“属性”面板中设置宽为 545。接着设置文本框的行距为 0，位置 X 为 200、Y 为 13。

(12) 复制“文本(CC).txt”文件中提供的“印刷术”下的最后一段文本，在“文本”图层中添加第二个文本框，并为其添加内容。在“属性”面板中设置文本框的宽为 350，位置 X 为 400、Y 为 270，最终效果如图 10.11 所示。

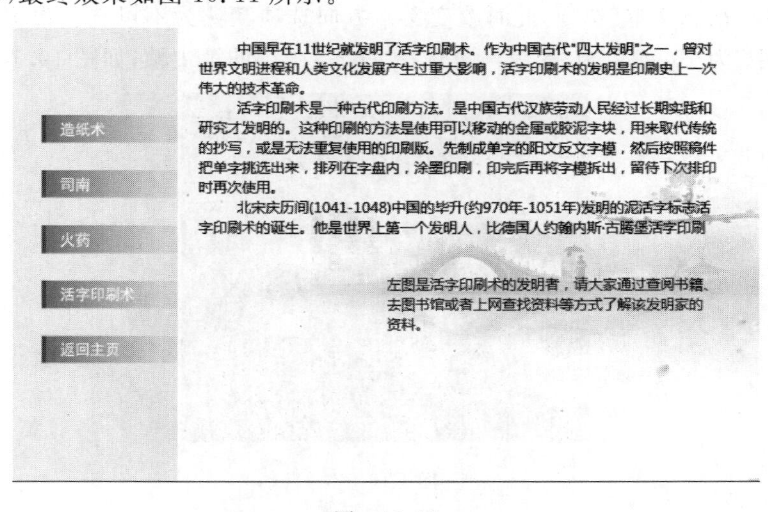

图 10.11

10.3.3 添加垂直文本

(1) 切换到“场景 4”,选择“蒙版”图层,在该图层上方新建图层,将新图层命名为“文本”。

(2) 选择“文本”图层的第 1 帧,在“工具”面板中选择“文本工具”。在“属性”面板中选择“静态文本”选项,改变文本方向为“垂直”。设置“系列”为“华文新魏”,“大小”为 30,颜色为“#003333”,如图 10.12 所示。

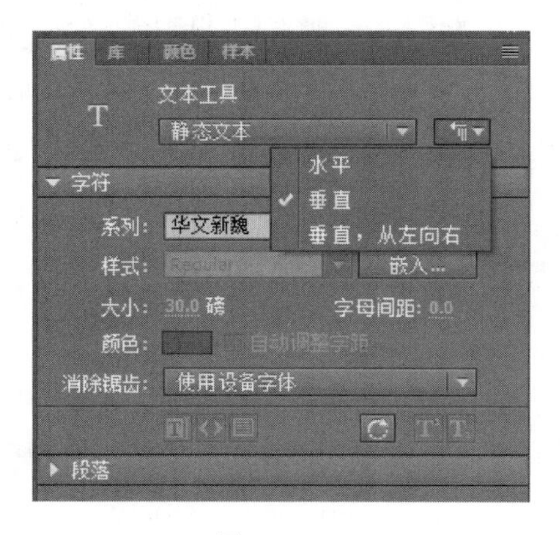

图 10.12

(3) 在舞台中单击,添加文本“中国四大发明之火药”。使用“选择工具”选择文本“中国四大发明之火药”,在“属性”面板中设置位置 X 为 750、Y 为 80。

(4) 切换到“场景 5”,按照在“场景 4”中的操作,在“文本”图层中设置文本标题,只需修改文本的内容为“中国四大发明之印刷术”,其余属性设置保持不变。

10.3.4 添加动态文本

(1) 切换到“场景 4”,单击空白处,使舞台上没有被选中的文本,选择“文本工具”,在“属性”面板中选择“动态文本”选项,此时改变文本方向选项默认为不可选。设置“系列”为“微软雅黑”,“大小”为 15,颜色为“黑色”,再选择“文本”图层的第 1 帧,如图 10.13 所示。

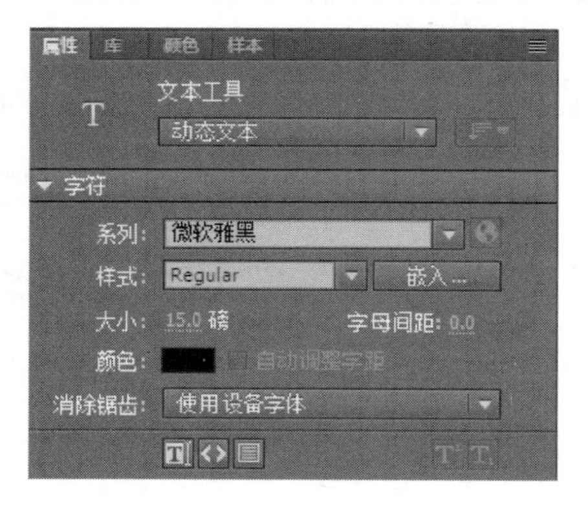

图 10.13

(2) 在舞台上拖动添加第一个文本框，通过单击“选择工具”退出“文本工具”。使用“选择工具”调整文本框的宽度和高度，或者直接在“属性”面板中设置宽为545、高为112。接着设置文本框的位置X为200、Y为13。

(3) 在后面的学习中，将为动态文本添加ActionScript脚本，此时应该为第一个文本框设置实例名称，此处设置为txt1，如图10.14所示。

(4) 按照上述操作，添加如图10.15所示的其余3个文本框，并在“属性”面板中分别设置它们的大小和位置，并分别给3个文本框设置实例名称为txt2、txt3、txt4。

图 10.14

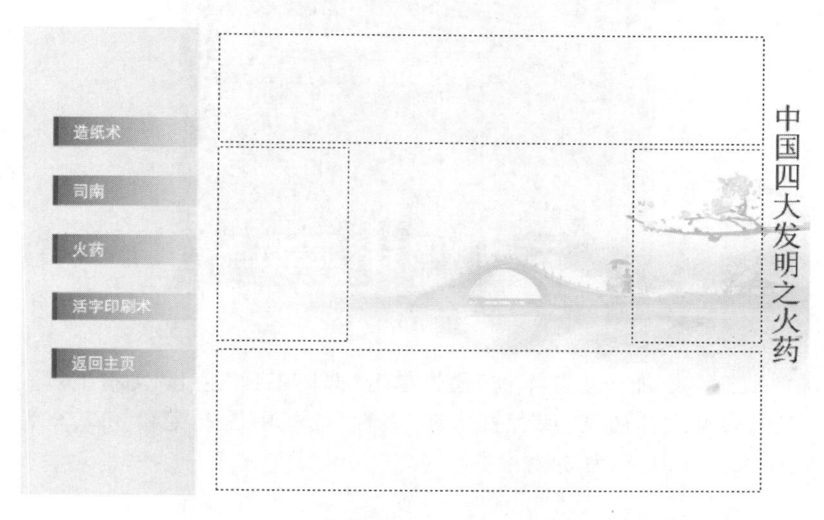

图 10.15

10.3.5 字体嵌入

字体嵌入功能的作用是将所选择的字体装载到SWF文件中，这样动态的字符加载进来或者输入字符时，它们的字体才会变成嵌入的字体。

(1) 选择刚刚创建的任意一个动态文本框，在“属性”面板的“字符”栏中单击“嵌入”按钮，也可以选择“文本”→“字体嵌入”命令。

(2) 在弹出的“字体嵌入”对话框的“字符范围”列表框中选择“数字”[0.9](11/11字型)，如图10.16所示。

(3) 单击“确定”按钮。

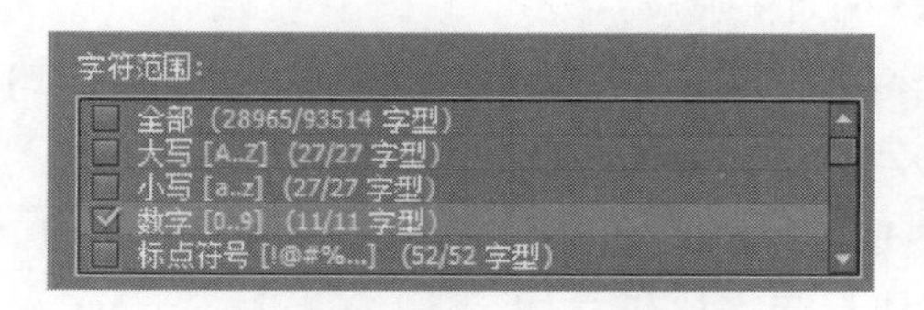

图 10.16

10.3.6 添加输入文本

(1) 切换到“场景 5”，单击空白处，使舞台上没有被选中的文本，选择“文本工具”，在“属性”面板中选择“输入文本”选项。设置“系列”为“微软雅黑”，“大小”为 15，颜色为“黑色”，并选择“在文本周围显示边框”为文本添加边框，再选择“文本”图层的第 1 帧，如图 10.17 所示。

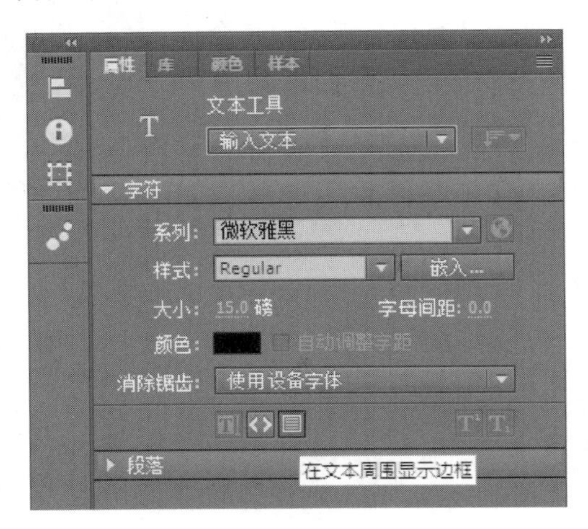

图 10.17

(2) 在舞台上拖动添加一个文本框，通过单击“选择工具”退出“文本工具”。使用“选择工具”调整文本框的宽度和高度，或者直接在“属性”面板中设置宽为 350、高为 95；接着设置文本框的位置 X 为 400、Y 为 342。

10.4 在 CS6 中添加 TLF 文本*

(1) 在 Flash CS6 的菜单栏中选择“文件”→“打开”命令，再选择“Lesson10/范例/start”文件夹的“10 范例 start(CS6).fla”，并单击“打开”按钮。

(2) “10 范例 start(CS6).fla”文件中已经创建好了相应的场景，通过动画中的“造纸术”“司南”“火药”和“活字印刷术”4 个按钮可以跳转到“场景 2”“场景 3”“场景 4”和“场景 5”。

10.4.1 添加标题文本

(1) 在“场景 1”中，选择“标题”图层的第 1 帧，在“工具”面板中，选择“文本工具”。在“属性”面板中选择“TLF 文本”选项，属性为“只读”。设置“系列”为“华文行楷”，“大小”为 80，颜色为“深灰色”，如图 10.18 所示。

(2) 在舞台中单击，添加文本“四大发明”。使用“选择工具”选择文本“四大发明”，在“属性”面板中设置位置 X 为 245、Y 为 45。

(3) 在“属性”面板中单击“滤镜”→“添加滤镜”→“投影”按钮，如图 10.19 所示，给标题文本添加投影效果，使字体看起来比较立体。

---

* 使用其他版本学习的可跳过本节内容。

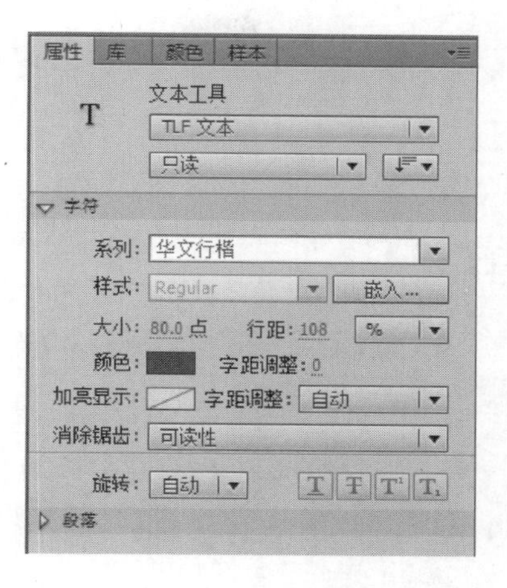

图 10.18

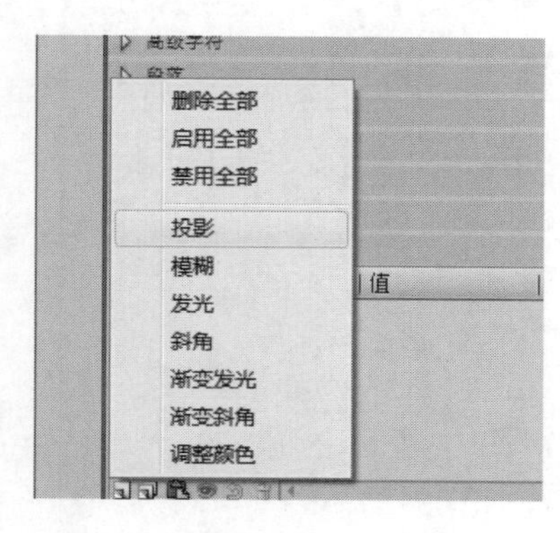

图 10.19

10.4.2 添加 TLF 文本

本节将通过创建并链接 TLF 文本框来实现文本从一个文本框流入到另一个文本框中的效果，就像在单个文本容器中一样。就算对文本进行了编辑删除工作之后，内容仍然会自动适应文本框。

（1）切换到“场景 2”，选择“标题矩形”图层，单击时间轴底部的“新建图层”按钮（![]），也可以选择“插入”→“时间轴”→“图层”命令，还可以右击“标题矩形”图层，在弹出的快捷菜单中选择“插入图层”命令，将新图层命名为“文本”。

（2）选择“文本”图层的第 1 帧，在“工具”面板中选择“文本工具”。在“属性”面板中选择“TLF 文本”选项，属性为“只读”。设置“系列”为“华文新魏”，“大小”为 30，颜色为“#003333”，如图 10.20 所示。

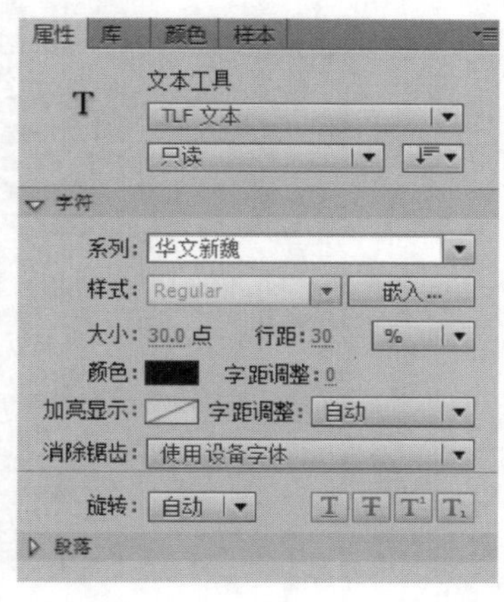

图 10.20

（3）在舞台中单击，添加文本“中国四大发明之造纸术”。使用“选择工具”选择文本“中国四大发明之造纸术”，在“属性”面板中设置位置 X 为 330、Y 为 8。

（4）复制“Lesson10/范例/start”文件夹中的“文本(CS6).txt”文件所提供的“造纸术”下的所有文本。单击空白处，使舞台上没有被选中的文本，选择“文本工具”，在“属性”面板中选择“TLF 文本”选项，属性为“只读”。设置“系列”为“微软雅黑”，“大小”为 15，颜色为“黑色”，再选择“文本”图层的第 1 帧，如图 10.21 所示。

（5）在舞台中继续单击，拖出一个文本框，将复制的文本粘贴到文本框中。此时会发现在这个文本框的右下角会出现一个红色十字交叉线（![]），这是指有溢出的文字未被显示出来。

（6）通过单击“选择工具”退出“文本工具”。此时文本内容的排版并不好看，可以通过单击文本框，将鼠标指针移动到文本框的锚点处，拖动出现的箭头调整文本框的宽度和高度，也可以直接在“属性”面板中设置宽为 300、高为 192。接着设置文本框的位置 X 为 200、

Y 为 52，如图 10.22 所示。

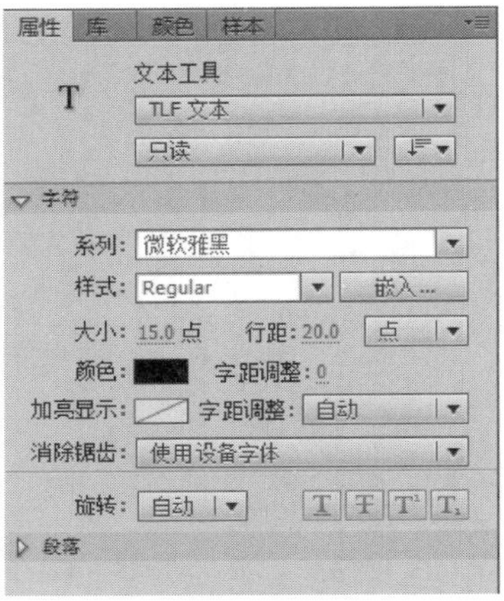

图 10.21

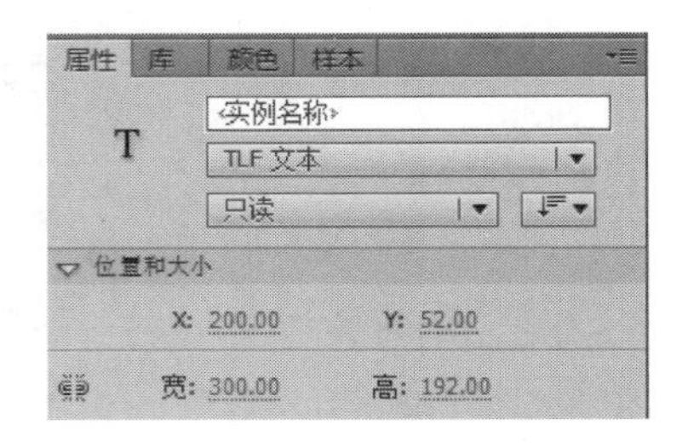

图 10.22

（7）单击文本框右下角的红色十字交叉线，光标将变成文本框的角图标（ ），在第一个文本框的下方拖出第二个文本框。当释放鼠标时，第二个文本框将链接到第一个文本框后。第一个文本框和第二个文本框之间会出现蓝色的线条，代表两个文本框之间建立起链接关系。可以看到，文字会自动从一个文本框流入到另一个文本框，就像在单个文本容器中一样。最后的效果如图 10.23 所示。

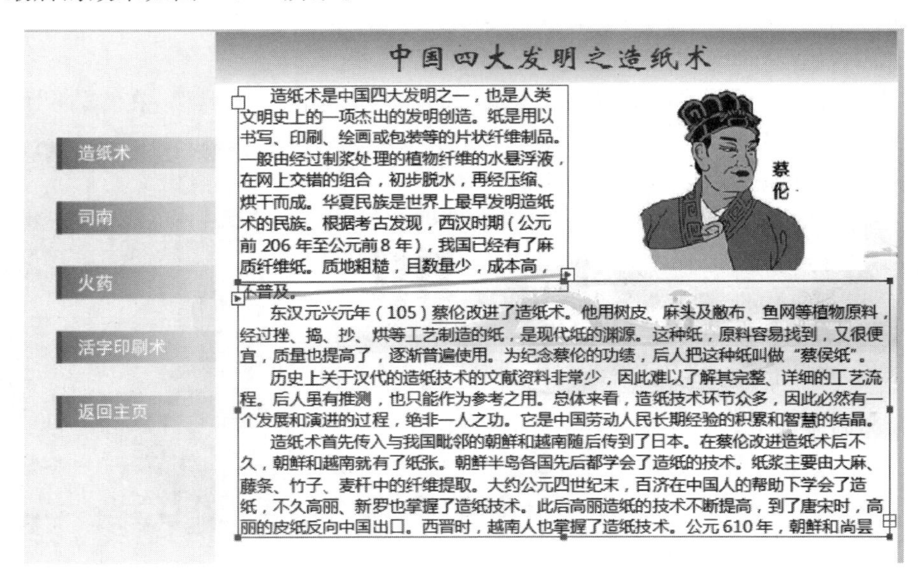

图 10.23

注意：由于在步骤（5）中已经将文本粘贴到了第一个文本框中，所以文本框右下角会是红色十字交叉线，如果文本框中并没有内容，文本框的右下角应该是一个蓝色的空白方框。

注意：如果想快速创建一个大小相同的文本框，只需单击文本框右下角的红色十字交叉线或者蓝色空白方框，使鼠标指针将变成文本框的角图标，随后在舞台上单击一下，Flash会自动创建一个与上一个文本框大小相同的文本框。

如果想要断开链接，可以单击第一个文本框右下角的包含蓝色右箭头的方框（ ），将鼠标指针移动到第二个文本框处，鼠标指针将会变成断开链接图标（ ），单击第二个文本框，这样就可以断开从第一个文本框到第二个文本框的链接了。

如果想要重新链接，可以单击第一个文本框右下角的红色十字交叉线，将鼠标指针移动到第二个文本框处，鼠标指针将会变成链接图标（ ），单击第二个文本框，这样就可以重新链接从第一个文本框到第二个文本框的链接了。

(8) 切换到“场景 3”中，按照在“场景 2”中的操作，在“标题矩形”图层上新建图层“文本”，并按照同样的步骤在“文本”图层中设置文本标题，只需修改文本的内容为“中国四大发明之司南”，其余属性保持不变。

(9) 复制“文本(CS6).txt”文件中提供的“司南”下的所有文本，单击空白处，使舞台上没有被选中的文本，选择“文本工具”，在“属性”面板中选择“TLF 文本”选项，属性为“只读”。设置“系列”为“微软雅黑”，“大小”为 15，颜色为“黑色”，再选择“文本”图层的第 1 帧。在舞台中继续单击，拖出一个文本框，将复制的文本粘贴到文本框中。接着设置文本框的位置 X 为 200、Y 为 52。

(10) 单击文本框右下角的红色十字交叉线，鼠标指针将变成文本框的角图标可以在第一个文本框的下方拖出第二个文本框，并在第二个文本框下拖动并链接第三个文本框。通过拖动文本框四周的锚点上的箭头来调整文本框的宽度和高度。在“属性”面板中设置第二个文本框的位置 X 为 200、Y 为 136；第三个文本框的位置 X 为 200、Y 为 465，如图 10.24 所示。

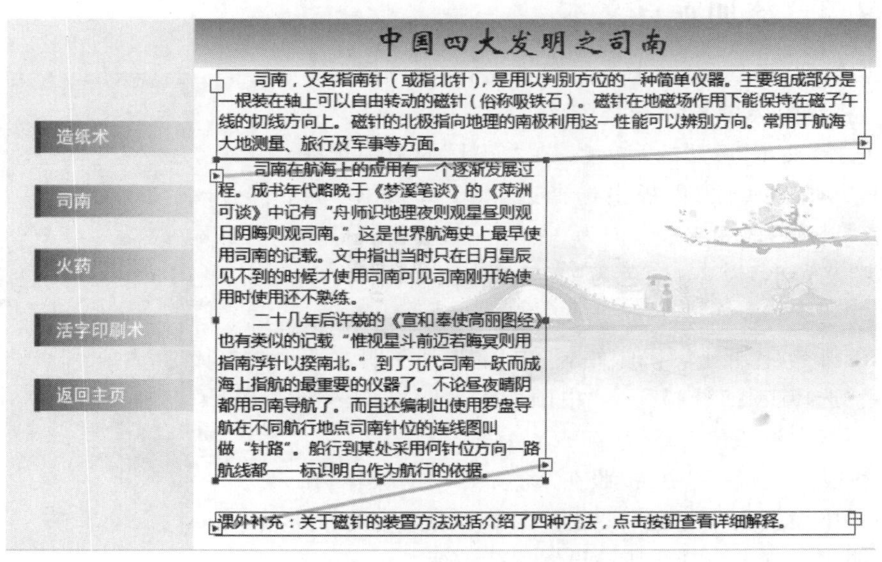

图 10.24

注意：如果删除其中一个文本框或者添加新的文本框，之前的链接对象将自动跳转到下一个文本框或者新的文本框，文字也会自动调整以适应新的容器。

(11) 切换到“场景 5”中，在“蒙版”图层上新建图层“文本”，并按照同样的步骤在“文本”图层中设置内容。保持“文本工具”的属性不变，在舞台中创建两个链接的文本框，将复制的文本粘贴到第一个文本框中，调整文本框的宽度和高度。接着设置第一个文本框的位置 X 为 200、Y 为 13；第二个文本框的位置 X 为 400、Y 为 270，如图 10.25 所示。

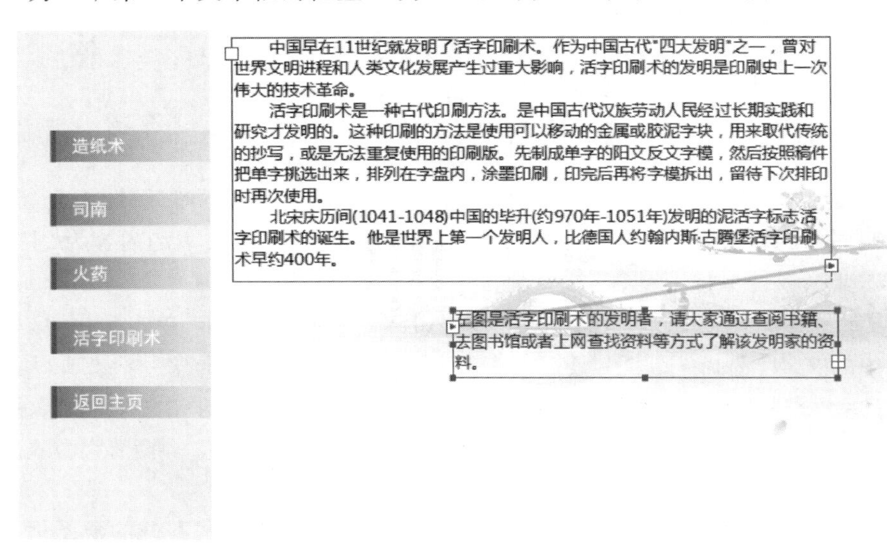

图 10.25

注意：文本容器之间的链接仅适用于 TLF(文本布局框架)文本，不适用于传统文本。

10.4.3 添加垂直文本

(1) 切换到“场景 4”，选择“蒙版”图层，在该图层上方新建图层，将新图层命名为“文本”。

(2) 选择“文本”图层的第 1 帧，在“工具”面板中选择“文本工具”。在“属性”面板中选择选择“TLF 文本”选项，属性为“只读”，改变文本方向为“垂直”。设置“系列”为“华文新魏”，“大小”为 30，颜色为“#003333”，如图 10.26 所示。

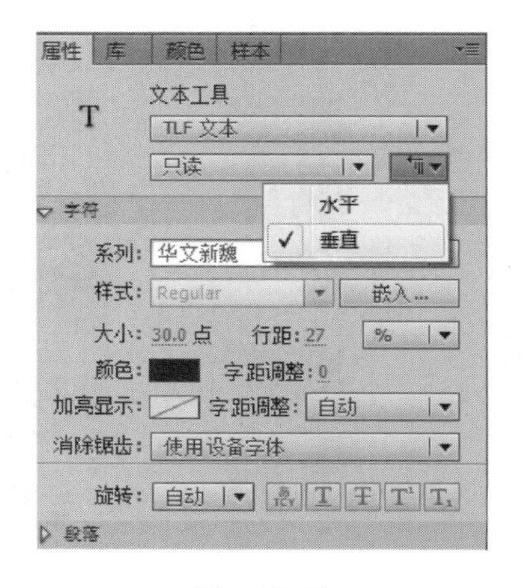

图 10.26

(3) 在舞台中单击，添加文本“中国四大发明之火药”。使用“选择工具”选择文本“中国四大发明之火药”，在“属性”面板中设置位置 X 为 750、Y 为 80。

(4) 切换到“场景 5”中，按照在“场景 4”中的操作，在“文本”图层中设置文本标题，只需修改文本的内容为“中国四大发明之印刷术”，其余属性设置保持不变。

10.4.4 添加动态文本

（1）切换到“场景 4”，单击空白处，使舞台上没有被选中的文本，选择“文本工具”，在“属性”面板中选择“TLF 文本”选项，属性为“只读”，改变文本方向为“水平”。设置“系列”为“微软雅黑”，“大小”为 15，颜色为“黑色”，再选择“文本”图层的第 1 帧。

（2）在舞台上拖动添加如图 10.27 所示的 4 个链接的文本框，调整文本框的宽度和高度，或者直接在“属性”面板中设置它们的大小和位置。

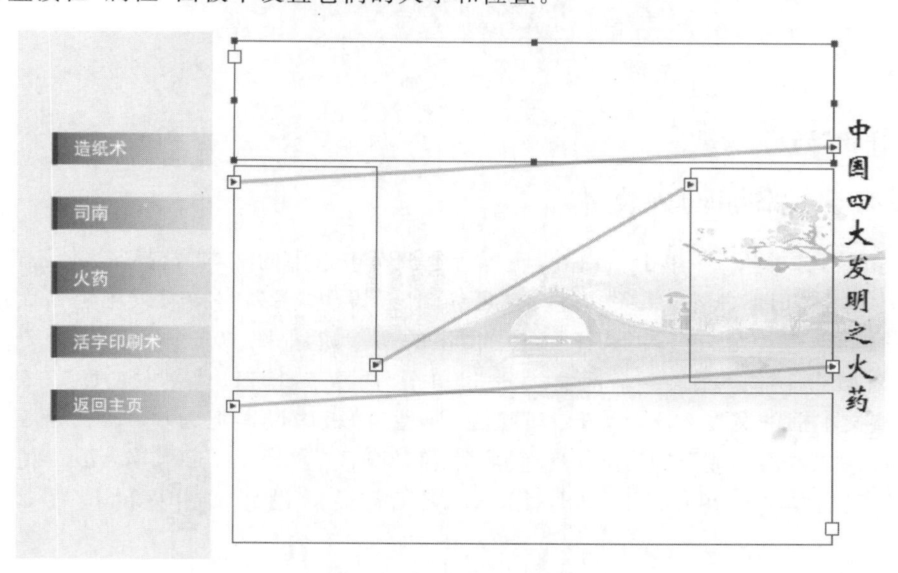

图 10.27

（3）在后面的学习中，将为动态文本添加 ActionScript 脚本，此时应该为第一个文本框设置实例名称，此处设置为 txt1，如图 10.28 所示。

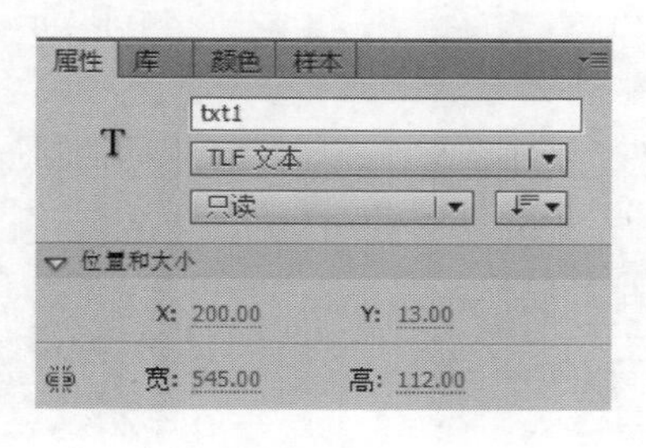

图 10.28

注意：由于 TLF 文本可以设置文本容器之间的链接，设置链接后文字会自动从一个文本框流入到另一个文本框，所以不需要设置剩下的 3 个文本框的实例名称。

10.4.5 字体嵌入

字体嵌入功能的作用是将所选择的字体装载到 SWF 文件中，这样动态的字符加载进来或者输入字符时，它们的字体才会变成你嵌入的字体。

(1) 选择刚刚创建的任意一个动态文本框，在“属性”面板的“字符”栏中单击“嵌入”按钮，也可以选择“文本”→“字体嵌入”命令。

(2) 在弹出的“字体嵌入”对话框的“字符范围”列表框中，选择“数字[0.9](11/11 字型)”，如图 10.29 所示。

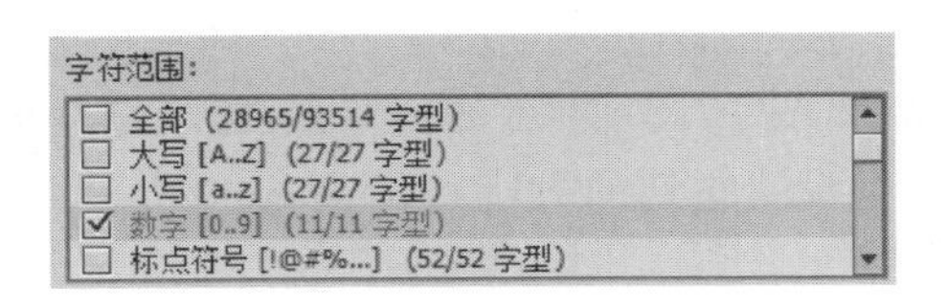

图 10.29

(3) 单击“确定”按钮。

10.4.6 添加输入文本

(1) 切换到“场景 5”，单击空白处，使舞台上没有被选中的文本，选择“文本工具”，在“属性”面板中选择“TLF 文本”选项，属性为“可编辑”。设置“系列”为“微软雅黑”，大小为 15，“行距”为 20，颜色为“黑色”，再选择“文本”图层的第 1 帧，如图 10.30 所示。

(2) 在舞台上拖动添加一个文本框，通过单击“选择工具”退出“文本工具”。使用“选择工具”调整文本框的宽度和高度，或者直接在“属性”面板中设置宽为 350、高为 95。接着在“属性”面板的“容器和流”选项组中，设置容器背景颜色为“#CCCCCC”，Alpha 值为 60%，容器边框颜色为“#999999”，如图 10.31 所示。最后设置文本框的位置 X 为 400、Y 为 335。

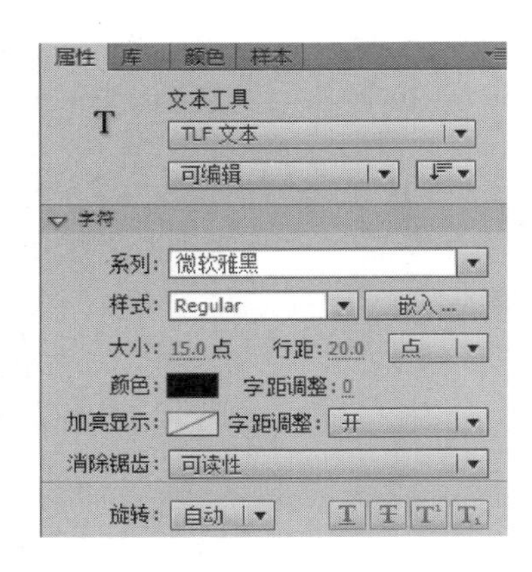

图 10.30

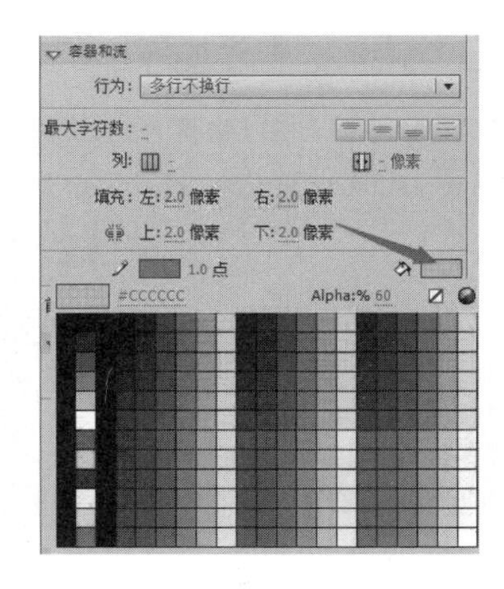

图 10.31

10.5 添加图片

10.5 添加图片

图片是通过视觉手段来传达信息的方式，可以让人们更直观地感受信息。在当今社会，无论是在传统媒体(报纸)还是新兴媒体(网络)，都可以看见图片被广泛地运用，它的作用是文字无法代替的。

10.5.1 创建百叶窗风格的图片

(1) 在菜单栏中选择“插入”→“新建元件”命令，修改名称为“造纸术图片”，类型为“影片剪辑”，单击“确定”按钮，如图 10.32 所示。

(2) 选择“窗口”→“库”命令，打开“库”面板(或者单击“属性”面板旁边的“库”)。在“库”面板中可以查看导入的位图图片，如图 10.33 所示，start 文件的“库”面板中已提前导入了所需要的图片。

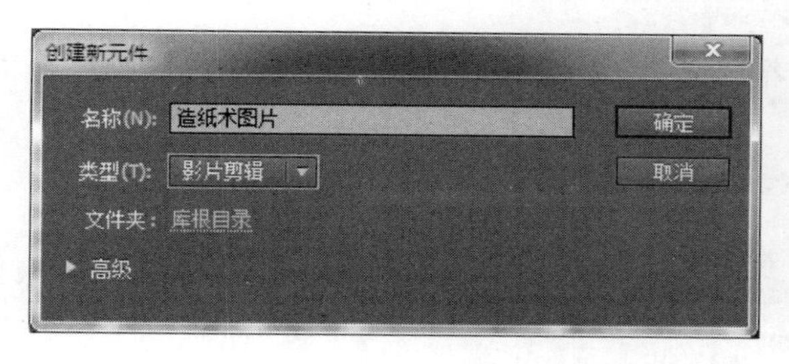

图 10.32

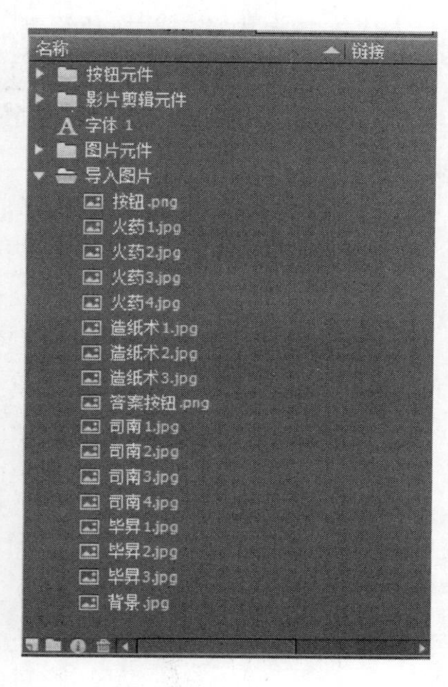

图 10.33

(3) 在元件编辑模式中，选择“图层 1”的第 1 帧，将“库”面板下的“导入图片”文件夹下的“造纸术 1”图片拖动到舞台上。右击该图片，在弹出的快捷菜单中选择“转换为元件”命令，在弹出的对话框中选择“类型”为“图形”，然后单击“确定”按钮。在“属性”面板中设置图片的位置 X 为 0、Y 为 0。选择“图层 1”的第 39 帧，按 F5 键插入帧，如图 10.34 所示。

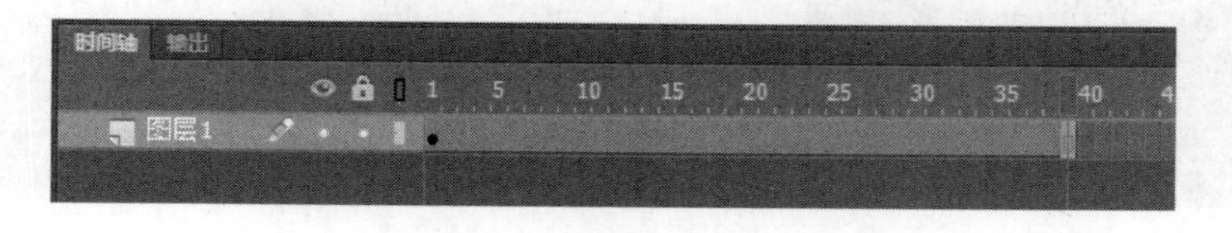

图 10.34

(4) 新建两个图层。选择“图层 2”的第 40 帧，按 F6 键插入关键帧。将“造纸术 2”图片拖动到舞台上。右击该图片，在弹出的快捷中选择“转换为元件”命令，在弹出的对话框中选择“类型”为“图形”，然后单击“确定”按钮。在“属性”面板中设置图片的位置 X 为 0、Y 为 0。选择“图层 2”的第 89 帧，按 F5 键插入帧。

(5) 选择“图层 3”的第 90 帧，按 F6 键插入关键帧。将“造纸术 3”图片拖动到舞台上。右击该图片，在弹出的快捷菜单中选择“转换为元件”命令，在弹出的对话框中选择“类型”为

“图形”，然后单击“确定”按钮。在“属性”面板中设置图片的位置 X 为 0、Y 为 0。选择“图层 3”的第 140 帧，按 F5 键插入帧。

(6) 通过单击“播放”按钮来播放动画，发现图片的切换没有特色。使图片的切换更加自然，下面做图片的切换效果。

(7) 在菜单栏中选择“插入”→“新建元件”命令，修改名称为“矩形动画”，类型为“影片剪辑”，单击“确定”按钮。选择“图层 1”的第 1 帧，在“工具”面板中，选择“矩形工具”。在“属性”面板中，设置填充颜色为“#CCCCCC”，笔触颜色为“无”。

(8) 在舞台中单击并拖动绘制一个矩形，在“属性”面板中设置宽为 250、高为 2，X 为 0、Y 为 0。

(9) 选择“图层 1”的第 30 帧，按 F6 键插入关键帧。选择矩形，在“属性”面板中设置高为 10、Y 为 −4。

(10) 单击第 1 帧和第 30 帧之间的任意一帧，在菜单栏中选择“插入”→“补间形状”命令。也可以右击，在弹出的快捷菜单中选择“创建补间形状”命令，如图 10.35 所示。

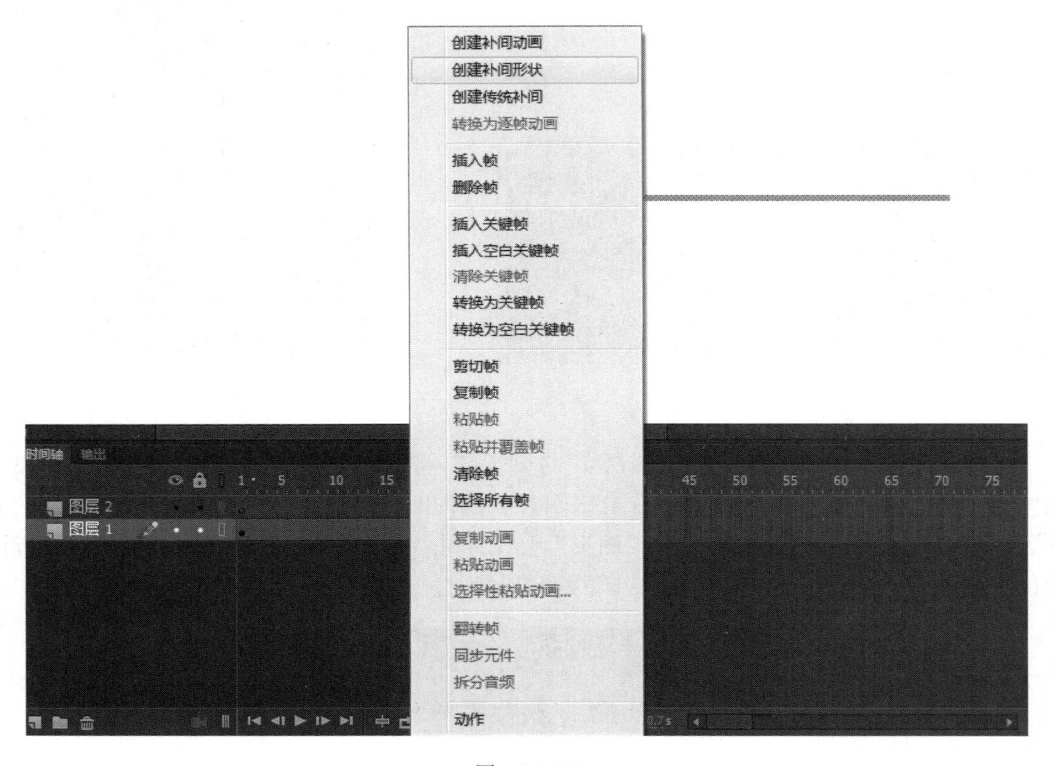

图 10.35

(11) 通过单击“播放”按钮来播放动画，此时 Flash 在两个矩形之间创建了平滑的动画。

(12) 新建图层，选择“图层 2”的第 30 帧，按 F6 键插入关键帧。右击该关键帧，在弹出的快捷菜单中选择“动作”命令。在“动作”面板中，输入“stop();”代码命令，此时动画只运行一遍就会停止。

(13) 在菜单栏中选择“插入”→“新建元件”命令，修改名称为“百叶窗”，类型为“影片剪辑”，单击“确定”按钮。选择“图层 1”的第 1 帧，将“库”面板下的“矩形动画”影片剪辑元件拖动到舞台上。在“属性”面板中设置元件的位置 X 为 0、Y 为 4。选择该元件，按住 Alt＋Shift 快捷键拖动元件可以快速复制出一个矩形，并修改元件的 Y 为 10。按照上述步骤复制出适当的元件即可，如图 10.36 所示。

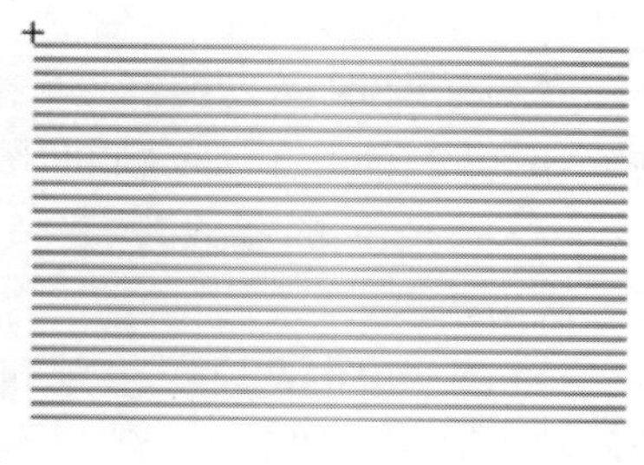

图 10.36

(14) 在“库”面板中双击“造纸术图片”元件，进入它的元件编辑模式。新建两个图层，分别修改图层名为“百叶窗 1”和“百叶窗 2”。选择“百叶窗 1”图层的第 40 帧，按 F6 键插入关键帧。将“百叶窗”影片剪辑元件拖动到舞台上。在“属性”面板中设置元件的位置 X 为 0、Y 为 0。由于在拖入元件时，自动在第 140 帧处插入了帧，所以只需要删除第 90～140 帧即可。选中第 90～140 帧，右击，在弹出的快捷菜单中选择“删除帧”命令。

(15) 选择“百叶窗 2”图层的第 90 帧，按 F6 键插入关键帧。将“百叶窗”影片剪辑元件拖动到舞台上。在“属性”面板中设置元件的位置 X 为 0、Y 为 0。图层在拖入元件时，已经自动在第 140 帧处插入了帧。

(16) 将“百叶窗 1”图层拖动到“图层 2”上方，右击“百叶窗 1”图层，在弹出的快捷菜单中选择“遮罩层”命令，此时遮罩层下方的图层会自动缩进，成为被遮罩层，如图 10.37 所示。确保“百叶窗 2”图层在“图层 3”上方，右击“百叶窗 2”图层，在弹出的快捷菜单选项中选择“遮罩层”命令。

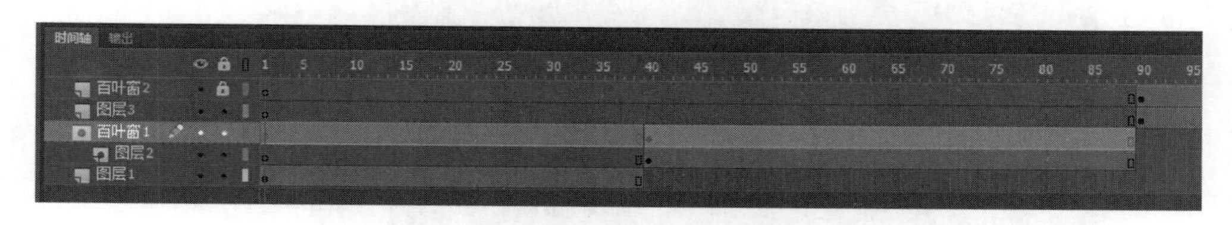

图 10.37

(17) 退出到场景，并切换到“场景 2”中，选择“图片”图层的第 1 帧，将“造纸术图片”影片剪辑元件拖入到舞台上。在“属性”面板中设置元件的位置 X 为 520、Y 为 55。

10.5.2 创建补间遮罩图片

(1) 在菜单栏中选择“插入”→“新建元件”命令，修改名称为“司南动态图片”，类型为“影片剪辑”，单击“确定”按钮。

(2) 在元件编辑模式中，新建 3 个图层，同时选中第 120 帧，按 F5 键插入帧。选择“图层 1”的第 1 帧，将“库”面板下的“导入图片”文件夹下的“司南 1”图片拖动到舞台上，右击该图片，在弹出的快捷中选择“转换为元件”命令，在弹出的对话框中选择“类型”为“图形”，然后单击“确定”按钮。在“属性”面板中设置图片的位置 X 为 0、Y 为 0。

(3) 选择“图层 2”的第 30 帧，按 F6 键插入关键帧。将“司南 2”图片拖动到舞台上，并将其转化为“图形”元件。在“属性”面板中设置图片的位置 X 为 0、Y 为 0。

(4) 选择“图层 3”的第 60 帧，按 F6 键插入关键帧。将“司南 3”图片拖动到舞台上，并将其转化为“图形”元件。在“属性”面板中设置图片的位置 X 为 0、Y 为 0。

(5) 选择“图层 4”的第 90 帧，按 F6 键插入关键帧。将“司南 4”图片拖动到舞台上，并将其转化为“图形”元件。在“属性”面板中设置图片的位置 X 为 0、Y 为 0。

(6) 选中“图层 2”的第 1～29 帧，右击，在弹出的快捷菜单中选择“删除帧”命令。继续删除“图层 3”的第 1～59 帧和“图层 4”的第 1～89 帧。

(7) 通过单击“播放”按钮来播放动画。为了使图片的切换更加自然，可以来做图片的淡入淡出效果。

(8) 右击“图层 2”第 30 帧和第 120 帧之间的任意一帧，在弹出的快捷菜单中选择“创建补间动画”命令，如图 10.38 所示。

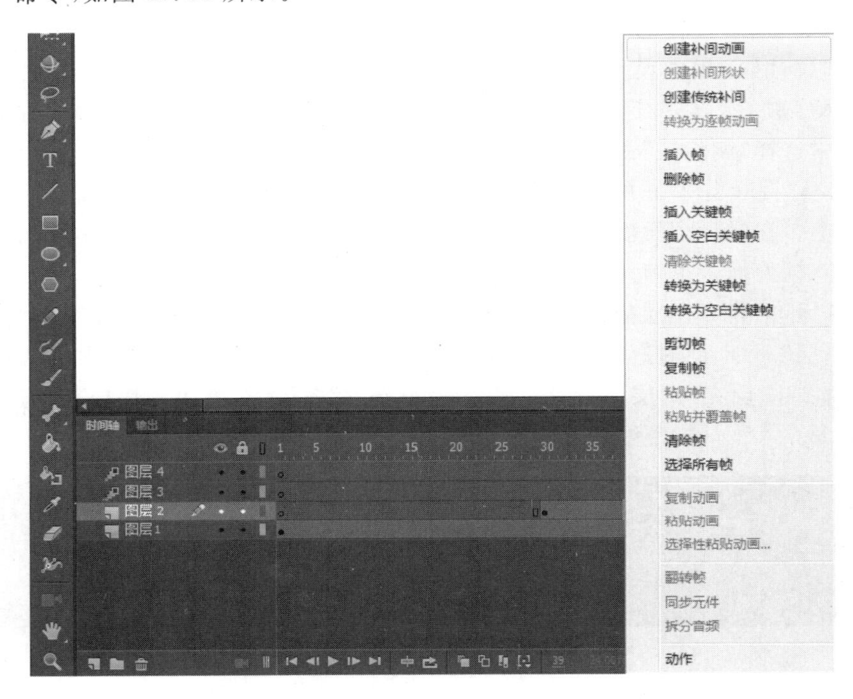

图 10.38

(9) 选择“图层 2”的第 35 帧，按 F6 键插入关键帧。选择“图层 2”的第 30 帧，并单击舞台上的图片，在“属性”面板中，设置“色彩效果”选项下的“样式”为 Alpha，并调整 Alpha 的值为 0%，如图 10.39 所示。

图 10.39

(10) 右击“图层 3”第 60 帧和第 120 帧之间的任意一帧，在弹出的快捷菜单中选择“创建补间动画”命令。

(11) 选择“图层 3”的第 65 帧，按 F6 键插入关键帧。选择“图层 3”的第 60 帧，并单击舞台上的图片，在“属性”面板中，设置“色彩效果”选项下的“样式”为 Alpha，并调整 Alpha 的值为 0%。

(12) 右击“图层 4”第 90 帧和第 120 帧之间的任意一帧，在弹出的快捷菜单中选择“创建补间动画”命令。

(13) 选择“图层 4”的第 95 帧，按 F6 键插入关键帧。选择“图层 4”的第 90 帧，并单击舞台上的图片；在“属性”面板中，设置“色彩效果”选项下的“样式”为 Alpha，并调整 Alpha 的值为 0%。

(14) 在菜单栏中选择“插入”→“新建元件”命令，修改名称为“司南图片”，类型为“影片剪辑”，单击“确定”按钮。

(15) 在元件编辑模式中，新建一个图层，命名为“圆”。选择“图层 1”的第 1 帧，将“库”面板下“司南动态图片”影片剪辑元件拖动到舞台上。在“属性”面板中设置元件的位置 X 为 0、Y 为 0。

(16) 选择“圆”图层的第 1 帧，在“工具”面板中，选择“椭圆工具”。在舞台中单击并拖动鼠标绘制一个椭圆，在“属性”面板中设置宽为 300、高为 300，将其移动到“司南动态图片”影片剪辑元件上方，如图 10.40 所示。

(17) 右击“圆”图层，在弹出的快捷菜单中选择“遮罩层”命令。

图 10.40

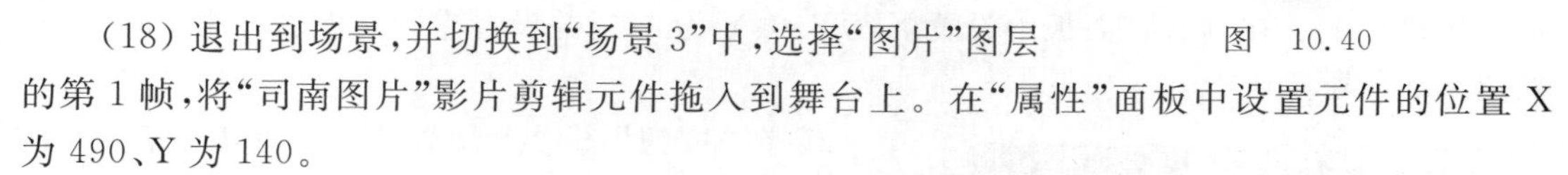

(18) 退出到场景，并切换到“场景 3”中，选择“图片”图层的第 1 帧，将“司南图片”影片剪辑元件拖入到舞台上。在“属性”面板中设置元件的位置 X 为 490、Y 为 140。

“火药图片”影片剪辑元件和“毕昇图片”影片剪辑元件的制作与“司南图片”影片剪辑元件类似，在 start 文件夹中的“库”面板中的“影片剪辑元件”文件夹下已经存在，可以根据案例将它们放到指定位置，如果感兴趣也可以自己制作这些影片剪辑元件。最后将自己创建的各种类型的元件拖入到对应的文件夹中，以便管理文件。

10.6 添加超链接

10.6 添加超链接

通俗来说，超链接就是指内容的链接。为了提供更丰富的内容，可以设置必要的超链接，指引到带有更多信息的 Web 站点。

(1) 切换到“场景 2”中，选择“文本工具”，在舞台上单击第二个文本框，选择文字“蔡伦”。

(2) 在“属性”面板中修改颜色为“蓝色”，在“选项”选项组中，输入链接为“http://www. baidu. com”。“目标”选项用来确定在哪里加载 Web 站点，此处在“目标”选项的下拉列表中选择“_blank”，是指在空白浏览器窗口中加载 Web 站点，如图 10.41 所示。

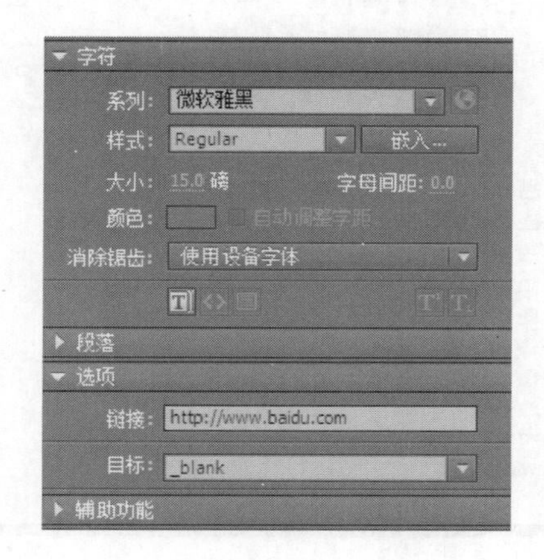

图 10.41

(3) 选择“控制”→“测试影片”→“在 Animate 中”命令,预览动画效果。当单击“蔡伦”超链接时,会自动在空白浏览器中打开“百度”Web 站点。

10.7 运用代码片断添加代码进行交互

10.7 运用代码片段添加代码进行交互

10.7.1 添加“制作方法”按钮和“具体制作方法”元件的交互

(1) 切换到“场景 3”中,在“图片”图层上新建图层,将其命名为“按钮”。选择“按钮”图层的第 1 帧,在“库”面板下的“按钮元件”文件夹中,将“制作方法按钮”拖入到舞台上。在“属性”面板中设置 X 为 610、Y 为 425,并设置它的实例名称为 way_btn,如图 10.42 所示。

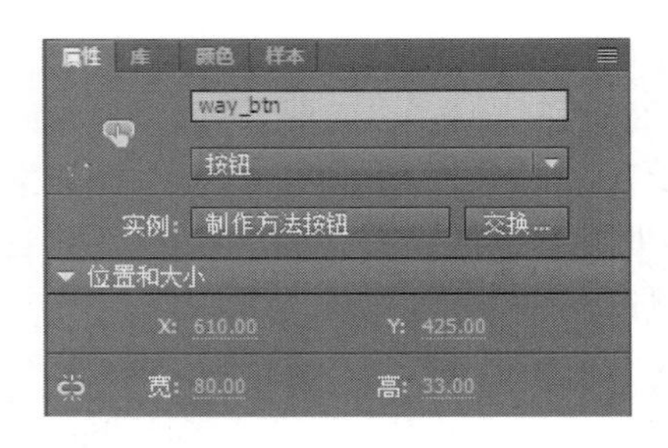

图 10.42

(2) 在“按钮”图层上新建图层,将其命名为“答案”。选择“答案”图层的第 2 帧,按 F6 键插入关键帧。在“库”面板下的“影片剪辑元件”文件夹中,将“具体制作方法”拖入到舞台上。在“属性”面板中设置 X 为 370、Y 为 230,并设置它的实例名称为 four_way。

(3) 选择舞台上的“制作方法”按钮,通过选择“窗口”→“代码片断”命令打开“代码片断”面板。在该面板中打开 ActionScript→“时间轴导航”文件夹,双击“单击以转到帧并停止”选项,如图 10.43 所示。

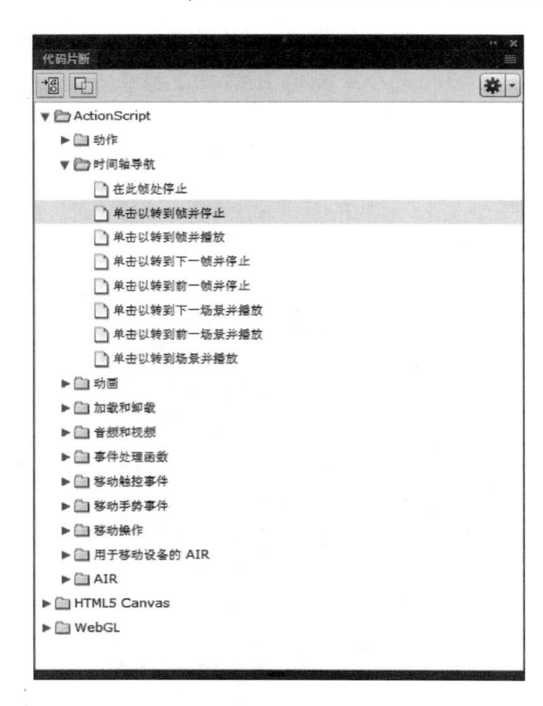

图 10.43

（4）双击所需要的代码片断后，“动作”面板会自动弹出来，并在“图层”面板最上方新建一个图层 Actions。由于在场景的跳转时，已经新建了 Actions 图层，所以这里只会显示“动作”面板，并且“动作”面板中会显示如图 10.44 所示的代码片断，系统默认的代码是 gotoAndStop(5)，跳到第 5 帧停止，此处需将 5 改成 2。

```
/*单击以转到帧并停止
单击指定的元件实例会将播放头移动到时间轴中的指定帧并停止影片。
可在主时间轴或影片剪辑时间轴上使用。

说明：
1. 单击元件实例时，用希望播放头移动到的帧编号替换以下代码中的数字 5。
*/

way_btn.addEventListener(MouseEvent.CLICK, fl_ClickToGoToAndStopAtFrame_1);

function fl_ClickToGoToAndStopAtFrame_1(event:MouseEvent):void
{
    gotoAndStop(5);
}
```

图 10.44

（5）选择“答案”图层的第 2 帧，选择舞台上的“具体制作方法”影片剪辑元件。在“代码片断”面板中打开 ActionScript→“时间轴导航”文件夹，双击“单击以转到帧并停止”选项。

（6）此时“动作”面板中会显示出一些代码片断，此处需将 5 改成 1。

（7）按照上述操作，为场景 5 添加“答案”按钮和“毕昇简介”影片剪辑元件之间的交互。

注意：要想给元件使用代码片断就必须给相应的元件设置实例名称，并且要先选中该元件后，再双击所需要的代码片断。

10.7.2 加载外部文件

Animate 用函数调入外部文件后，如果需要修改，只需修改外部文件就能达到修改 Animate 内容的目的，这样可以减少很多麻烦。

切换到“场景 4”中，可以看到“场景 4”中的动态文本框内没有内容，接下来将利用代码片断为它们加载内容。加载的内容为 start 文件夹中的 txt1.txt、txt2.txt、txt3.txt、txt4.txt 中的内容。

（1）选择实例名称为 txt1 的动态文本框，通过选择“窗口”→“代码片断”命令打开“代码片断”面板。在该面板中打开 ActionScript→“加载和卸载”文件夹，双击“加载外部文本”选项，如图 10.45 所示。

（2）代码片断只是一个模板，大多时候都需要修改它以适应文件的要求。此处需要将加载的 URL 修改为 txt1.txt，如图 10.46 所示是修改前的代码，如图 10.47 所示是修改后的代码。

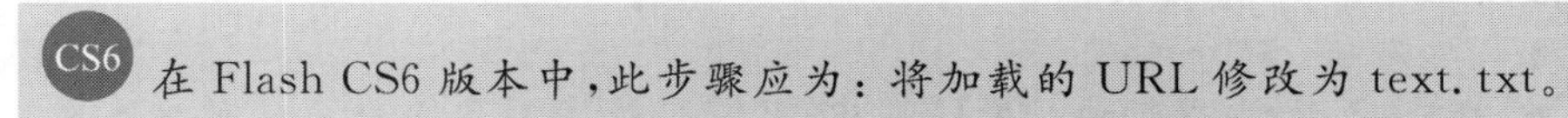

在 Flash CS6 版本中，此步骤应为：将加载的 URL 修改为 text.txt。

（3）修改事件处理函数中的“trace(textData);”代码为“txt1.text=textData;”。

修改后的代码是指将新载入的文本赋予实例名为 txt1 的文本框。此时在运行程序时，实例名为 txt1 的文本框中将显示文件 txt1.txt 中的内容。

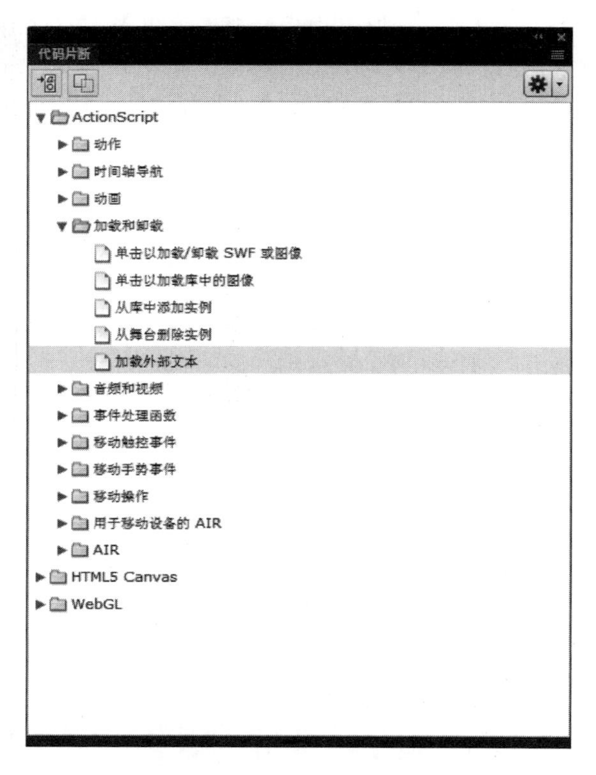

图 10.45

```
var fl_TextLoader:URLLoader = new URLLoader();
var fl_TextURLRequest:URLRequest = new URLRequest("http://www.helpexamples.com/flash/text/loremipsum.txt");
```

图 10.46

```
var fl_TextLoader:URLLoader = new URLLoader();
var fl_TextURLRequest:URLRequest = new URLRequest("txt1.txt");
```

图 10.47

CS6 在 Flash CS6 版本中，此步骤应为：此时在运行程序时，实例名为 txt1 的文本框中将显示文件 text.txt 中的内容。

(4) 在“动作”面板中，复制加载 txt1.txt 文件的代码，并在这段代码下方粘贴 3 次，对它们进行一定的修改，如图 10.48 所示。

CS6 在 Flash CS6 版本中，此步骤应为：在 CS6 中，只需要给实例名称为 txt1 的文本框加载外部文本，并不需要复制代码。

(5) 选择“控制”→“测试影片”→“在 Animate 中”命令，预览动画效果。当单击“火药”按钮进入到“场景 4”时，Animate 会加载这 4 个文本文件，并在动态文本框中显示出它们的内容，如图 10.49 所示。

```
var f2_TextLoader:URLLoader = new URLLoader();
var f2_TextURLRequest:URLRequest = new URLRequest("txt2.txt");

f2_TextLoader.addEventListener(Event.COMPLETE, f2_CompleteHandler);

function f2_CompleteHandler(event:Event):void
{
    var textData:String = new String(f2_TextLoader.data);
    txt2.text=textData;
}

f2_TextLoader.load(f2_TextURLRequest);


var f3_TextLoader:URLLoader = new URLLoader();
var f3_TextURLRequest:URLRequest = new URLRequest("txt3.txt");

f3_TextLoader.addEventListener(Event.COMPLETE, f3_CompleteHandler);

function f3_CompleteHandler(event:Event):void
{
    var textData:String = new String(f3_TextLoader.data);
    txt3.text=textData;
}

f3_TextLoader.load(f3_TextURLRequest);


var f4_TextLoader:URLLoader = new URLLoader();
var f4_TextURLRequest:URLRequest = new URLRequest("txt4.txt");

f4_TextLoader.addEventListener(Event.COMPLETE, f4_CompleteHandler);

function f4_CompleteHandler(event:Event):void
{
    var textData:String = new String(f4_TextLoader.data);
    txt4.text=textData;
}

f4_TextLoader.load(f4_TextURLRequest);
```

图 10.48

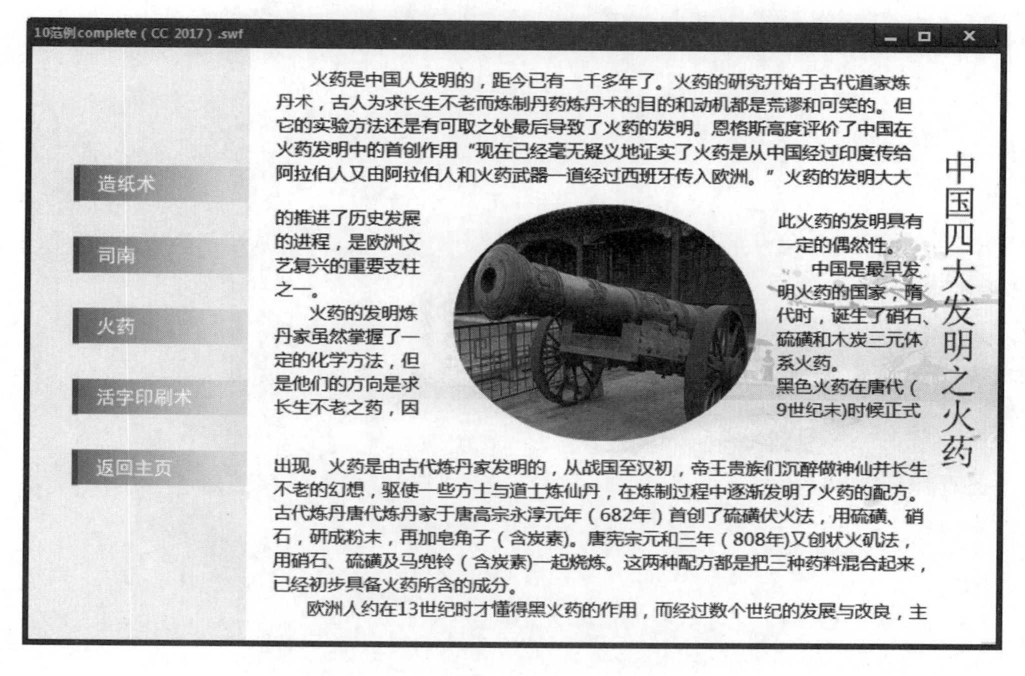

图 10.49

作业

一、模拟练习

打开 Lesson10→“模拟”→ Complete→“10 模拟 complete(CC 2017).swf”文件进行浏览播放，根据本章所述知识做一个类似的作品。作品资料已完整提供，获取方式见“前言”。

要求 1：掌握添加静态文本、动态文本、输入文本和 TLF 文本的方法。

要求 2：学会在影片剪辑元件中制作各种图片效果。

要求 3：掌握使用代码片断面板来实现交互效果的方法。

二、自主创意

自主设计一个 Animate 动画，应用本章所学习的创建各类文本的方法，设置文本的相关属性，学习在影片剪辑元件中制作各种图片效果，掌握创建超链接的方法以及使用代码片断实现一些交互效果等知识。也可以把自己完成的作品上传到课程网站进行交流。

三、理论题

1. “静态文本”“动态文本”“输入文本”和“TLF 文本”分别是什么？
2. 如何进行“字体嵌入”操作？
3. 在 Flash CS6 中，如何链接文本框、断开文本框的链接以及重新链接文本框？
4. 如何给文本添加超链接？
5. 如何利用代码片断加载外部文本？

第11章

Animate课件发布到HTML5

本章学习内容

1. 在浏览器中预览 HTML5 动画
2. 修改 HTML5 发布设置
3. 理解 HTML5 输出文件
4. 在 Animate 的“时间轴”中插入 JavaScript

HTML5 发布功能在 Flash CC 以后的版本中才有，所以本章只用 Flash Animate CC 2017 做一个版本案例，案例可在 Flash CC 各版本中正常运行。

完成本章的学习需要大约 2 小时，相关资源获取方式见“前言”和第 1 章中的描述。

知识点

由于本书篇幅有限，下面的知识点并非在本章中都有涉及或详细讲解，在本书的学习网站有详细的资料，欢迎登录学习。

了解 HTML5　导出到 HTML5　理解输出文件　HTML5 发布设置　使用 JavaScript

本章案例介绍

实例：

本章范例为蝴蝶飞舞的动画实例。在本章，你将学习到如何发布和加载外部 HTML5 文件。

本章范例是一个关于展示蝴蝶飞舞的动画课件，在实例中首先确定蝴蝶翅膀扇动的位置，然后利用传统补间动画制作蝴蝶翅膀扇动的效果，如图 11.1 所示。

模拟案例：

本章模拟案例是一个关于展示端午节赛龙舟的动画课件，如图 11.2 所示。

图 11.1 （见彩插）

图 11.2 （见彩插）

11.1 预览完成的案例

11.1 预览

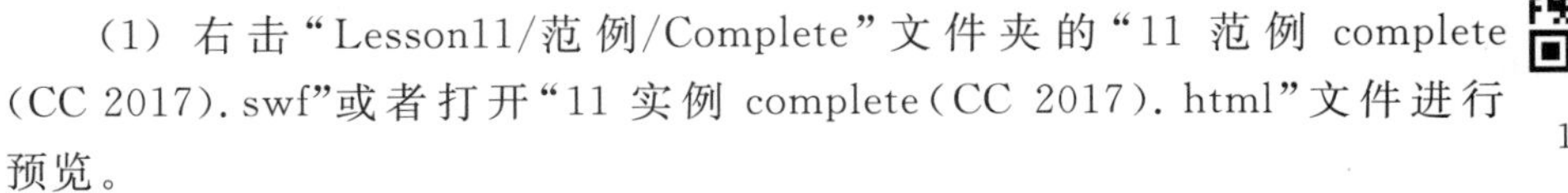

（1）右击“Lesson11/范例/Complete”文件夹的“11 范例 complete(CC 2017).swf”或者打开“11 实例 complete(CC 2017).html”文件进行预览。

（2）关闭 Adobe Flash Player 播放器或者关闭 HTML 文件。

（3）可以用 Adobe Animate CC 2017 打开源文件进行预览，在 Adobe Animate CC 2017 菜单栏中选择“文件”→“打开”命令，再选择“Lesson11/范例/complete”文件夹的“11 范例 complete(CC 2017).fla”文件，并单击“打开”按钮，如图 11.3 所示。

注意：打开“11 范例 complete(CC 2017).html”文件后，右击动画的任意部分，如图 11.4 所示，从出现的菜单可以得知，该动画是 HTML5 的内容(因为该菜单不是 SWF 格式文件的右击菜单，而是 html 文件格式的右击)，而不是 Animate。在 Flash Professional CC 中创建的图像和动画，已经发布为 HTML，以便在没有 Flash Player 时回放。该动画也可以在桌面浏览器、平板或手机设备上播放。

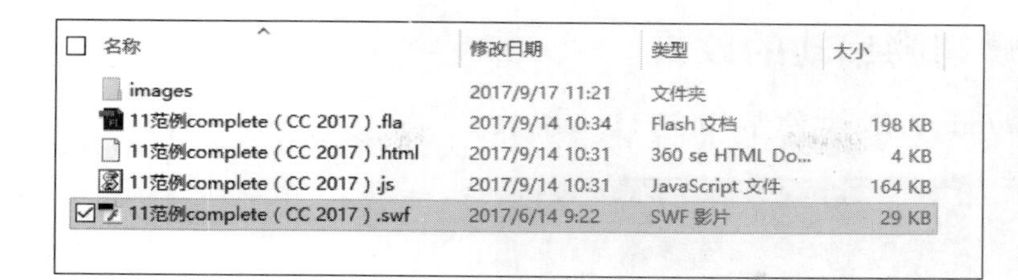

图 11.3

图 11.4

11.2 打开 start 文件

11.2 打开 start 文件

（1）在菜单栏中，选择“文件”→“打开”命令，在“打开文件”对话框中，选择“Lesson11/范例/start”文件夹的“11 范例 start(CC 2017). fla”文件，并单击“打开”按钮，如图 11.5 所示。

（2）此时的 Animate 初始文件已经包含了蝴蝶飞舞动画各种所需的资源，动画也完成了一部分，蝴蝶飞舞动画的背景实例也已经位于“舞台”上。下面会添加蝴蝶翅膀扇动的动画以及蝴蝶在空中飞舞的动画，这些动画都需要利用传统补间实现。最后将动画作为 HTML5 内容发布。

名称	修改日期	类型	大小
images	2017/9/17 11:21	文件夹	
11范例start（CC 2017）.fla	2017/9/14 10:41	Flash 文档	194 KB
11范例start（CC 2017）.html	2017/9/14 10:32	360 se HTML Do...	4 KB
11范例start（CC 2017）.js	2017/9/14 10:32	JavaScript 文件	149 KB

图 11.5

（3）接下来就需要在此基础上进行操作，以实现实例效果。

11.3 使用传统补间

11.3 步使用传统补间

本节将通过使用传统补间来实现蝴蝶飞舞的效果。

传统补间是一种创建动画的老方法，它和补间动画非常相似。就像补间动画一样，传统补间动画使用的也是元件实例。两个关键帧之间的元件实例如果发生变化，可插入这种变化以创建动画；还可以修改实例的位置，将其旋转、缩放和变换，并对其使用色彩效果或滤镜效果。

传统补间和补间动画的主要不同之处是：传统补间需要一个独立的动作向导图层，以便沿着某个路径创建动画；传统不支持 3D 旋转或变换；传统补间的各个补间图层并不是相互独立的，但是传统补间和补间动画都受到了一样的限制，那就是其他的对象不能出现在同一个补间图层上；传统补间是基于“时间轴”的，而不是基于对象的，这说明需要添加、移动或替换“时间轴”上的补间或实例，而不是对“舞台”上的补间或实例进行操作。

11.3.1 制作蝴蝶翅膀扇动的效果

(1) 打开"库",单击 the butterfly 文件夹,如图 11.6 所示。

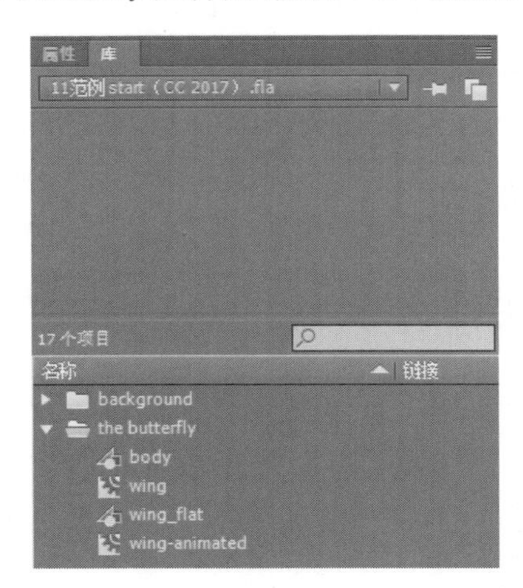

图 11.6

(2) 双击进入 wing-animated 元件。此时,Animate 将进入 wing-animated 影片剪辑文件模式。"时间轴"上的 wa1 图层包含了蝴蝶的翅膀以便来做蝴蝶翅膀扇动的动画。

(3) 第 1 个关键帧显示翅膀,然后选中第 5 帧,按 F6 键插入关键帧,单击工具栏中的"任意变形工具",适当调整蝴蝶翅膀的形状;接下来第 10 帧、第 15 帧、第 20 帧同第 5 帧做法相同,如图 11.7 所示。

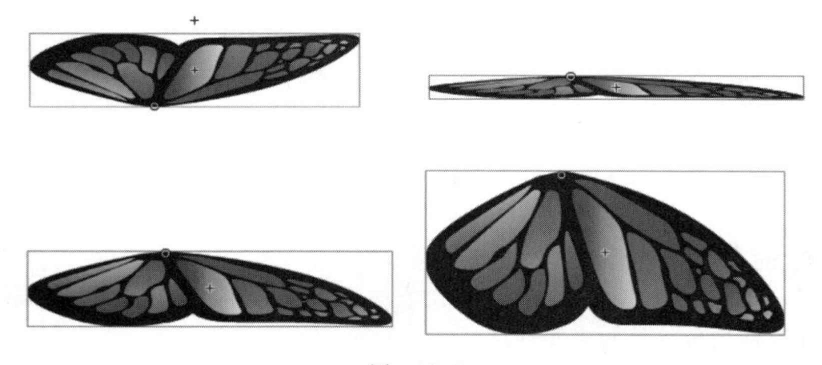

图 11.7

(4) 选择菜单"控制"→"循环播放"命令,以激活循环功能。

(5) 选择菜单"控制"→"播放"命令,或者直接单击"时间轴"底部的播放按钮,此时影片剪辑元件内部的动画开始播放。蝴蝶翅膀会上下扇动。

(6) 然后停止回放,并返回"场景 1"。

提示 直接插入帧的快捷键为 F5,直接插入关键帧的快捷键为 F6。

11.3.2 应用传统补间

接下来需要把传统补间应用于“时间轴”上的两个关键帧之间。

(1) 打开 wing-animated 元件，在 wal 图层上，右击或按 Ctrl 键单击第 1 帧和第 5 个关键帧之间的任意一帧，从出现的快捷菜单中选择“创建传统补间”命令，如图 11.8 所示。

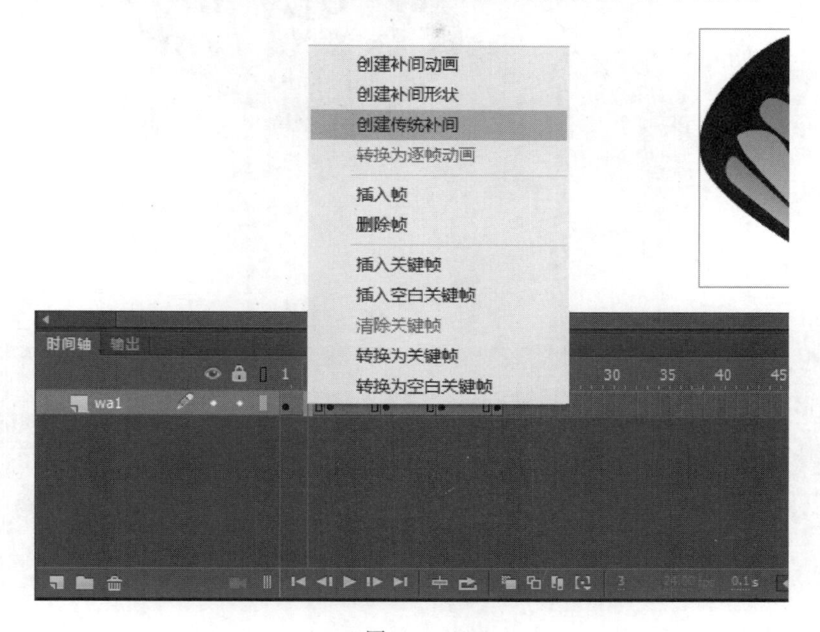

图 11.8

(2) 这样，Animate 将会在第 1 个和第 5 个关键帧之间创建补间，之后的第几个关键帧之间也通过相同方法创建传统补间。创建完成后在面板中会用一个蓝色背景下的箭头表示，如图 11.9 所示。

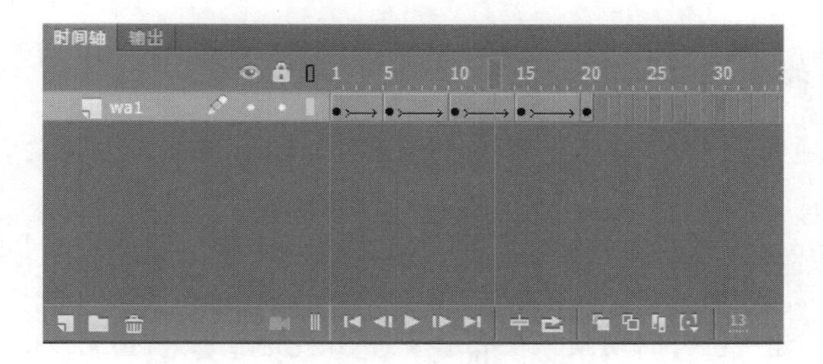

图 11.9

(3) 按 Enter 键或单击“时间轴”下方的播放按钮来预览动画效果。

11.3.3 修改蝴蝶翅膀实例

在 Animate 中，可对蝴蝶的翅膀进行一个变形操作，使之扇动起来更加逼真。

(1) 在“场景 1”中，新建一个影片剪辑文件，命名为 butterfly，并进入元件内部，新建两个图层，将图层1、图层2、图层3分别命名为body、wing-animated、wing-animated。然后将wing-animated元件放置在两个wing-animated图层上，将body元件放置在body图层上，并在butterfly的元件舞台上将3个元件组装成蝴蝶样式，如图11.10所示。

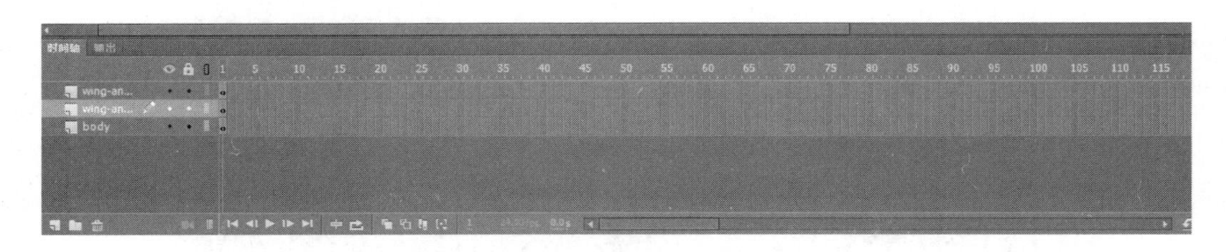

图 11.10

(2) 选择“任意变换工具”，并选中其中一个wing-animated元件。此时，将在蝴蝶翅膀周围出现控制点，逆时针轻微旋转蝴蝶翅膀，以便蝴蝶翅膀的根部与蝴蝶的body拼接上。也可以使用“变换”面板(选择“窗口”→“变换”命令或者按快捷键Ctrl+T)，如图11.11所示。

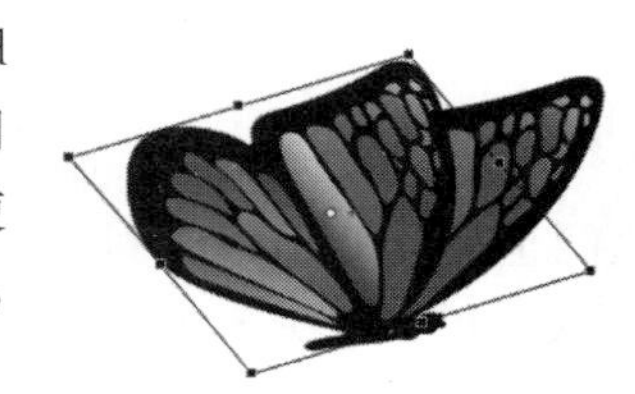

图 11.11

11.3.4 修补主场景动画

在Animate主场景时间轴上只有一个图层background，其中包含背景图层的所有动画。

(1) 在background图层上方新建图层，命名为butterfly。将库中的butterfly元件拖至舞台。

(2) 为蝴蝶创建传统补间动画。在butterfly图层的第30帧和第61帧按F6键插入关键帧，调整蝴蝶的位置。使蝴蝶能从舞台左侧飞到右侧。然后在第62帧插入关键帧，选中蝴蝶实例，在菜单栏选择“修改”→“变形”→“水平翻转”命令，改变蝴蝶的飞行方向，使之从舞台右侧重新飞往左侧，如图11.12所示。

提示 以下为蝴蝶元件提供相应位置参数。

第1帧处位置为　X：13.1　Y：341

第30帧处位置为　X：458.25　Y：377.5

第 61 帧处位置为 X：809.05 Y：237

第 62 帧处位置为 X：862.85 Y：169.95

第 90 帧处位置为 X：432.3 Y：346.4

第 124 帧处位置为 X：－102.05 Y：235

图 11.12

(3) 在 butterfly 图层上方，新建图层，命名为 zi。选择库中 background 文件夹下的 zi 影片剪辑元件，拖到舞台上并摆放到相应的位置，如图 11.13 所示。

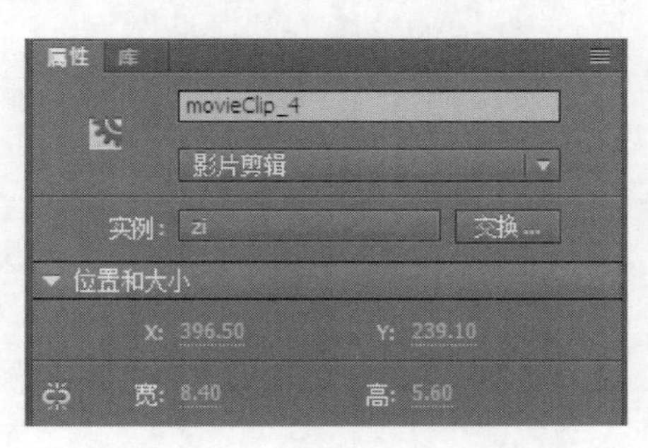

图 11.13

(4) 测试影片，此时影片会在浏览器中发布，如图 11.14 所示。

图 11.14

11.4 导出到 HTML5

11.4 导出到 HTML5

在 Animate 中，将创建的动画导出到 HTML5 和 JavaScript 的过程非常简单直接，可以从菜单栏选择“控制”→“测试影片”→“在浏览器中”选项。

但如果动画创建的不是 HTML5 格式的，则会在“测试影片”中看到“在 Flash Professional 中”和“在浏览器中”两个选项。如果创建的为 HTML5 格式的动画，则只出现“在浏览器中”。要创建 HTML5 格式动画，应单击菜单栏“文件”→“新建”命令，在弹出的对话框中选择 HTML5 Canvas，单击“确定”按钮，如图 11.15 所示。

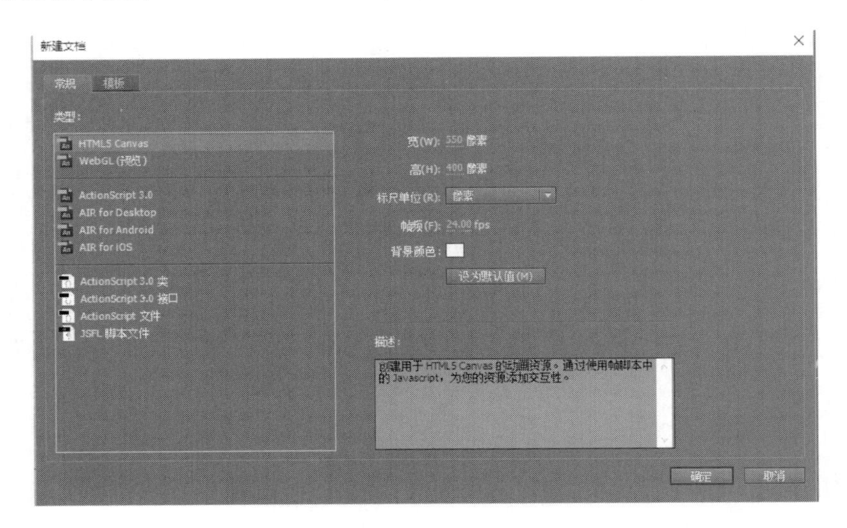

图 11.15

11.4.1 理解输出文件

默认设置会创建两个文件：一个包含驱动动画代码的JavaScript文件，另一个则是可以在浏览器中显示动画的HTML文件。Animate会将这两个文件发布在Animate文件所在的同一个文件夹中，如图11.16所示。

图 11.16

(1) 在文本编辑器(如Dreamweaver)中，打开"11范例complete(CC 2017).html"文件，如图11.17所示。

(2) 在文本编辑器(如Dreamweaver)中，打开名称为complete10.js的JavaScript文件，如图11.18所示。

```
1  <!DOCTYPE html>
2  <html>
3  <head>
4  <meta charset="UTF-8">
5  <title>butterflyhtmlEnd</title>
6
7  <script src="http://code.createjs.com/easeljs-0.8.1.min.js"></script>
8  <script src="http://code.createjs.com/tweenjs-0.6.1.min.js"></script>
9  <script src="http://code.createjs.com/movieclip-0.8.1.min.js"></script>
10 <script src="http://code.createjs.com/preloadjs-0.6.1.min.js"></script>
11 <script src="butterflyhtmlEnd.js"></script>
12
13 <script>
14 var canvas, stage, exportRoot;
15
16 function init() {
17     canvas = document.getElementById("canvas");
18     images = images||{};
19
20     var loader = new createjs.LoadQueue(false);
21     loader.addEventListener("fileload", handleFileLoad);
22     loader.addEventListener("complete", handleComplete);
23     loader.loadManifest(lib.properties.manifest);
24 }
```

图 11.17

```
1  (function (lib, img, cjs, ss) {
2
3  var p; // shortcut to reference prototypes
4
5  // library properties:
6  lib.properties = {
7      width: 744,
8      height: 544,
9      fps: 24,
10     color: "#FFFFFF",
11     manifest: [
12         {src:"images/绿色生态文字_.png", id:"绿色生态文字"}
13     ]
14 };
15
```

图 11.18

注意：这里的代码使用了CreateJS JavaScript库，从而包含了所有用于创建图像和动作的信息。浏览代码可以发现，这里包含了动画内容中所有的指定数值和坐标。

11.4.2 发布设置

在 Animate 软件中,可以通过菜单栏“文件”→“发布设置”命令修改发布文件所在的位置和发布方式。

(1) 打开“发布设置”对话框,如图 11.19 所示。

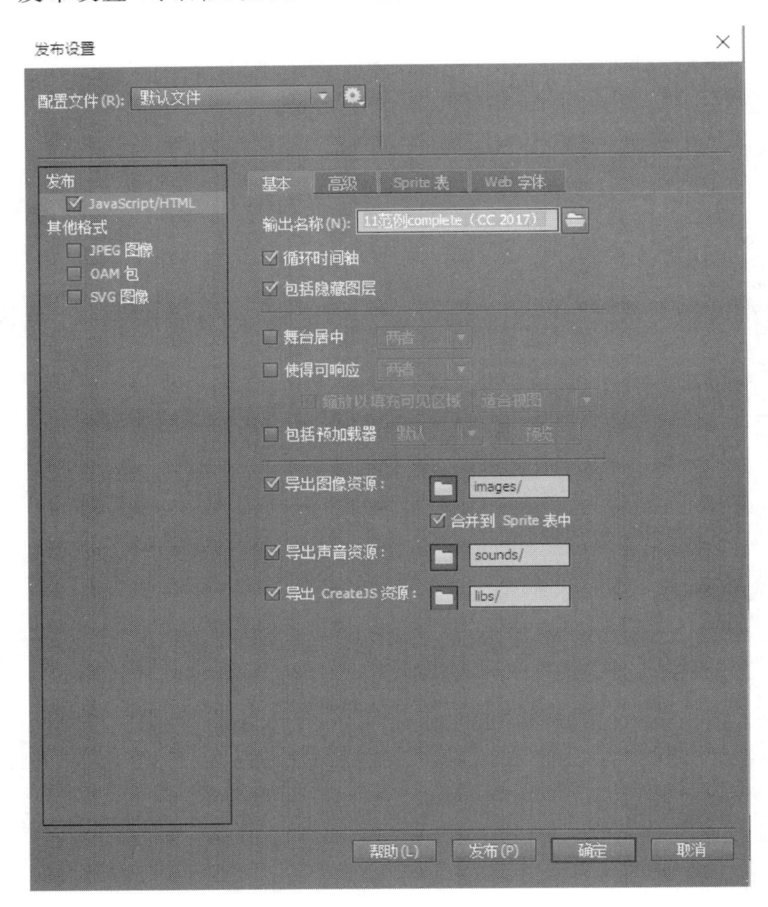

图 11.19

(2) 单击“输出名称”后的按钮以将发布文件保存到指定的文件夹中。

图 11.20

(3) 如果想要将资源保存到其他文件夹,可以导出图像资源。修改资源路径,如图 11.20 所示。如果文件中包含图像,则需要在资源导出选项中选中“导出图像资源”选项,如图 11.21 所示;如果文件中包含声音,则需要选中“导出声音资源”选项,同时需要选中 CreateJS 选项,如图 11.22 所示。

图 11.21

图 11.22

11.5 使用 HTML 代码片断插入 JavaScript 代码

11.5 插入 JavaScript 代码

Animate 通过使用 JavaScript 代码来集成添加交互设计，也可以直接将一些 JavaScript 代码添加到 Animate 的“时间轴”上，然后导出到发布的 JavaScript 文件中。

在“动作”面板中，使用“/ * js”符号表示 JavaScript 代码的开始，使用“ * /”符号表示 JavaScript 代码的结束。在“时间轴”上使用少量的 JavaScript 代码，可通过 MovieClip 类的命令 play()、gotoAndStop()、stop()和 gotoAndPlay()来控制“时间轴”。

现在，动画中的蝴蝶已经可以在空中自由地飞舞了。下面将要向“时间轴”中添加 JavaScript 代码，以实现单击舞台上的“绿色生态”时出现提示语的功能。

(1) 选择时间轴上的 zi 图层的第一帧，然后单击“窗口”→“代码片断”命令，在“代码片断”面板中有 ActionScript、HTML5 Canvas 和 WebGL 共 3 个文件夹，如图 11.23 所示。

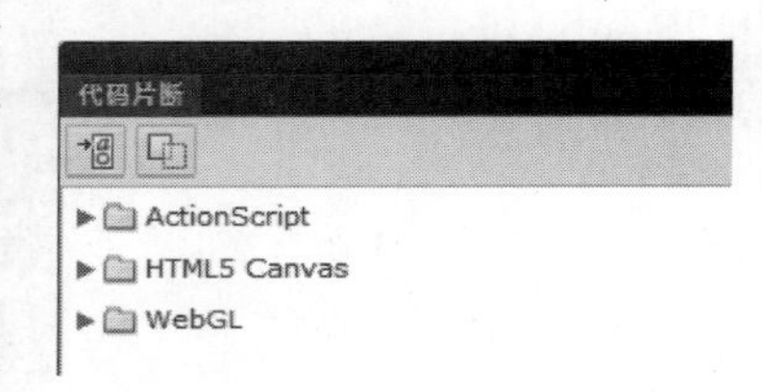

图 11.23

(2) 选择 HTML5 Canvas 文件夹下的“事件处理函数”中的 MouseOver 事件，如图 11.24 所示。双击 MouseOver 事件，此时“动作”面板中会出现如图 11.25 所示的代码。

提示 双击代码片断，会自动创建一个代码图层放置添加的代码，如图 11.26 所示。

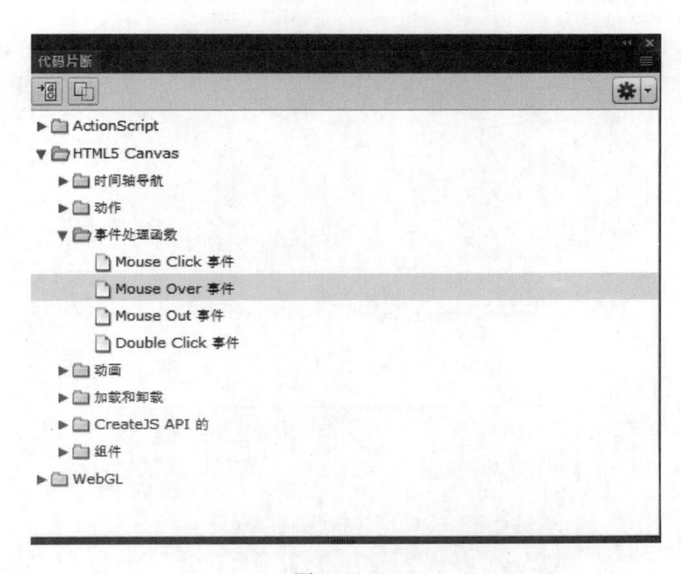

图 11.24

(3) 找到代码中“alert(" ")”语句，该代码的作用为自定义鼠标单击时出现的文字。

(4) 按住 Ctrl+Enter 快捷键运行动画，单击动画将会出现提示框，如图 11.27 所示。

动作

场景 1
Actions：第 1 帧
元件定义
zi
Actions：第 51 帧

当前帧

Actions:1

```
/* Mouse Over 事件
鼠标悬停到此元件实例上会执行您可在其中添加自己的自定义代码的函数。

说明:
1. 在以下"// 开始您的自定义代码"行后的新行上添加您的自定义代码。
鼠标悬停到此元件实例上时，此代码将执行。
frequency 是事件应被触发的次数。
*/
var frequency = 3;
stage.enableMouseOver(frequency);
this.movieClip_4.addEventListener("mouseover", fl_MouseOverHandler);

function fl_MouseOverHandler()
{
	// 开始您的自定义代码
	// 此示例代码在"输出"面板中显示"鼠标悬停"。
	alert("你热爱生态吗？请爱惜我们的地球吧！");
	// 结束您的自定义代码
}
```

第 18 行（共 21 行），第 15 列

图 11.25

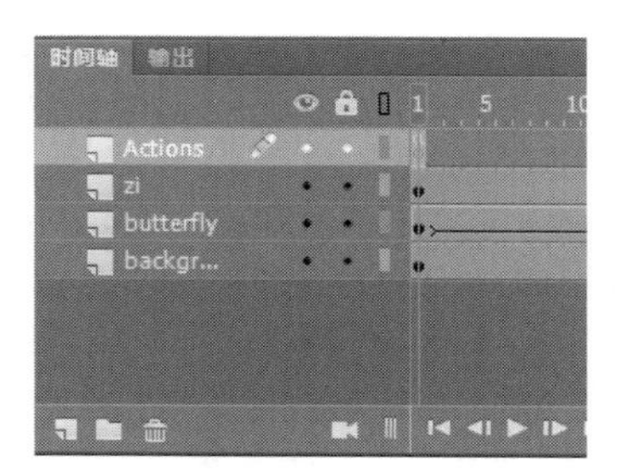

图 11.26

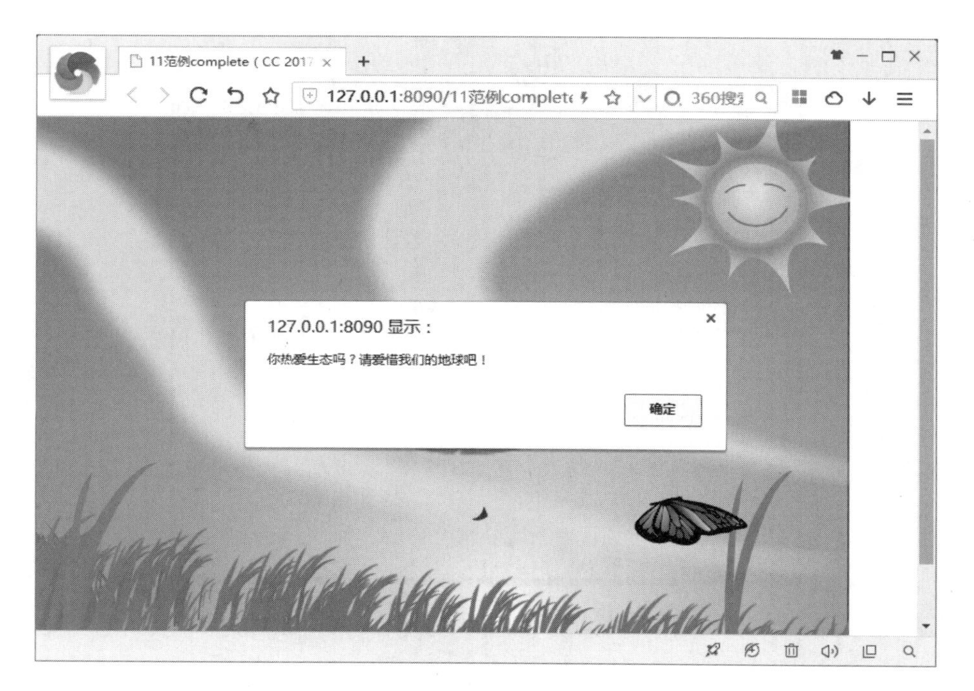

图 11.27

提示 在 Adobe Flash Professional CC 里创建 HTML5 动画，是 Adobe 公司的伟大尝试，但功能上还有很大限制，请读者关注 Adobe 公司在这方面技术的后续跟进。

作业

一、模拟练习

打开 Lesson11→“模拟”→ Complete→“11 模拟 complete(CC 2017). swf”文件进行浏览播放，根据本章所述知识，参考完成案例，画出模拟场景。课件资料已完整提供，保存在“模拟练习”→Lesson11 中，获取方式见“前言”。

二、自主创意

自主创造出一个 Animate 课件，应用本章所学习知识，制作出涉及传统补间动画、任意变形工具、导出到 HTML5、理解输出文件、发布设置等知识点的动画课件。也可以把自己完成的作品上传到课程网站进行交流。

三、理论题

1. 如何判断动画是 HTML5 文件而不是 Action Script 3.0 文件？

2. 如何一开始就创建 HTML5 文件，它与在一开始创建的是 ActionScript 3.0 类型文件，而发布时发布为 HTML5 文件有何区别？

第12章

Flash IK动画

本章学习内容

1. 利用多个链接的影片剪辑制作骨架的动画
2. 约束连接点
3. 利用形状制作骨架的动画
4. 利用弹簧特性模拟物理学反向运动
5. 使用形状提示细化补间形状

IK 动画功能在 Flash CC 2014 版本中被删除，但在 Flash CC 2015 版本后又加入了该功能。完成本章的学习需要大约 3～4 个小时，相关资源获取方式见“前言”和第 1 章中的描述。

知识点

由于本书篇幅有限，下面的知识点并非在本章中都有涉及或详细讲解，在本书的学习网站有详细的资料，欢迎登录学习。

IK 反向运动　向元件实例添加骨骼　向形状添加骨骼　为实例添加骨骼
骨骼的添加、姿势层　骨架的层次结构　插入姿势　约束连接点的旋转和移动
将骨骼绑定到形状点　骨骼的编辑　选择骨骼和关联的对象　删除骨骼
定位骨骼和关联的对象　相对于关联的形状或元件　移动骨骼编辑 IK 形状
调整 IK 运动约束　向骨骼中添加弹簧属性　在时间轴中对骨架进行动画处理
将骨架转换为影片剪辑或图形元件以实现其他补间效果　使用 AS 为运动动画准备骨架

本章案例介绍

本章是一个进行英语单词记忆的动画案例。这些动画都是使用 Flash Professional CC 的骨骼动画工具制作的。通过本章学习反向运动学(IK)，使用骨骼的关节结构对一个对象

或彼此相关的一组对象进行动画处理。使用骨骼、元件实例和形状对象可以按复杂而自然的方式移动，来减少复杂的动画设计工作。例如，通过反向运动可以更加轻松地创建人物动画，如胳膊、腿和面部表情，如图 12.1 所示。

图 12.1 （见彩插）

12.1 预览完成的动画并开始制作

12.1 预览

（1）首先打开已制作完成的动画作品。

双击“Lesson12/范例/Complete”文件夹中的 SWF 文件，预览已经完成的动画和英语动画，如图 12.2 所示。在动画界面，单击 Start 按钮，可以看到一个小狗从舞台上走过，选择对应的单词 Dog 后。提示正确，接着单击继续按钮，相应的猴子等动画就会出现，选择对应的单词即可。本章将学习舞台上各个动画的制作。

图 12.2

（2）关闭预览动画。

（3）打开开始文件进入制作过程。

在“Lesson12/范例/Start”文件夹中有一个名为 Start11. fla 的文件，在 Flash CC 中打开 Start11. fla 文件，该文件中的 Grandpa、Monkey、Chain 3 个单词的动画是矩形图形代替的，通过对这 3 个动画的制作，掌握 IK 动画制作动画的技术。选择“视图”→“缩放比率”→“符合窗口大小”命令，这样可以看到的计算机屏幕上的整个舞台。

选择"文件"→"另存为"命令,将文件命名为 Demo11.fla,并将其保存在 Start11 文件夹中。

12.2 IK 动画的基本概念

12.2 制作简单的骨骼元件

反向运动(IK)是一种使用骨骼的有关节结构对一个对象或彼此相关的一组对象进行动画处理的方法。使用骨骼、元件实例和形状对象可以按复杂而自然的方式移动,只需做很少的设计工作。例如,通过反向运动可以轻松地创建人物动画,如胳膊、腿和面部表情。可以向单独的元件实例或单个形状的内部添加骨骼。在一个骨骼移动时,通过关节相连接的骨骼也会随之移动。使用反向运动进行动画处理时,只需指定对象的开始位置和结束位置。

Flash CC 包括两个用于处理 IK 的工具。使用骨骼工具可以向元件实例和形状添加骨骼。使用绑定工具可以调整形状对象的各个骨骼和控制点之间的关系。

图 12.3 是一个已添加 IK 骨架的形状,图 12.4 是一个已附加 IK 骨架的多元件组。

图 12.3

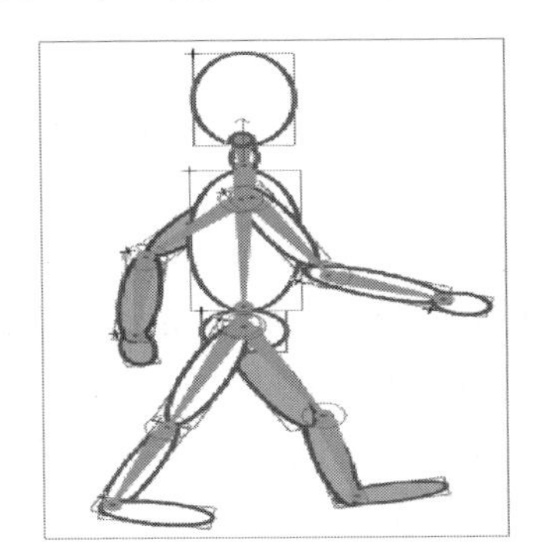

图 12.4

骨骼链称为骨架。在父子层次结构中,骨架中的骨骼彼此相连。源于同一骨骼的骨架分支称为同级。骨骼之间的连接点称为关节。在 Flash 中可以通过两种方式使用 IK。

第一种方式:通过添加骨骼将每个实例与其他实例连接在一起,用关节连接这些骨骼。骨骼允许元件实例一起移动。例如,有一组影片剪辑,其中的每个影片剪辑分别表示人体的不同部分。通过将躯干、上臂、下臂和手链接在一起,创建逼真移动的胳膊。

第二种方式:向形状对象的内部添加骨架。在合并绘制模式或对象绘制模式中创建形状。通过骨骼,可以移动形状的各个部分并对其进行动画处理。例如,可能向简单的蛇图形添加骨骼,以使蛇逼真地移动和弯曲。

在向元件实例或形状添加骨骼时,Flash 将实例或形状以及关联的骨架移动到时间轴中的新图层。此新图层称为姿势图层。每个姿势图层只能包含一个骨架及其关联的实例或形状。

12.3 利用反向运动学制作关节运动

12.3 骨骼链接

当想要制作有关节的对象(具有多个关节,如行走中的人,或下面例子中摆动的锁链)的动画时,Flash CC 可以利用反向运动学轻松执行该任务。反向运动学是一种数学方法，用来计算链接对象的不同角度，以达到一定的配置。可以在开始关键帧中摆好对象的姿势，然后在后面的关键帧设置一个不同的姿势。Flash 将使用反向运动学计算出所有连接点的不同角度，以从第一种姿势变换到下一种姿势。

反向运动学使得动画容易制作，因为不必关注制作对象或肢体的每一段动画，只需要注重整体的姿势。

12.3.1 定义骨骼

创建关节运动的第一步是定义对象的骨骼，可以使用“骨骼工具”(![])来执行该操作。“骨骼工具”告诉 Flash 如何连接一系列影片剪辑实例，连接的影片剪辑被称为骨架，每个影片剪辑称为一个节点。

(1) 在 Flash CC 菜单栏中选择“文件”→“打开”命令，打开“Lesson12/范例文件/Start11”文件夹中的 chainIK_start11. fla 文件。

(2) 选择 crane 层的第一个帧。在“库”面板中打开 component 文件夹，将 lock 元件拖动到“舞台”上，在“属性”中设置锁高为 85px、宽为 70px。

(3) 在“库”面板中将 loop1 元件拖动到“舞台”上，将其放在锁实例的顶部，在“属性”中设置锁高为 75px、宽为 40px，如图 12.5 所示。

(4) 从“库”面板中拖动 loop2 影片剪辑元件到舞台上，并将其放在 loop1 实例的顶部，在“属性”中设置高为 75px、宽为 40px，如图 12.6 所示。

(5) 用同样的方法，把“库”面板中的 loop3、loop4、loop5 影片剪辑元件拖到“舞台”上，设置同样的大小后，将它们首尾相连，如图 12.7 所示。

图 12.5

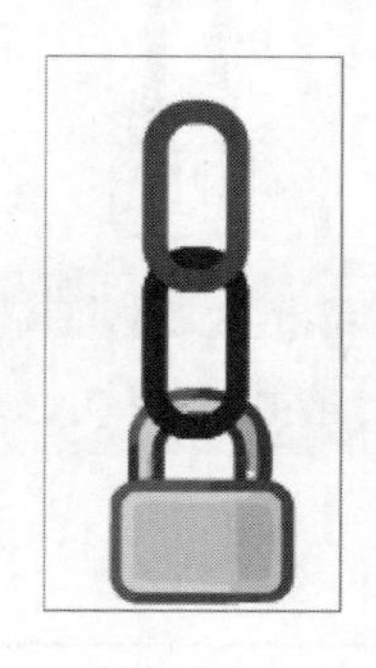

图 12.6

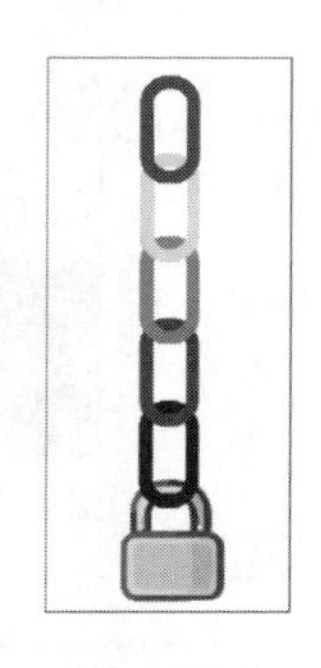

图 12.7

此时，影片剪辑实例已经到位，并准备好相连骨骼

(6) 选择“骨骼工具”(![])。

(7) 单击 loop5 实例的顶部，并把“骨骼工具”拖到 loop4 实例的顶部，然后释放鼠标按钮，如图 12.8 所示。

第一个骨骼定义完成。Flash 把骨骼显示为极小的三角形，在其底部和顶部各有一个圆形连接点。每个骨骼都定义为从第一个节点顶部到下一个节点顶部。

(8) 单击 loop4 实例的顶部，并把“骨骼工具”拖到 loop3 实例的顶部，然后释放鼠标按钮，如图 12.9 所示。

(9) 重复步骤(8)，将剩余的环以及锁用骨架连接起来，如图 12.10 所示。

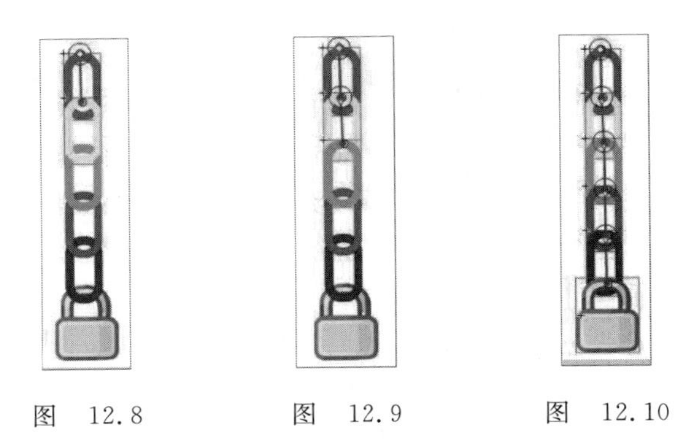

图 12.8　　图 12.9　　图 12.10

这样就定义了所有的骨骼。现在用骨骼连接的 6 个元件被分隔到一个新的图层中，该图层具有新的图标和名称。这个新图层是一个“姿势”层，用于使骨架与“时间轴”上的其他对象（比如图形或补间动画）保持独立。

（10）把“姿势”图层重命名为 cranearmature，并删除空的 crane 层，如图 12.11 所示。

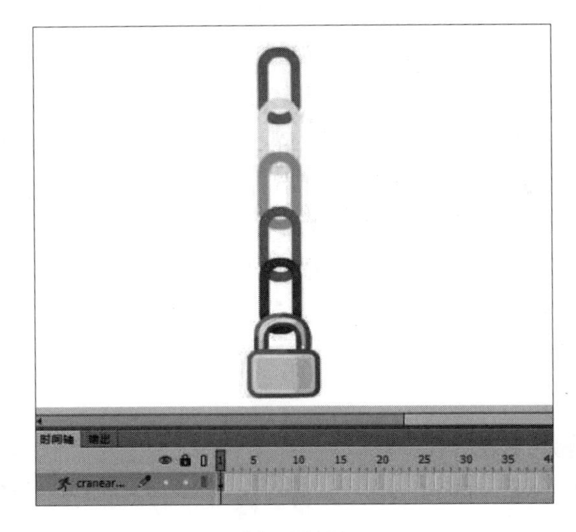

图 12.11

骨架的层次结构

骨架的第一个骨骼被称为父级骨骼，连接到它的骨骼称为子级骨骼。一个父级骨骼可以同时连接多个子级骨骼。例如，木偶的骨架具有一个盆骨，它连接到两条大腿，大腿又分别连接到小腿。骨盆是父级骨骼，每条大腿是子级骨骼，两条大腿是同级骨骼。当骨架变得更复杂时，可以使用“属性”面板利用这些关系上、下导航层次结构。当选择骨架中的第一个骨骼时，“属性”面板顶部显示一系列的箭头。

可以单击箭头在层次结构中移动，并快速选择和查看每个节点的属性。如果父级骨骼被选中，可以单击向下箭头，选择子级骨骼。如果一个子级骨骼被选中，可以单击向上箭头来选择其父级骨骼；或单击向下箭头，选择其子级骨骼（如果有的话）。横向箭头用于在同级节点之间进行导航，如图 12.12 所示。

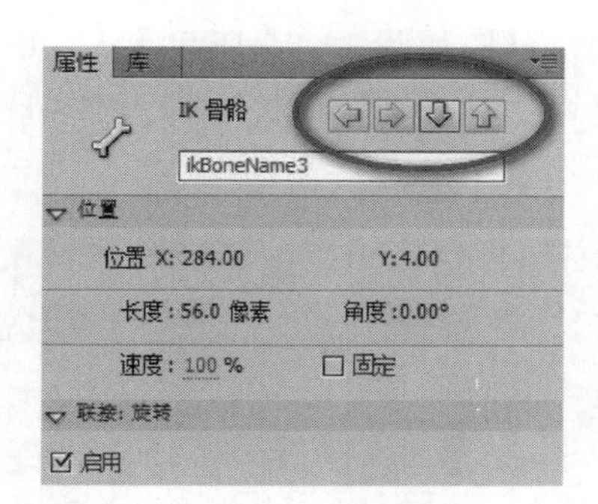

图 12.12

12.3.2 插入姿势

把姿势作为骨架的关键帧。在第 1 帧中具有锁链的初始姿势，在后续帧中将插入各种姿势，使得锁链好像正在自由摆动一样。

（1）单击第 60 帧，右击，在弹出的快捷菜单中选择“插入帧”命令。然后将红色播放头移到第 1 帧，如图 12.13 所示。

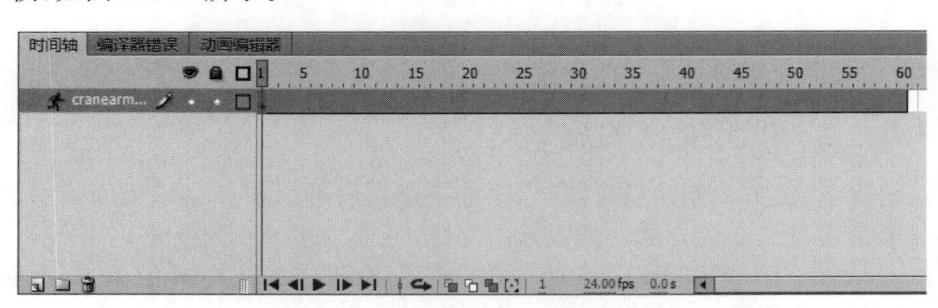

图 12.13

（2）使用“选择工具”，单击 lock 实例，并把它向右拖动，将自动在第 1 帧插入一种姿势。在拖动 lock 实例时，注意整个骨架如何随之一起移动。骨骼将保持所有不同的节点相连接，如图 12.14 所示。

（3）选中第 1 帧，在右键快捷菜单中选择“复制姿势”命令，如图 12.15 所示；然后选中最后 1 帧，并在右键快捷菜单中选择“粘贴姿势”命令，如图 12.16 所示。

图 12.14

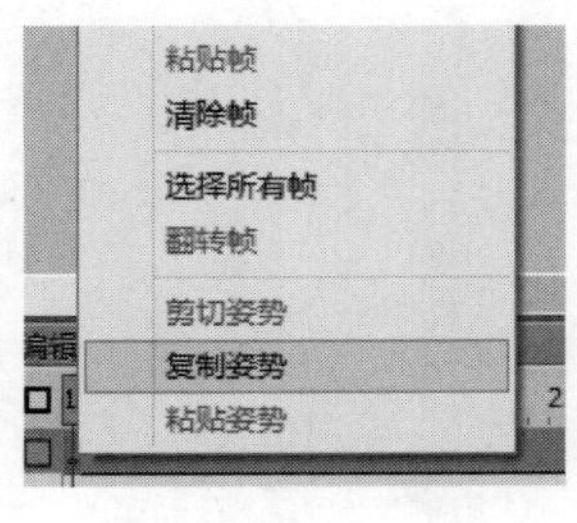

图 12.15

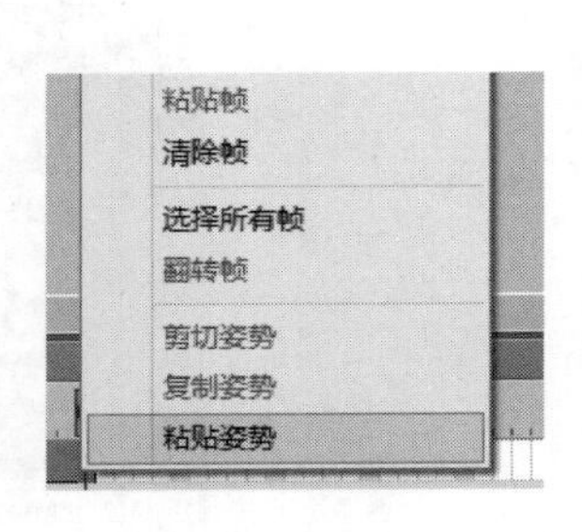

图 12.16

(4) 将红色播放头移到第 20 帧,如图 12.17 所示。

(5) 使用“选择工具”,单击 lock 实例,并把它向右拖动,使其偏离中心位置向左,如图 12.18 所示。

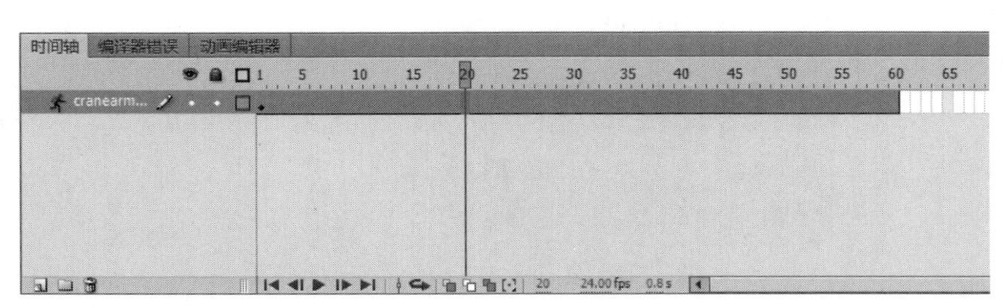

图 12.17

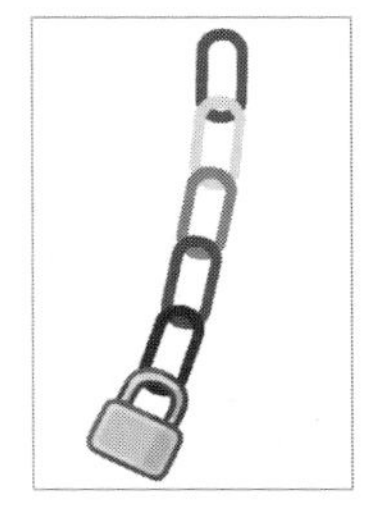

图 12.18

12.4 约束连接点

12.4 反向运动骨骼元件

锁链的多个连接点可以自由旋转,但现实生活中许多骨架都被限制旋转一定的角度。例如,前臂可以朝着肱二头肌旋转,但它不能向其他方向旋转。在 Flash CC 中处理骨架时,可以选择约束多个连接点的旋转,甚至约束多个连接点的平移。

接下来,将约束锁链的各关节的旋转,使它们更逼真地摆动。

12.4.1 约束连接点的旋转

在默认情况下,关节的旋转没有限制,这意味着它们可以在一个完整的圆中 360°旋转。如果只想让某个连接点在四分之一的圆弧内旋转,可把该连接点约束为 90°。

(1) 在 cranearmature 层中单击第 20 帧的姿势,右击或按住 Ctrl 键单击,选择“清除姿势”命令,如图 12.19 所示。

(2) 将红色播放头移到第一帧。

(3) 在工具栏中单击“选择工具”。

(4) 单击锁链中第一个骨骼的连接线,如图 12.20 所示。

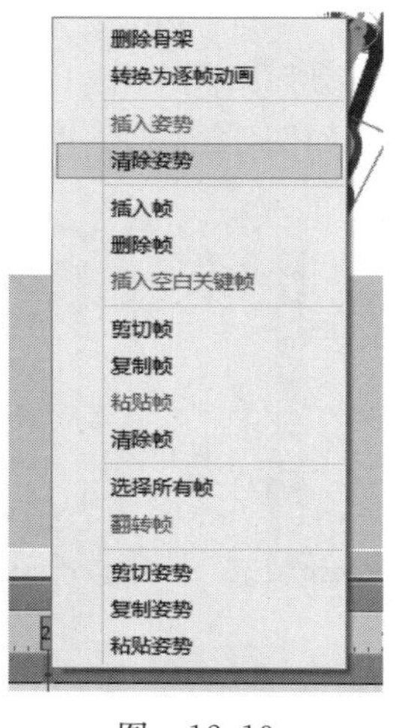

图 12.19

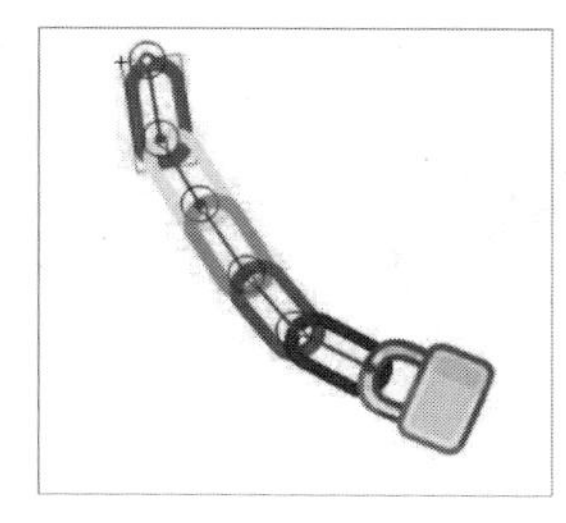

图 12.20

骨骼被突出显示，表示它被选中。

(5) 打开“属性”面板，在“联接：旋转”区域中选中“约束”复选框，如图 12.21 所示。

在连接点上出现一个角度指示器，说明允许的最小角度和最大角度，以及节点的当前位置。

(6) 设置连接点最小的旋转角度为−45°，最大旋转角度为 45°，如图 12.22 所示。

连接点上的角度指示器将发生变化，显示了允许的角度。在这个例子中，锁链的第一段只能向左或向右抬到 45°的位置，如图 12.23 所示。

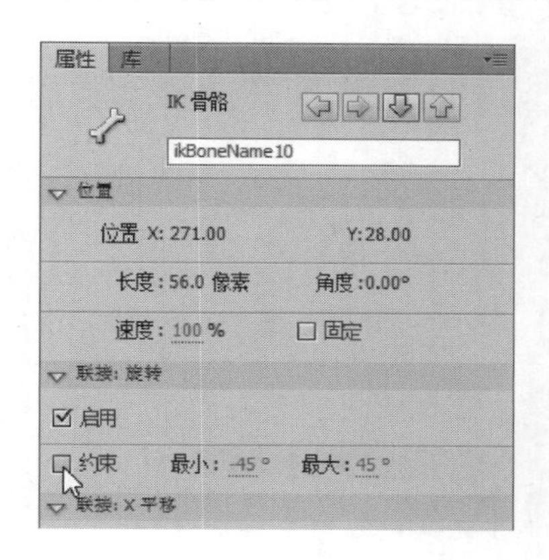

图 12.21

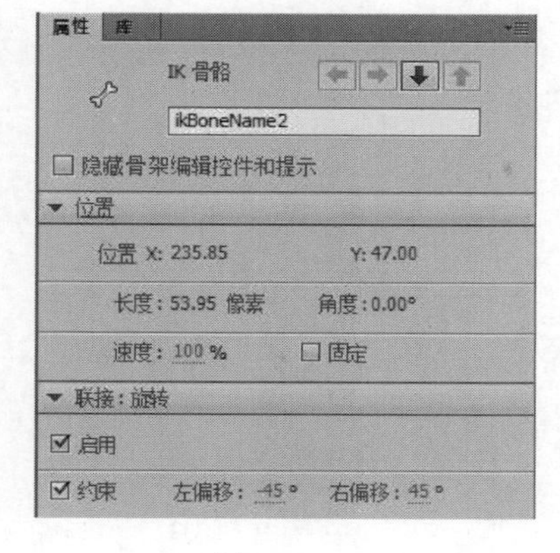

图 12.22

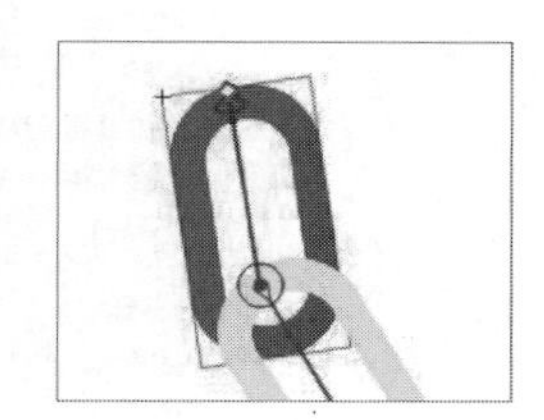

图 12.23

12.4.2 约束连接点的平移

在 Flash CC 中，可以允许连接点在 x(水平)或 y(垂直)方向实际地滑动，并设定这些连接点可以移动多远的限制。

(1) 单击锁链骨架中的第一个节点。

(2) 在“属性”面板中的“联接：旋转”区域中取消选中“启用”复选框，如图 12.24 所示。

图 12.24

连接点周围的圆圈将消失，指示它不能再旋转，如图 12.25 所示。

(3) 在“属性”面板中的“联接：X 平移”区域中选中“启用”复选框，连接点上将出现箭头，指示该连接点可以在 X 轴方向移动；“联接：Y 平移”同理。

(4) 在“属性”面板中的“联接：X 平移”区域中选择“约束”复选框，箭头将变成直线，指示平移是受限制的；“联接：Y 平移”同理。

(5) 把 X 平移的最小值设置为−50，最大值设置为 50，横条指示第一个骨骼在 X 方向上可以平移多远的距离；“联接：Y 平移”同理，如图 12.26 所示。

图 12.25

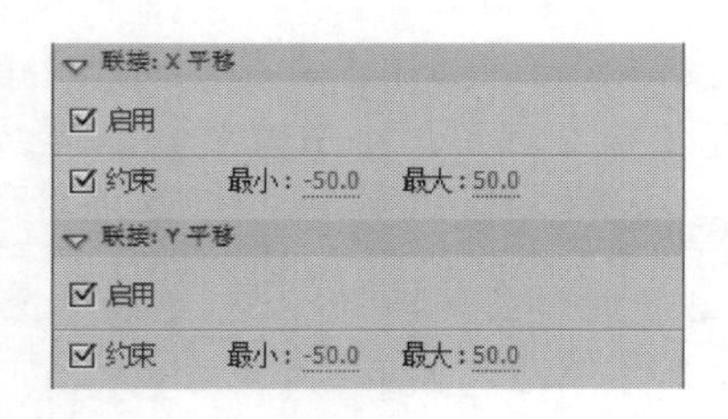

图 12.26

(6) 由于本例中不需要约束连接点的平移，所以如果需要回到约束连接点之前的动作；这里为大家介绍另外一个工具——“历史记录”，单击“窗口”→“历史记录”选项，如图12.27所示。

(7) 在“历史记录”面板中单击左侧的三角形小方块，并向上拖动，当箭头指向“清除姿势”时立即停止，如图12.28所示。

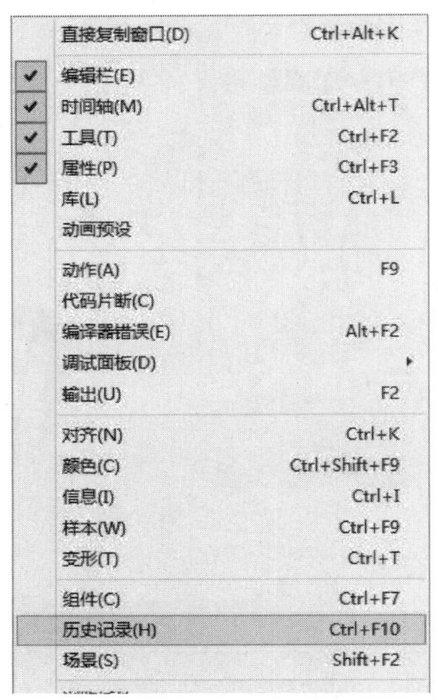

图 12.27

图 12.28

(8) 分别选中第15帧和第45帧，使用“选择工具”，单击lock实例，并把它向左拖动到不同位置，两帧将插入不同姿势，但都在左边。

(9) 选中第30帧，使用“选择工具”，单击lock实例，并把它向右拖动到合适位置，第30帧将插入新的姿势，但位置在右边。

(10) 选择“控制”→“测试影片”→“在Flash Professional中”命令，测试动画。

隔离各个节点的旋转

在拖拉骨架以创建姿势时，可能会发现很难控制各个节点的旋转，因为它们是连接在一起的。按住Shift键的同时移动单个节点将隔离其转动。

(1) 选择第30帧处的第三种姿势。

(2) 按住Shift键，单击并拖动骨架的第二个节点旋转它，锁链的第二个节点将旋转，但是第一个节点不会旋转。

(3) 按住Shift键，单击并拖动骨架中的第三个节点以旋转它，锁链的第三个节点将会旋转，但是第一个和第二个节点不会旋转。

注意：可以在时间轴上编辑姿势，就像用一个补间动画创建的关键帧。单击一个姿势，将其选中。单击并拖动姿势，可以将它沿着时间轴移动到不同位置。按住Shift键有助于隔离各个节点的旋转，以便可以根据需要准确地定位姿势。

固定单个节点

另一种方法可以更精确地控制骨骼的旋转和位置，那就是固定各节点位置，留下子节点自由地以不同的姿势移动。可以使用“固定”选项在“属性”面板中执行此操作。

（1）在工具栏中单击“选择工具”。

（2）选择锁链骨骼的第一个节点。

（3）在“属性”面板中，在“位置”区域选中“固定”复选框，如图 12.29 所示，将所选择的骨骼的尾部固定在舞台。一个 X 出现在关节处，表明它被固定。

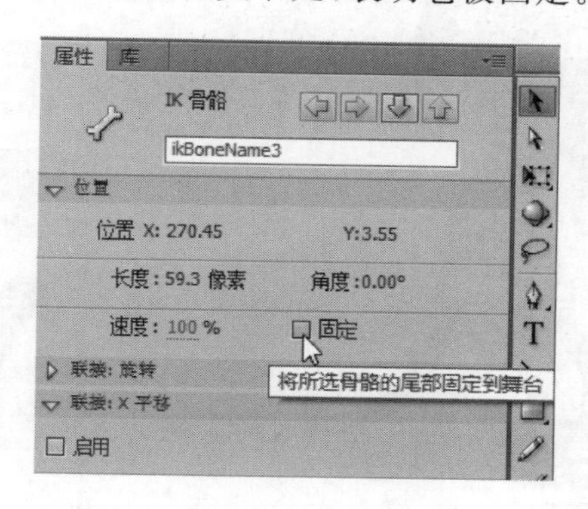

图 12.29

（4）拖动骨骼的最后一个节点，此时只有最后的 3 个节点移动。注意使用“固定”选项与使用 Shift 键时，运动是不同的。Shift 键可用于分离单个节点，其他所有的节点（父节点和子节点）都可以移动。当锁定一个节点时，固定节点将保持不变，只能移动其子节点。

编辑骨骼

可以通过重新定位或删除节点，并添加新的骨骼来编辑骨骼。例如，如果骨骼的节点之一稍微偏离，可以使用“自由变换工具”将之旋转或移动到一个新位置。然而，这并不改变骨骼。也可以在按住 Alt 键的同时移动节点到新的位置。如果想删除骨骼，只需单击想要删除的骨骼，然后按键盘上的 Delete 键。选定的骨骼以及链上所有与它连接在一起的子骨骼都将被删除。然后，可以根据需要添加新的骨骼。

12.5 形状的反向运动学

12.5 在元件间定义骨骼

锁链是利用多种影片剪辑元件制成的骨架。也可以利用形状创建骨架，形状可用于制作对象的动画，它们无须明显的连接点和分段，但仍然可以有关节运动。例如，猴子的尾巴没有实际的连接点，但可以向平滑的尾巴中添加骨骼，对其波状运动进行动画处理。也可以使用“骨骼工具”在整个向量形状内部创建一个骨架。通常使用这项技术来为动物角色创建摇尾巴动画。

12.5.1 在形状内定义骨骼

（1）打开文件 monkeyIK_start11. fla，选择“文件”→“另存为”命令，将文件命名为

monkeyIK_workingcopy11.fla。该文件包含一个猴子的插图，其中尾巴单独处于 tail 图层上(如图 12.30 所示)。

(2) 在“库”面板中打开 MovieClip 文件夹，双击名为 tail 的影片剪辑元件，对 tail 元件进行编辑，如图 12.31 所示。

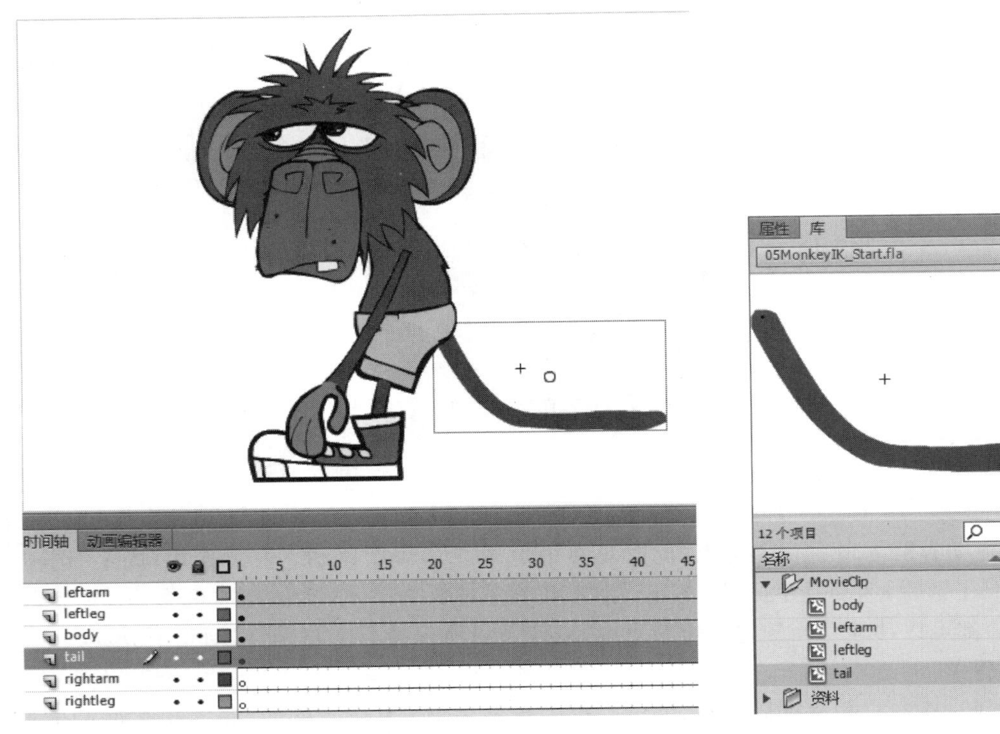

图 12.30　　　　图 12.31

(3) 在工具栏中选择“骨骼工具”。从尾巴的底部(左部)开始，在形状内部单击并向尾巴的顶部方向拖动，来创建骨骼，如图 12.32 所示。在向形状中画第一根骨骼的时候，Flash 会把元件转换为一个 IK 形状对象。

(4) 继续向右依次创建骨骼，这样骨骼可以首尾相连起来。建议骨骼的长度逐渐变短，这样越到尾部关节会越多，就能创建出更切合实际的动作(如图 12.33 所示)。

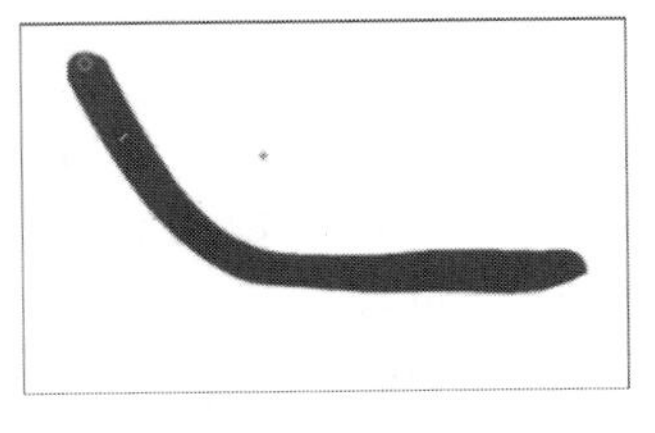

图 12.32

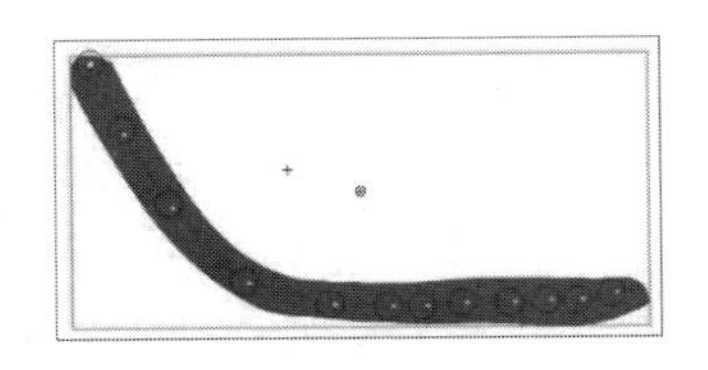

图 12.33

添加骨骼后在时间轴上会出现一个“姿势”骨架层，用于使骨架与“时间轴”上的其他对象(比如图形或补间动画)保持独立，后续的操作会在该层上进行。可删除空的图层。

(5) 在给尾巴添加骨骼的时候 Flash 会自动在当前帧(第一帧)保存现有的姿势，选中第一帧并右击，在弹出的快捷菜单中选择“复制姿势”命令，然后选中第 75 帧并右击选择“粘贴姿势”命令，给第 75 帧添加和第一帧同样的姿势。

(6) 下面在后续的帧中继续给猴子的尾巴添加不同姿势。单击第 15 帧，用“选择工具”拖动最后一个骨骼，在第 15 帧中添加如图 12.34 所示的动作。

(7) 用同样的方法分别在第 30 帧、第 50 帧添加如图 12.35 所示的动作。

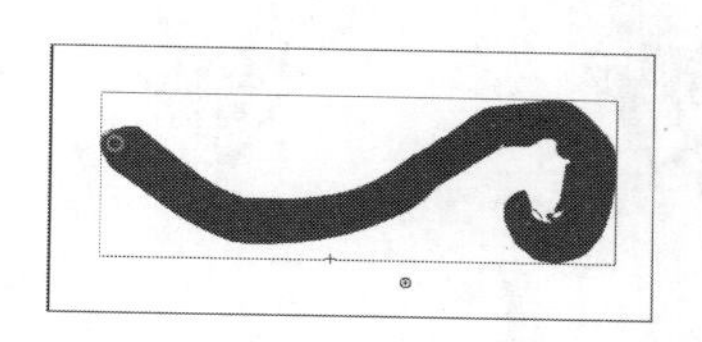

图 12.34

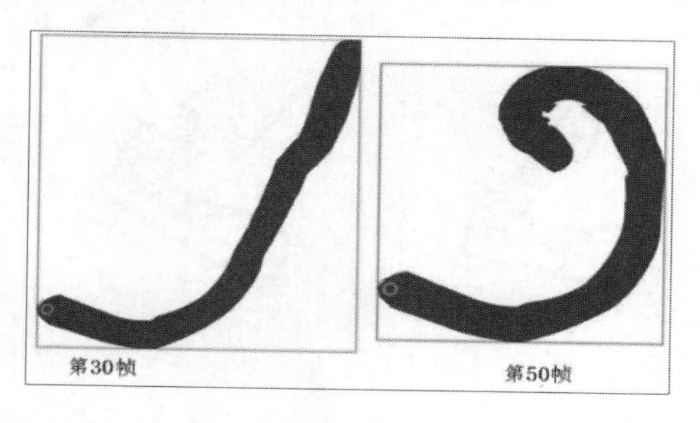

图 12.35

(8) 完成上述步骤后，单击舞台上的“场景 1”回到主场景。

12.5.2 在元件间定义骨骼

(1) 在“库”面板中打开 leftleg 元件进行编辑，如图 12.36 所示。

(2) 在脚的正下方合适的位置画一个小圆，并将其转化为元件(该元件使得脚的底部可以添加一个骨骼，使脚部的运动更灵活)。

(3) 如 12.5.1 节中给“锁链”添加骨骼一样，给腿部添加骨骼，如图 12.37 所示。

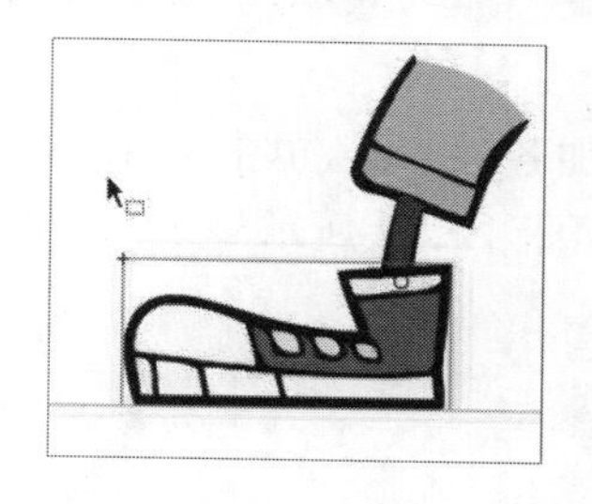

图 12.36

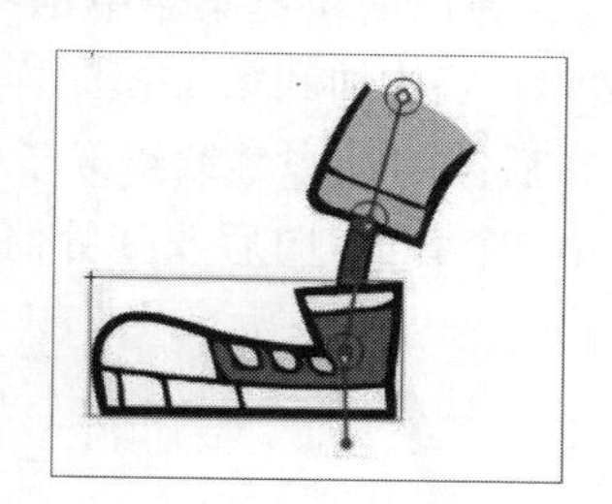

图 12.37

添加骨骼后在时间轴上会出现一个“姿势”骨架层，用于使骨架与“时间轴”上的其他对象(比如图形或补间动画)保持独立，后续的操作会在该层上进行，可删除空的图层。

(4) 在给腿部添加骨骼的时候 Flash 会自动在当前帧(即第 1 帧)保存现有的姿势，选中第 1 帧并右击，在弹出的快捷菜单中选择“复制姿势”命令，选中第 75 帧并右击，键选择“粘贴姿势”命令，给第 75 帧添加和第 1 帧同样的姿势。

(5) 下面在后续的帧中继续给猴子的腿部添加各种姿势。单击第 8 帧，用“选择工具”选中并拖动最后一个骨骼，向后改变骨骼的姿势，如图 12.38 所示。

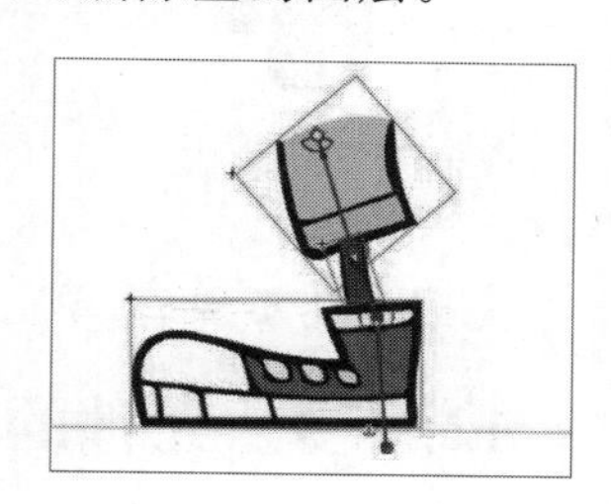

图 12.38

注意：为避免多个骨骼进行联动，当移动一个骨骼时，可以按 Shift 键再单击该骨骼进行移动。

(6) 用同样的方法在第 15 帧、第 22 帧、第 45 帧、第 53 帧改变骨骼的姿势，添加如图 12.39 所示的动作。

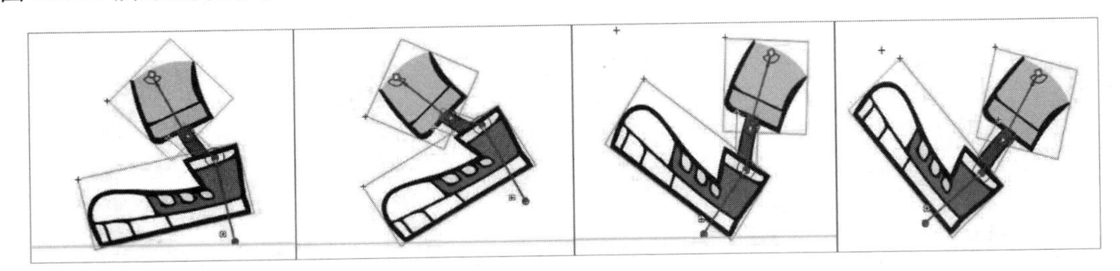

图 12.39

(7) 完成上述步骤后，单击舞台上的“场景 1”回到主场景。

(8) 在“库”面板中打开 leftarm 元件进行编辑，如图 12.40 所示。

(9) 在手掌的左下方合适的位置画一个小圆，并将其转化为元件(该元件使得手掌的底部可以添加一个骨骼，使手掌的运动更灵活)。

(10) 如上述给腿部添加骨骼一样，给胳膊添加骨骼，如图 12.41 所示。

添加骨骼后在“时间轴”上会出现一个“姿势”骨架层，用于使骨架与“时间轴”上的其他对象(比如图形或补间动画)保持独立，后续的操作会在该层上进行。可删除空的图层。

(11) 在给胳膊添加骨骼的时候 Flash 会自动在当前帧(即第 1 帧)保存现有的姿势，选中第 1 帧并右击在弹出的快捷菜单中选择“复制姿势”命令，选中第 75 帧并右击，选择“粘贴姿势”命令，给第 75 帧添加和第 1 帧同样的姿势。

(12) 然后在后续的帧中继续给猴子的胳膊添加各种姿势，单击第 37 帧，用“选择工具”选中并拖动最后一个骨骼，向后改变骨骼的姿势，如图 12.42 所示。

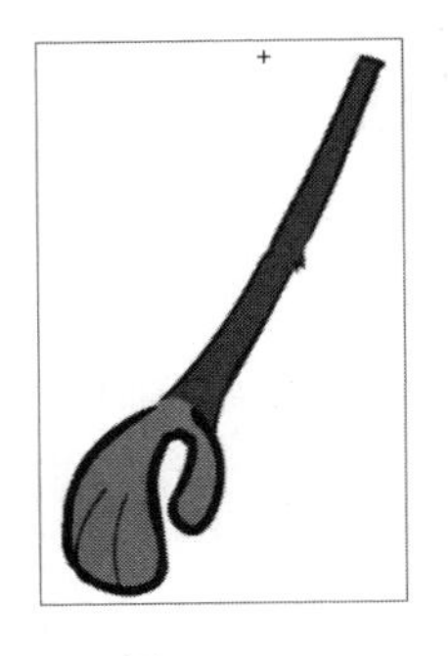

图 12.40

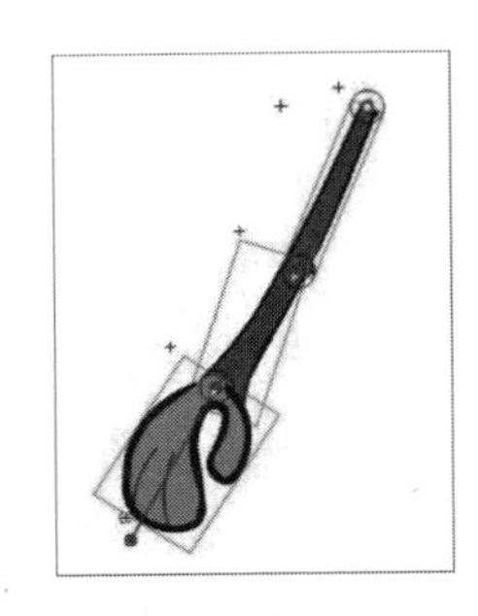

图 12.41

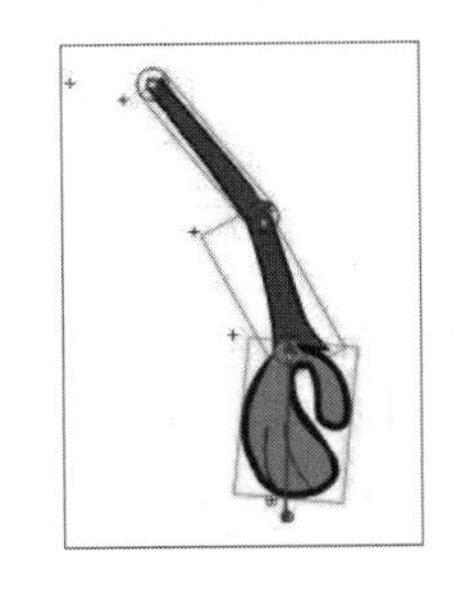

图 12.42

完成上述步骤后，单击舞台上的“场景 1”回到主场景。

12.5.3 元件的命名和复制

(1) 在“库”面板中选中名为 leftarm 的影片剪辑，右击并选择“直接复制”命令，如图 12.43 所示。

(2) 在弹出的对话框中将名称改为 rightarm,如图 12.44 所示。

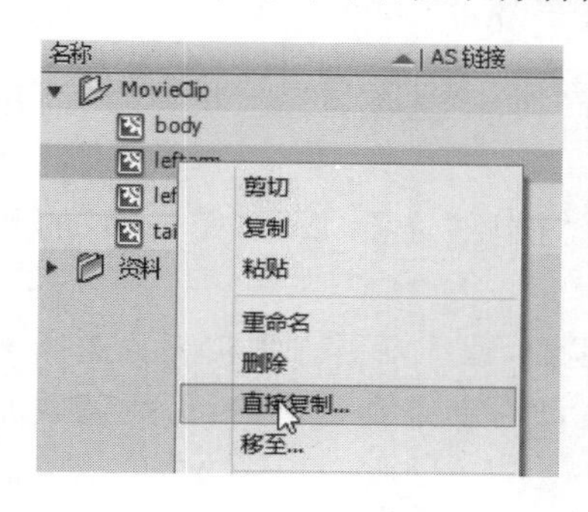

图 12.43

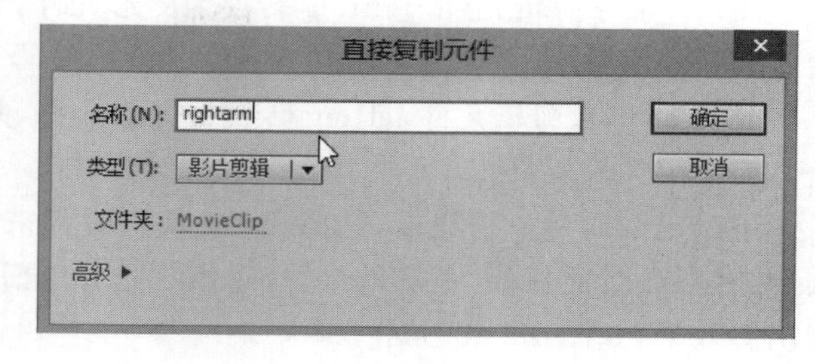

图 12.44

(3) 用同样的方法将元件 leftleg 复制并命名为 rightleg,现在的"库"面板中的 MovieClip 文件夹中应该有 6 个影片剪辑元件,如图 12.45 所示。

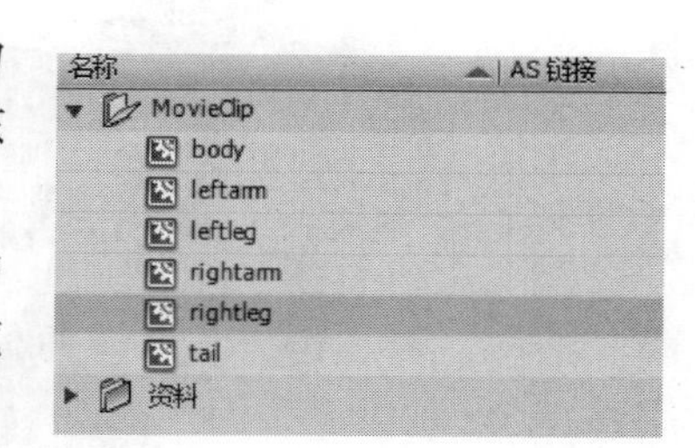

图 12.45

(4) 单击"时间轴"中的 rightarm 图层,将"库"面板中的 rightarm 元件(右胳膊)拖入舞台,设置其大小为宽 115px、高 182px,将其放置在猴子身体的合适部位。

(5) 单击"时间轴"中的 rightleg 图层,将"库"面板中的影片剪辑 rightleg(右腿)拖入舞台,设置其大小为宽 154px、高 137px,将其放置在猴子身体的合适部位。

为了确保左右两个胳膊在同一帧的姿势各不同,可以将两个胳膊的骨骼姿势进行不同的设置,但是 Flash 提供了更为简单的方法以达到上述效果。在前面的章节中介绍到了元件的类型,其中"图形"类型也可以进行动画效果,并且可以按照动画中帧的位置来设置动画的开始时间和循环次数。

(6) 锁定时间轴中除 rightarm 和 rightleg 以外的其他图层,在舞台上单击 rightarm 实例,在"属性"面板中将该实例的元件类型从"影片剪辑"修改为"图形",如图 12.46 所示。

(7) 为了确保左右胳膊在循环中交替运动,设置 rightarm 实例的运动直接从该动画的中间部分开始。在当前"属性"面板的"循环"选项组中设置"选项"菜单的属性值为"循环",设置"第一帧"的开始值为 37,如图 12.47 所示。

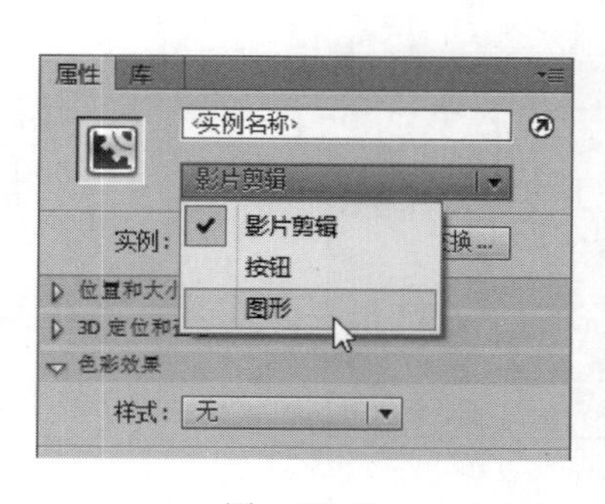

图 12.46

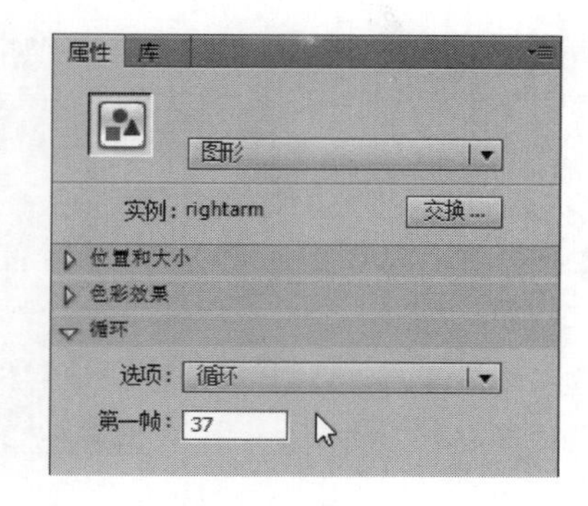

图 12.47

(8) 用同样的方法将影片剪辑元件 leftarm 转换为图形元件，并选择“循环”选项，设置“第一帧”的开始值为 1。

(9) 将影片剪辑元件 rightleg 转换为图形元件，并选择“循环”选项，设置“第一帧”的开始值为 59。

(10) 将影片剪辑元件 leftleg 转换为图形元件，并选择“循环”选项，设置“第一帧”的开始值为 22。

可以稍微调整一下亮度，让 rightleg 实例看起来更靠里面，让动画更有真实感。选择该实例，在“属性”面板的“色彩效果”选项组中选择“亮度”，拖动滑动条到负值的位置，稍微加深阴影效果，如图 12.48 所示。

图 12.48

12.5.4 创建简单的补间动画

完成上述步骤后猴子便可以有节奏地运动了，但是由于此时猴子的身体还是静止的，所以动作看起来会很不自然。下面对猴子的身体即 body 元件创建补间动画，单击并选中猴子身体部分即 body 实例，右击，在弹出的快捷菜单中选择“创建补间动画”命令，如图 12.49 所示。

图 12.49

（1）身体的补间动画已经创建，下面就开始给猴子的身体部分添加补间动作。在时间轴中选中 body 图层，单击第 21 帧并用键盘的方向键将身体适当的上移几个像素，然后单击第 37 帧用键盘的方向键将身体适当下移几个像素，后面依次选中第 60 帧、第 78 帧、第 92 帧、第 111 帧、第 136 帧、第 150 帧并在选中对应帧的同时依次执行向上、向下、向上、向下、向上、向下适当移动的操作，如图 12.50 所示。

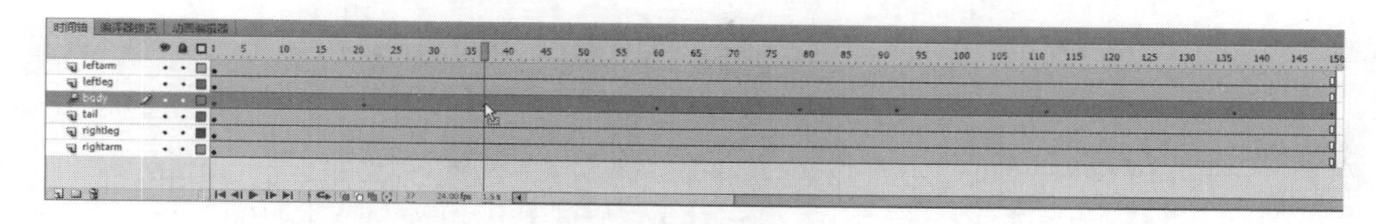

图 12.50

（2）猴子的动画制作已经基本完成，选择“控制”→“测试影片”→“在 Flash Professional 中”命令，测试动画。

12.6 主骨架和副骨架的连接

12.6 元件的命名和复制

有时候需要创建复杂的人物动作，但又不方便把他全身拆成一个个的影片剪辑动画时，便需要给他的全身添加一副比较复杂的骨骼，这其中就包含着主骨架和副骨架，下面将以一个皮影形象的小老头作为例子进行讲解。

12.6.1 全身骨架的创建

（1）打开文件 grandpaIK_start11. fla，选择“文件”→“另存为”命令，将文件命名为 grandpaIK_workingcopy11. fla。

（2）打开“库”面板中的 compotent 2 文件夹，将元件 1～元件 9 拖到舞台上，并移动到合适的位置，通过工具栏中的“任意变形工具”调整各个实例的方向，组合成皮影人物，如图 12.51 所示。

（3）以皮影老人的腹部为起点拉出第一个骨骼，再以所拉出骨骼的终点为起点拉出副骨架，最终骨架如图 12.52 所示。

图 12.51

图 12.52

(4) 将新生成的骨架图层改名为 Armature,并删除多余空图层。

(5) 在"时间轴"中单击 Armature 图层,选中皮影老人身上所有的元件,单击菜单栏中的"修改"→"转换为元件"命令(如图 12.53 所示)。

(6) 在弹出的对话框中选择"类型"为"影片剪辑",并将新影片剪辑元件的名称设置为 oldman,单击"确定"按钮,如图 12.54 所示。

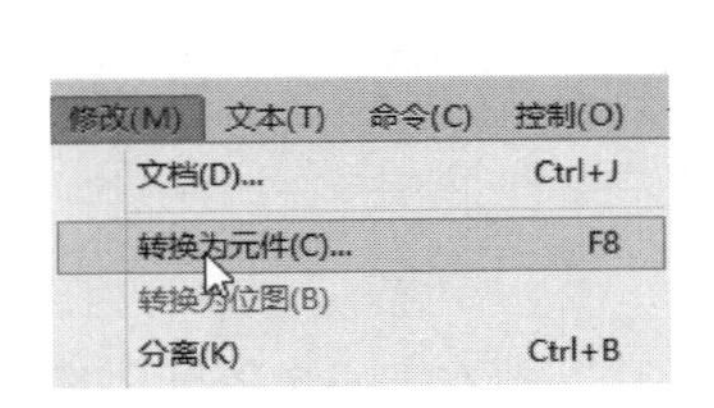

图 12.53

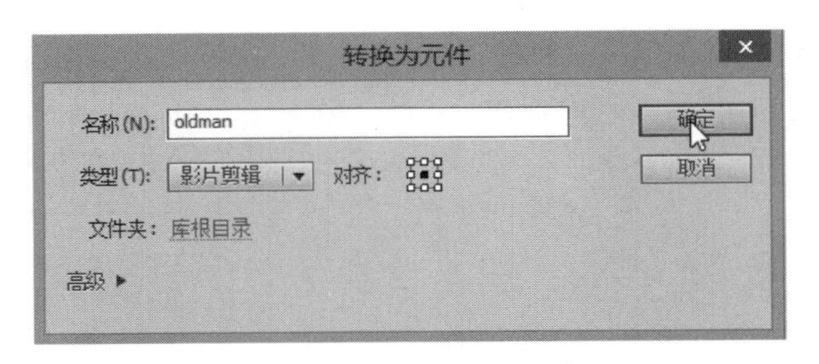

图 12.54

(7) 在库面板中将新生成的元件 oldman 拖入 compotent 1 文件夹。

(8) 打开 compotent 1 文件夹,双击 oldman 的元件,进入该元件的编辑模式,单击图层 1 以全选该元件的各个部分,移动该元件到舞台中心(舞台中心有"+"符号,通过键盘的方向键微调,使该元件腹部的"+"与舞台中心的"+"重合即可)。

(9) 将时间轴上的"图层一"改为 oldman 图层,单击第 43 帧并右击,选择"插入帧"命令(或按 F5 键)。

(10) 第 1 帧已经有了现成的姿势,用"复制姿势"和"粘贴姿势"的办法给最后一帧添加与第一帧相同的姿势。

(11) 在第 9 帧、第 18 帧、第 27 帧、第 35 帧改变骨骼的姿势,添加如图 12.55 所示的动作。

图 12.55

(12) 在时间轴 oldman 图层下方新建一个图层,命名为 burden,并单击第 43 帧并右击,选择"插入帧"命令(或 F5 键),然后选中第 1 帧,在"库"面板中将对应的 burden 元件拖入图层,并放到老人肩上的合适位置,如图 12.56 所示。

(13) 对 burden 实例创建补间动画,并在第 9 帧、第 18 帧、第 27 帧、第 35 帧中用键盘方向键将其适当向上或向下平移几个像素,但始终要保证它位于老人的肩上。

单击"场景 1"回到主场景。

图 12.56

12.6.2　无缝动画的完成

（1）在“时间轴”上删除主场景中的所有图层，然后再新建两个空图层，分别命名为oldman和groundback，并在第43帧插入帧，如图12.57所示。

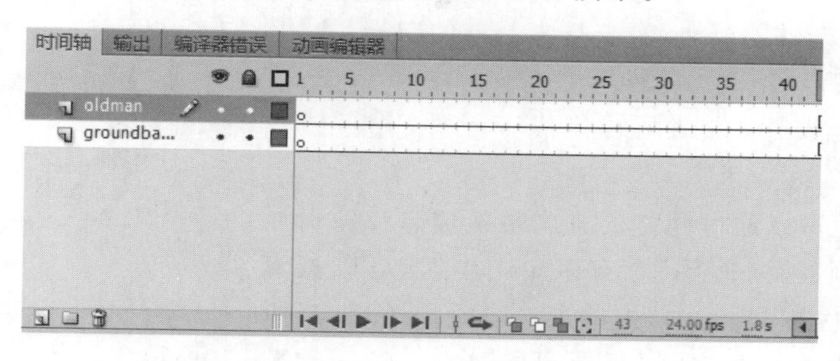

图　12.57

（2）选择第一帧，在“库”面板中打开compotent 1文件夹，分别将oldman元件和groundback元件拖入对应图层。

（3）在第一帧中将oldman实例的位置设置为X：323、Y：278。

（4）对groundback实例创建补间动画，在第一帧设置实例位置为X：－374、Y：0，在最后一帧设置实例位置为X：－217、Y：0。

（5）选择“控制”→“测试影片”→“在Flash Professional中”命令，测试动画。

12.7　在动画中替换元件

12.7　创建猴子实例的补间动画

本章中IK动画制作已经完成，后面将进行元件转换，制作出像Lesson12/Complete文件夹中的Complete.swf一样的动画。

12.7.1　将简单动画制作成元件

（1）打开“Lesson12/实例/Start11”文件夹中名为chainIK_workingcopy11.fla的动画。

（2）单击“插入”菜单，在下拉菜单中选择“新建元件”命令，如图12.58所示。

（3）在弹出的对话框中将元件类型选择为“影片剪辑”，并将元件名称设置为ChainIK，如图12.59所示。

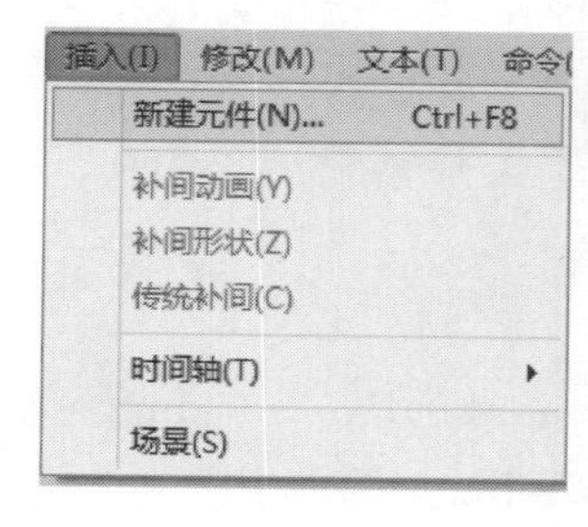

图　12.58

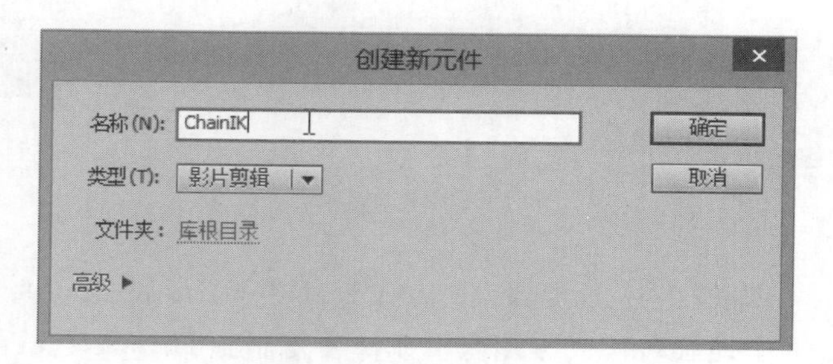

图　12.59

(4) 单击舞台上方的“场景 1”回到主场景，在“时间轴”中单击 Armature 图层，当舞台上所有元件都被选中的时候，右击选择“拷贝图层”命令。

(5) 双击名为 ChainIK 的元件进入元件编辑模式，在“时间轴”的“图层 1”上右击，然后选择“粘贴图层”命令。

(6) 删除空余的图层 1，单击舞台上方的“场景 1”退出元件编辑模式。

通过上述的操作，将动画转换成了元件，并存储在“库”中，如图 12.60 所示。

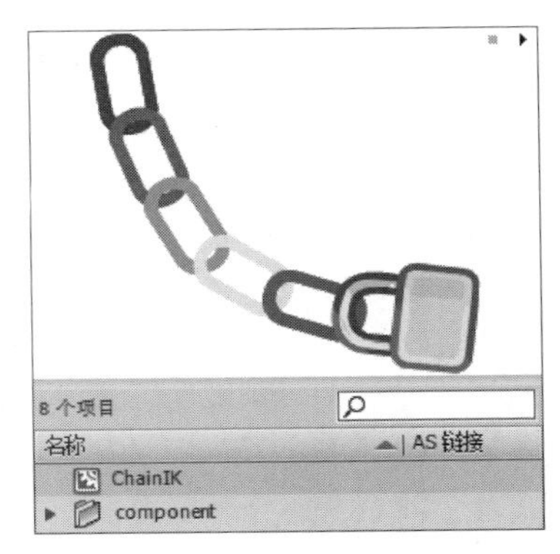

图 12.60

其他动画也可以通过同样的方式转换成影片剪辑元件。当所做动画的“时间轴”中有多个图层时，可以按下 Ctrl 键，然后依次在“时间轴”中单击选取所需图层，当所有图层都被选中之后再选择“复制图层”命令，然后粘贴图层并使用，例如 11MonkeyIK_workingcopy.fla 就是一个有多个图层的动画，在选中图层的时候就需要按下 Ctrl 键对需要的图层依次单击选取。

12.7.2 影片剪辑元件的使用

(1) 在“库”面板中单击元件 ChainIK，右击，在弹出的快捷菜单中选择“剪切”命令，如图 12.61 所示。

(2) 打开“Lesson12/范例/Start11”文件夹中的 Demo11.fla 文件。

(3) 在 Demo11.fla 文件中单击“库”面板中的 movieclip 文件夹，右击，在弹出的快捷菜单中选择“粘贴”命令，如图 12.62 所示。

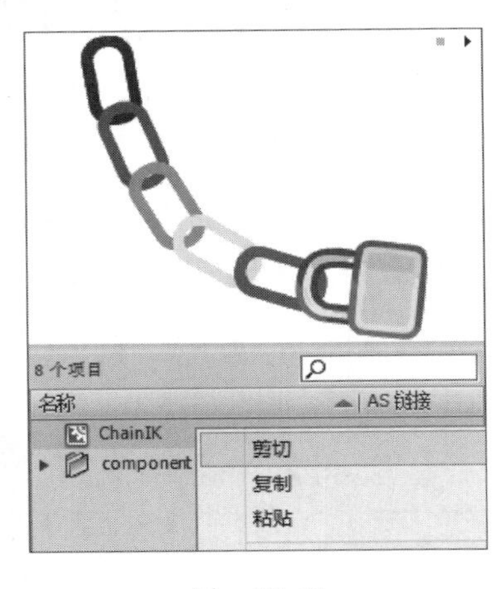

图 12.61

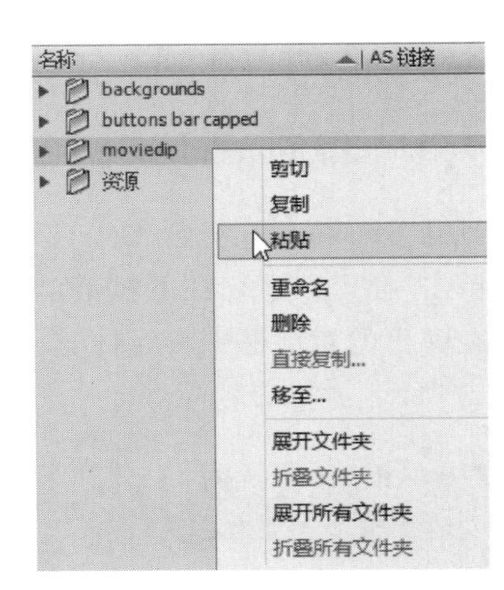

图 12.62

(4) 按上述的步骤，将 grandpaIK_workingcopy11.fla 和 monkeyIK_workingcopy11.fla 两个动画转换成影片剪辑元件并复制到 Demo11.fla 的 movieclip 文件夹中。

由于 Start11.fla 中不需要影片剪辑的背景，所以在 grandpa_workingcopy11.fla 中只需要将老人和担子所处的图层选中转换为元件，而不需要选取背景图层。

12.7.3　元件的替换

测试 Demo11.fla 文件，会发现屏幕上本该出现的动画有一部分是圆或是矩形，下面将这些图形转换为所需要的元件。

（1）在时间轴上选择第 405 帧，在舞台上单击名为 ChainIk 的椭圆，右击，在弹出的快捷菜单中选择“交换元件”命令，如图 12.63 所示。

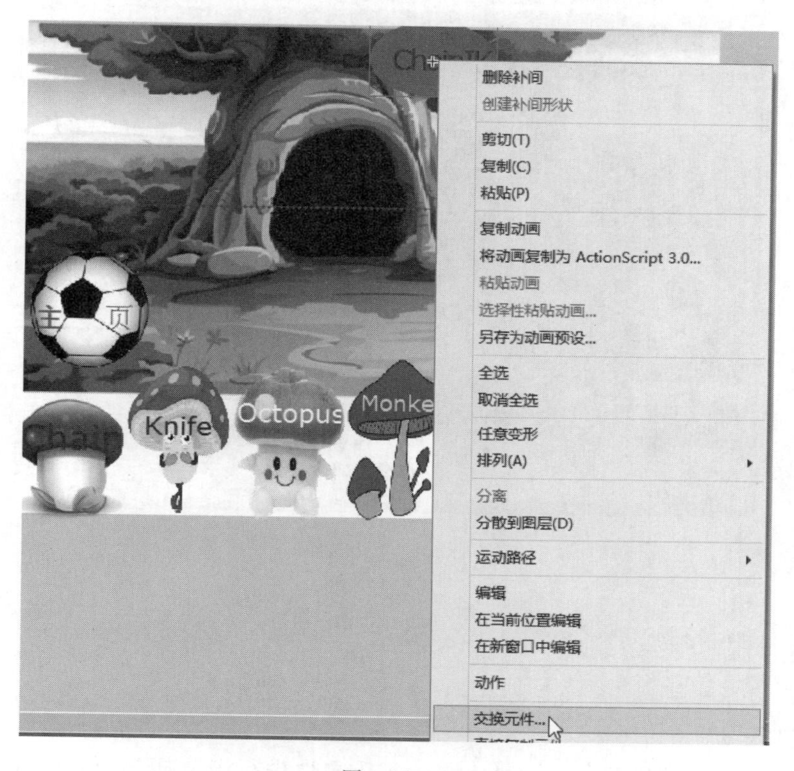

图　12.63

（2）在弹出的对话框中选择 movieclip 文件夹中的 ChainIK 元件并单击“确定”按钮，如图 12.64 所示。这样，舞台上的圆形元件就会转换为锁链的动画元件。

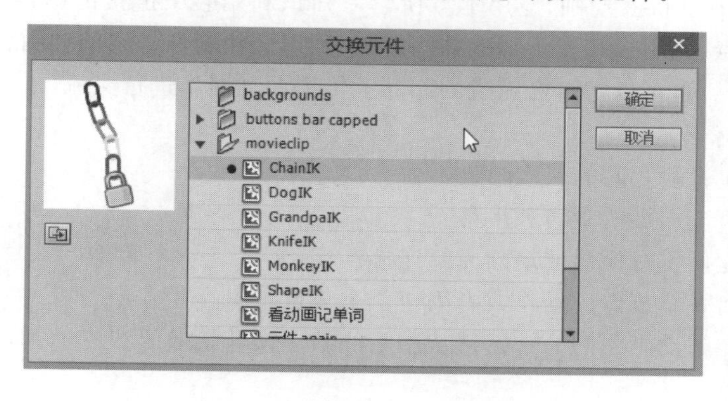

图　12.64

(3) 用同样的方法在第 125 帧将对应元件替换为 GrandpaIK 元件，在第 210 帧将对应元件替换为 MonkeyIK 元件。

选择"控制"→"测试影片"→"在 Flash Professional 中"命令，测试动画。现在就完成了本章的作品，如图 12.65 所示。

图 12.65 （见彩插）

作业

一、模拟练习

打开 Lesson12→"模拟"→ Lesson12m.swf 文件进行浏览播放，仿照 Lesson12m.swf 文件，做一个类似的课件。课件资料已完整提供，获取方式见"前言"。

二、自主创意

自主设计一个 Flash 动画，应用本章所学习知识利用多个链接的影片剪辑制作骨架的动画、约束连接点、使用形状提示细化补间形状、利用形状制作骨架的动画、利用弹簧特性模拟物理学等知识。也可以把自己完成的作品上传到课程网站进行交流。

三、理论题

1. 如何导航骨骼之间的层次结构？
2. 如何约束连接点的旋转和平移？
3. 怎样才能使重复播放的动画无缝连接？
4. 怎样隔离各个节点的动作或者固定单个节点？
5. 怎样才能让动画中的一个元件从中间的某一帧开始播放？

第13章

Animate动画的发布

本章学习内容

1. 修改文件发布设置
2. 了解文件的测试和发布
3. 创建 Web 发布
4. 创建桌面发布
5. 创建移动发布
6. 使用 AIR Debug Launcher 中模拟调试手机响应情况

完成本章的学习需要大约 2 小时，相关资源获取方式见“前言”和第 1 章中的描述。

知识点

由于本书篇幅有限，下面的知识点并非在本章中都有涉及或详细讲解，在本书的学习网站有详细的资料，欢迎登录学习。

Animate 课件的测试与发布　发布设置　Adobe AIR 应用的发布　手机设备应用发布
导出图像和图形　导出视频和声音　导出 QuickTime　帧的播放和定位

本章案例介绍

实例：

本章一共有 3 个范例，用于分别展示如何创建 Web 发布、桌面发布、移动发布。本章采用第 8 章的实例模拟以及提供的 yd 文件来进行课件的测试和发布。通过本章学习，将学习到 3 种不同的测试发布方法，了解发布设置等，如图 13.1～图 13.3 所示。

提示　由于本章主要介绍课件的发布，并不着重于课件的创作，因为采用本书中的其他课件进行操作，所以并未安排模拟文件。

图 13.1

图 13.2

图 13.3

13.1 预览完成的案例

13.1 预览

13.1.1 预览 Web 发布

(1) 双击"Lesson13/范例/Complete/Web"发布文件夹的"web 发布.html"进行播放,该网页是"08 范例 complete(CC 2017).fla"文件的 Web 发布形式,如图 13.4 所示。

图 13.4

(2) 关闭网页。

(3) 可以打开源文件进行预览，在菜单栏中选择“文件”→“打开”命令，再选择“Lesson13/范例/start/Web发布”文件夹的“08 范例 complete(CC 2017).fla”文件，并单击“打开”按钮。

13.1.2 预览桌面发布

(1) 双击“Lesson13/范例/Complete/桌面发布”文件夹的“桌面发布.air”文件进行软件安装播放，安装完成后程序自动运行播放，如图13.5所示。

(2) 关闭程序。

(3) 可以打开源文件进行预览，在菜单栏中选择“文件”→“打开”命令，再选择“Lesson13/范例/start/桌面发布”文件夹的“08 模拟 complete(CC 2017).fla”文件，并单击“打开”按钮。

图 13.5

13.1.3 预览移动发布

(1) 双击“Lesson13/范例/Complete/移动发布”文件夹的“web发布.html”进行播放，该网页是“08 范例 complete(CS6).fla”文件的Web发布形式，如图13.6所示。

(2) 关闭网页。

(3) 可以打开源文件进行预览，在菜单栏中选择“文件”→“打开”命令，再选择“Lesson13/范例/start/移动发布”文件夹的“10 范例 complete(CC 2017).fla”文件，并单击“打开”按钮。

图　13.6

提示　以上不同的发布方式确保 Animate 文件在其他播放器或者非 Animate 环境(Flash Player)中也可以打开，不仅仅只是生成 SWF 文件。

13.2　Web 发布

13.2　web 发布

为了在 Animate 中做出满意的作品，就需要频繁地对影片进行测试，以确保自己想要的效果，在前几章中每次都是通过使用快捷键 Ctrl+Enter 或者选择“控制”→“测试影片”→“在 Flash Professional 中”命令进行测试，此时 Animate 将在与 FLA 文件相同的位置创建一个 SWF 文件，单击此文件便可以直接观看。但是这种方法并不能与人共享，因此当作品完成后需要进行发布，然后将创建的 SWF 文件和 HTML 文件(主要适用于 Web 浏览器)同时传到 Web 服务器上的同一个文件夹中便可实现。

(1) 在菜单栏中，选择“文件”→“打开”命令，在“打开文件”对话框中，选择“Lesson13/范例/start/Web 发布”文件夹的“08 范例 complete(CC 2017). fla”文件，并单击“打开”按钮，如图 13.7 所示。

(2) 选择菜单“文件”→“发布设置”命令，打开“发布设置”对话框(或者直接单击“属性”面板“配置文件”栏中的“发布设置”按钮)，如图 13.8 所示。

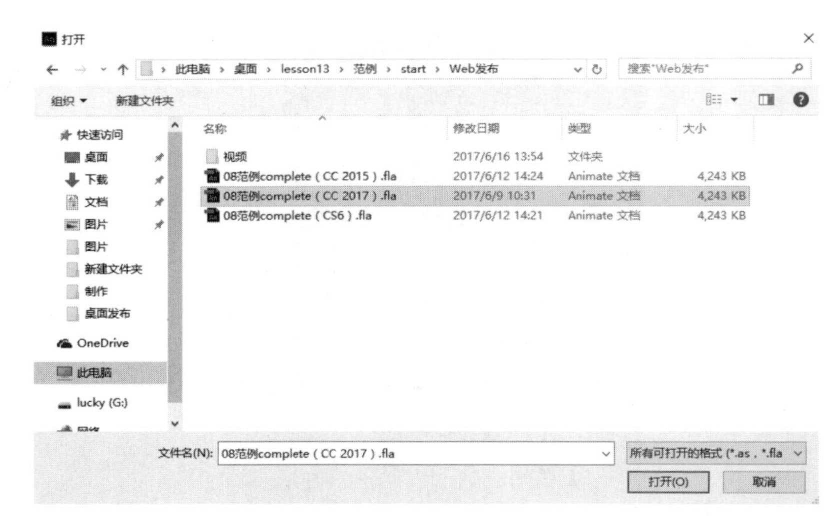

图 13.7

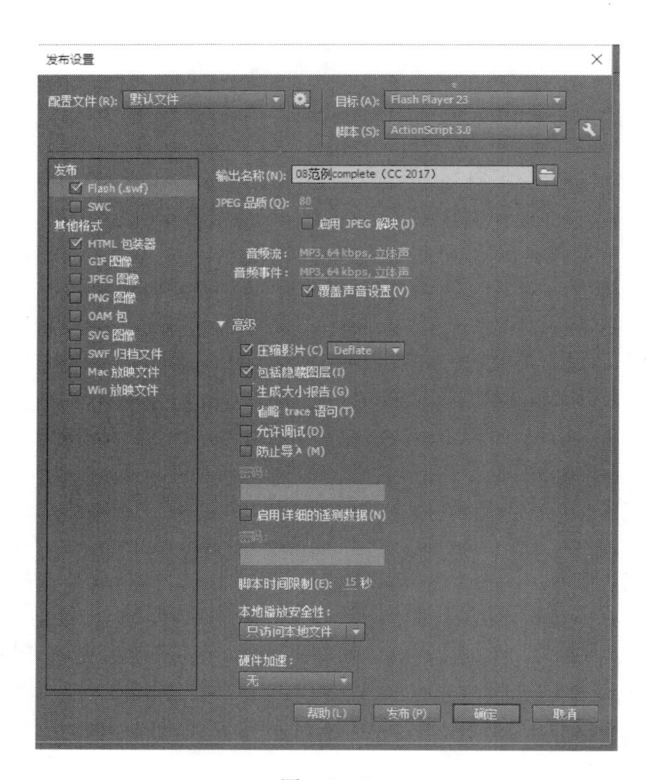

图 13.8

提示 发布是生成让用户可以播放最终 Animate 过程所需的文件的过程。如果要发布 Web 影片或者在 Web 中播放 Animate 内容的 HTML 文档，需要将发布目标设为用于 Web 浏览器的 Flash Player，并且向 Web 服务器中上传这两种文件以及 SWF 文档所引用的其他文件。默认情况下，发布会把所有需要的文件保存到同一个文件夹中。而“发布设置”则可以使读者自行决定发布 SWF

文件的方式，如播放时所需的 Flash Player 版本、影片显示和播放的方式等。

(3) 在“HTML 包装器”选项组中，修改“输出名称”为“web 发布”，修改“大小”设置为“百分比”，选中“检测 Flash 版本”复选框，此时 SWF 文件的显示效果会根据浏览器大小自动缩放，如图 13.9 所示。

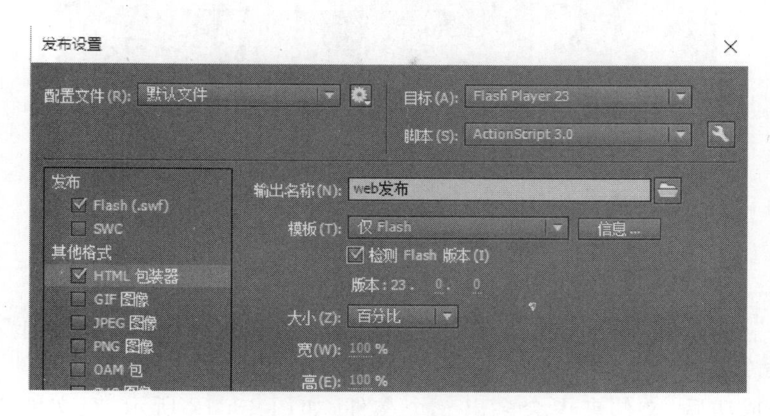

图 13.9

提示 1 在“发布设置”对话框顶部的“目标”和“脚本”中选择默认选项，如图 13.10 所示，若是浏览器提示需要更高版本才能预览，可将“目标”更改为 Flash Player 12。

提示 2 选中“检测 Flash 版本”复选框，可以在用户的计算机上自动检测 Flash Player 的版本；如果不是所需版本，将会自动弹出提示框提醒用户下载最新版本。此时，Flash 就会发布 3 个文件：1 个 SWF 文件、1 个 HTML 文件以及 1 个名为 swfobject.js 的文件。这 3 个文件都需要上传到 Web 服务器中，以便用户播放影片。

提示 3 在“缩放和对齐”中修改影片在浏览器中缩放和对齐的方式。

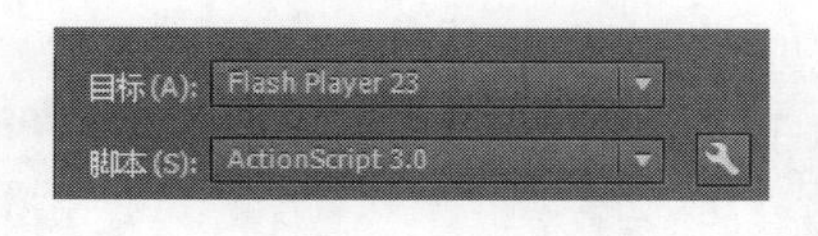

图 13.10

(4) 在对话框的左侧选择“Flash(.swf)”格式，修改“输出名称”为“web 发布”，确保选中了“压缩影片”复选框，以减少文件尺寸和下载时间，如图 13.11 所示。

提示 1 如果影片中包含了位图，可以在“发布设置”中修改 JPEG 品质设置，此时会设置成全局 JPEG 品质参数，也可以在每个导入的位图的“位图属性”对话框中为该位图选择一个单独应用设置。这样就可以有针对性地发布高品质图像。

提示 2 如果影片中包含了声音，单击“音频流”或“音频事件”右侧的值，以修改音频压缩品质参数。比特率越高，影片声音的音质就会更好。

提示 3 “压缩影片”复选框的默认选项是 Deflate，另一个选项 LZMA 的 SWF 文件压缩程度更高。如果工程中包含了许多 ActionScript 代码和矢量图像，就可以通过这一选项大量缩减文件的尺寸。

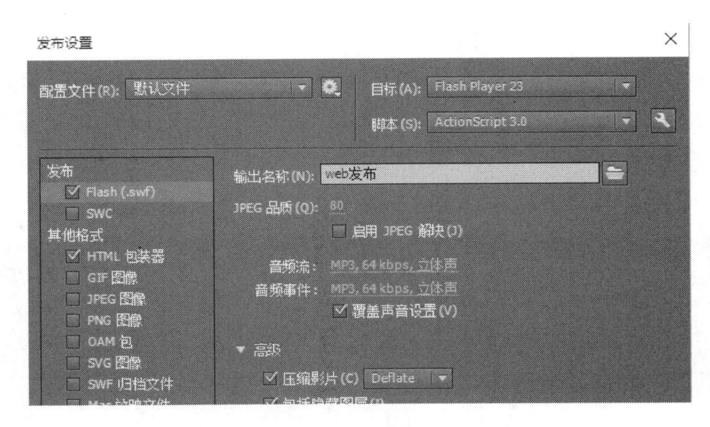

图 13.11

(5) 单击“确定”按钮，保存发布设置，单击“发布”按钮进行发布(也可在“文件”菜单中选择“发布”命令)。

(6) 发布成功后，文件夹中会多出 3 个文件，如图 13.12 所示，在文件夹中单击运行“web 发布.html”文件，在浏览器里打开该动画，如图 13.13 所示。

名称	修改日期	类型	大小
视频	2017/9/11 10:04	文件夹	
08范例complete (CC 2015) .fla	2017/9/7 9:31	Animate 文档	4,891 KB
08范例complete (CC 2017) .fla	2017/9/7 9:31	Animate 文档	4,891 KB
08范例complete (CS6) .fla	2017/9/7 9:31	Animate 文档	4,891 KB
swfobject.js	2016/10/15 2:32	JavaScript 文件	26 KB
web发布.html	2017/9/11 10:07	360 Chrome HT...	3 KB
web发布.swf	2017/9/11 10:07	SWF 影片	392 KB
按钮声.wav	2015/12/28 22:09	WAVE Audio File	40 KB
背景音乐 (浪淘沙) .mp3	2017/5/9 11:07	MP3 Audio File	3,529 KB

图 13.12

图 13.13

13.3　桌面发布

13.3　桌面发布

Adobe 为回放 Animate 中的内容提供了多种运行环境。Flash Player 是 Animate 在桌面浏览器上运行的环境；Adobe AIR 是另一个播放 Animate 内容的运行环境。Adobe AIR 是一个跨操作系统的多屏幕运行器，其中 AIR 不需浏览器，可直接从桌面运行 Animate。将其设为发布目标时，可设置为直接运行和安装该应用，也可将其设为待安装程序。

在菜单栏选择“文件”→“打开”命令，在“打开”对话框中，选择“Lesson13/范例/start/桌面发布”文件夹的“08 模拟 complete(CC 2017). fla”文件，并单击“打开”按钮，如图 13.14 所示。

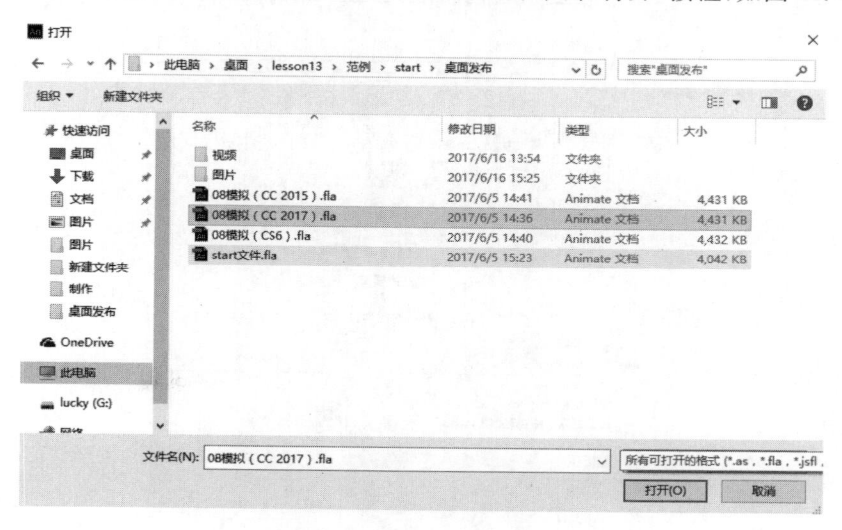

图　13.14

13.3.1　发布桌面 AIR 应用

(1) 选择菜单“文件”→“发布设置”命令，打开“发布设置”对话框，或者直接单击“属性”面板“配置文件”栏中的“发布设置”按钮。

(2) 在弹出的对话框中，把“目标”选项设置为 AIR 23.0 for Desktop，在对话框的左侧选择 Flash(. swf)格式，修改“输出名称”为“桌面发布”，单击“发布”按钮，如图 13.15 所示。

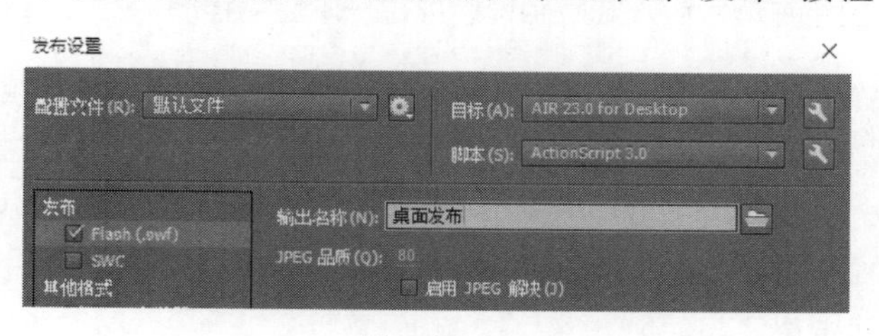

图　13.15

(3) 在“AIR 设置”对话框中，选择“常规”→“包括的文件”，单击“＋”按钮和“添加文件夹”按钮，将“按钮声. wav”“背景音乐. mp3”和“视频”文件夹添加进去，如图 13.16 所示。

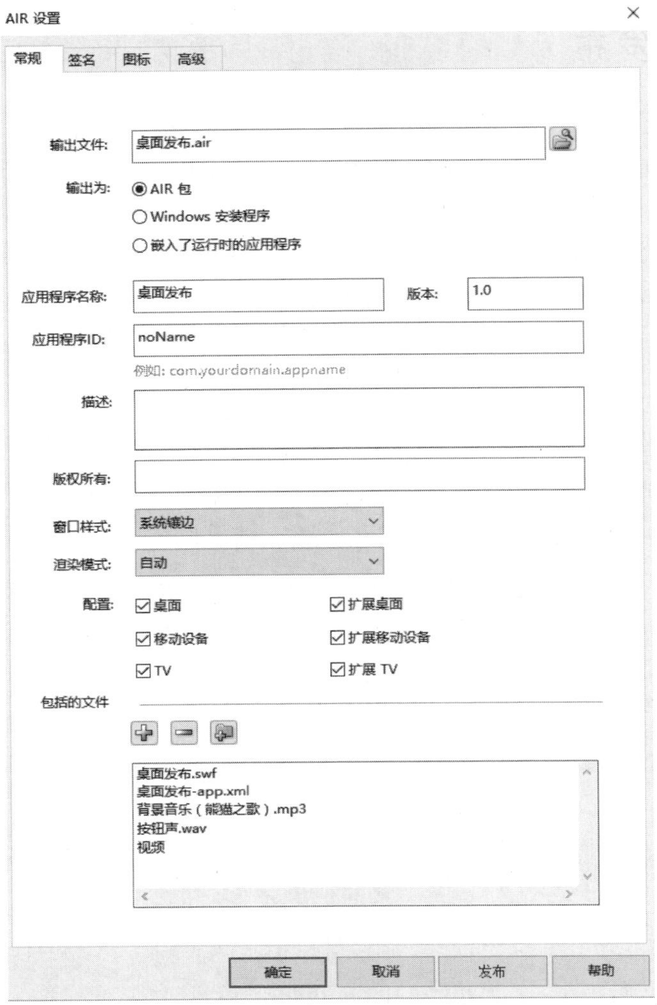

图 13.16

提示 “输出为”选项提供 3 种方式来创建 AIR 应用程序。AIR 包创建一个独立于平台的 AIR 安装程序；Windows 安装程序创建一个特定于平台的 AIR 安装程序；在没有安装或需要已经在桌面上的 AIR 运行时创建并运行嵌入式应用程序创建一个应用程序。

(4) 在“AIR 设置”对话框中，选择“签名”→“证书”→“创建”。在“创建自签名的数字证书”对话框中，设置“发布者名称”“组织单位”“组织名称”均为 fx，设置“国家或地区”为 CH，密码为 123456，“另存为”设置为“lesson13/范例/start/桌面发布/桌面发布.p12”，如图 13.17 所示。设置完成后，单击“确定”按钮，返回“签名”选项卡，在下方“密码”选项中输入和创建证书同样的密码 123456。

提示 创建 AIR 应用程序需要一个证书，这样用户就可以信任和识别 Flash 内容的开发。由于本章不需要官方证书，因此创建自己的自签名证书，若有证书，则直接单击“浏览”按钮。

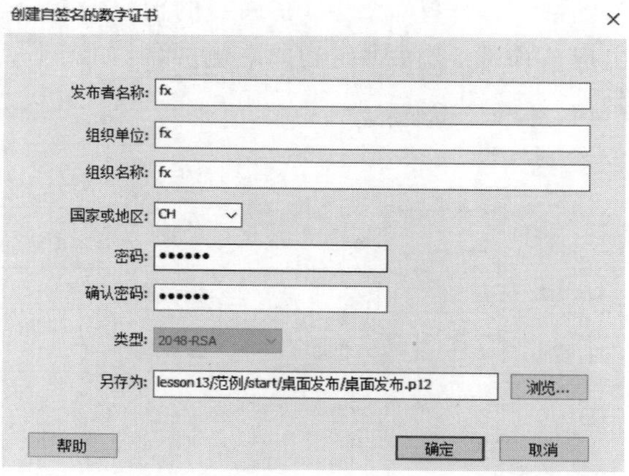

图 13.17

(5) 在“AIR 设置”对话框中，选择“图标”，选择 32×32 的图标，然后单击文件夹图标，设置图标文件为“图片/图标.png”，如图 13.18 所示。

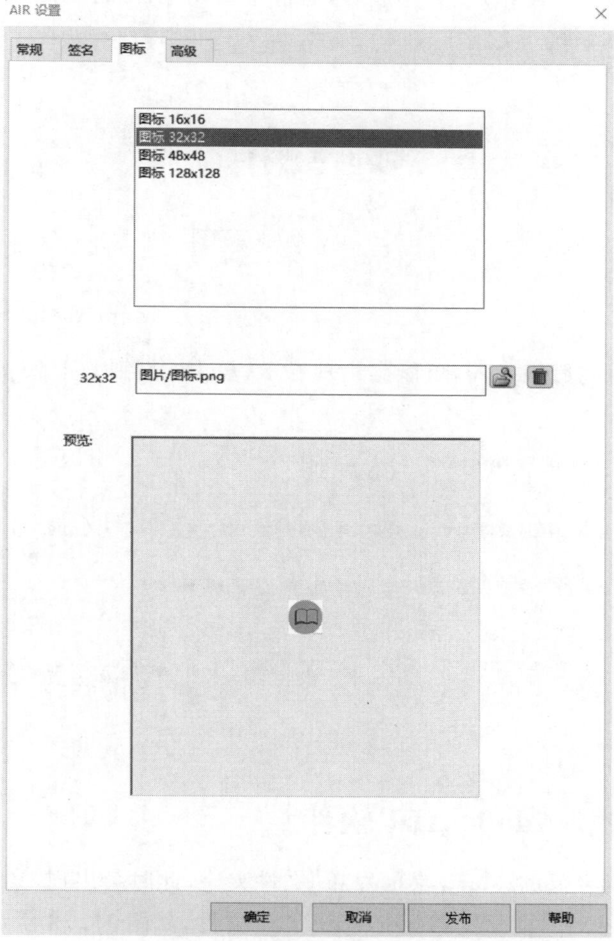

图 13.18

(6) 在“AIR 设置”对话框中,选择“高级”,在最初的窗口设置,输入 X 为 0 和 Y 为 50。应用程序启动时,它会出现从顶部 50px 刷新到的左侧屏幕,如图 13.19 所示。

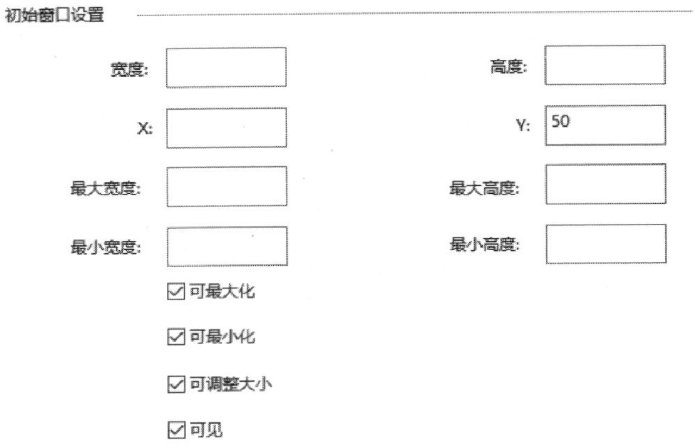

初始窗口设置

宽度: 高度:

X: Y: 50

最大宽度: 最大高度:

最小宽度: 最小高度:

☑可最大化

☑可最小化

☑可调整大小

☑可见

图 13.19

(7) 最后单击“发布”按钮,发布完成后,运行生成的 AIR 的文件,就可以像安装其他程序一样把作品安装到系统中,如图 13.20 所示。

图 13.20

(8) 若未连接时间戳服务器,可能会出现提示,单击“禁用时间戳”按钮即可,如图 13.21 所示。

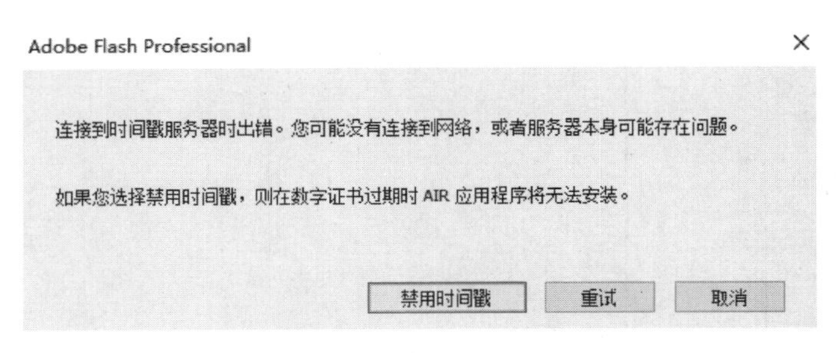

图 13.21

13.3.2 安装 Adobe AIR 软件

(1) 在“Lesson13/范例/start/桌面发布”文件夹中,此时会出现“桌面发布.air”“桌面发布.p12”“桌面发布.swf”“桌面发布.app.xml”4 个文件,如图 13.22 所示。

(2) 双击“桌面发布.air”文件,安装桌面应用,如图 13.23 所示。

提示 由于之前使用了自行设计的签名证书来创建 AIR 安装包，因此 Adobe 会警告这是一个未知不可信任的开发程序，可能存在潜在的安全威胁，直接单击“安装”按钮即可。

名称	修改日期	类型	大小
视频	2017/9/11 10:18	文件夹	
图片	2017/9/11 10:18	文件夹	
08模拟（CC 2015）.fla	2017/9/11 9:36	Animate 文档	4,376 KB
08模拟（CC 2017）.fla	2017/9/11 9:36	Animate 文档	4,376 KB
08模拟（CC 2017）.html	2017/9/11 11:09	360 Chrome HT...	3 KB
08模拟（CC 2017）.swf	2017/9/11 11:08	SWF 影片	667 KB
08模拟（CS6）.fla	2017/9/11 9:36	Animate 文档	4,376 KB
start.fla	2017/9/11 9:41	Animate 文档	3,986 KB
按钮声.wav	2015/12/28 22:09	WAVE Audio File	40 KB
背景音乐（熊猫之歌）.mp3	2017/9/11 9:18	MP3 Audio File	980 KB
桌面发布.air	2017/9/11 11:13	Installer Package	15,993 KB
桌面发布.p12	2017/9/11 11:11	Personal Inform...	3 KB
桌面发布.swf	2017/9/11 11:13	SWF 影片	667 KB
桌面发布-app.xml	2017/9/11 11:13	XML 文档	2 KB

图 13.22

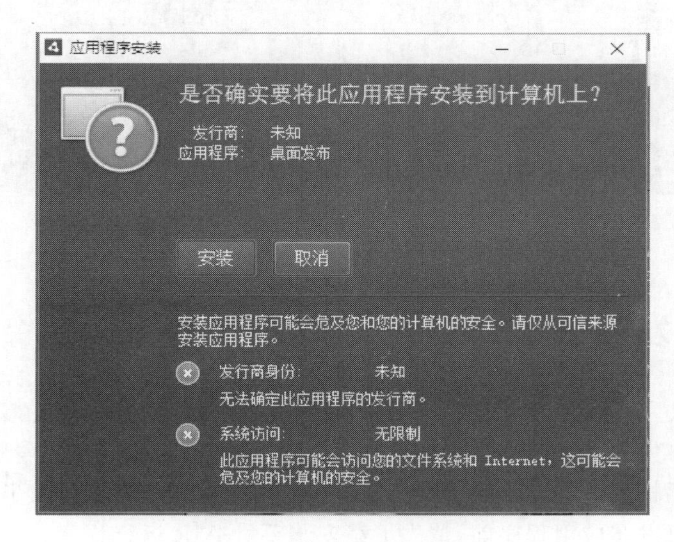

图 13.23

(3) 安装后，程序将会自动运行，此时桌面将会出现应用程序的图标，双击该图标也可运行程序，如图 13.24 和图 13.25 所示。

图 13.24

图 13.25

13.4 移动发布

13.4 移动发布

Animate可以为Apple iPhone、iTouch或iPad这样的移动电话或移动设备开发和发布内容。下面以华为(HuaWei)C8813智能手机为例学习发布到Android手机的过程,其他移动设备的发布可大致按这个原理和步骤进行。在向手机发布应用程序前,请先下载安装手机AIR运行程序。

提示 为移动设备发布影片时,必须先要考虑移动设备适合的环境,然后根据不同环境进行创建。在Animate中可以选择"文件"→"新建"命令,选择自己将要创建的文件类型。在这些类型中可以选择Flash Lite文档,它是主要针对移动设备的Flash Player的缩略版本;也可以选择iPhone文档,它是主要专用于创建iPhone、iTouch或iPad上的应用程序;或者选择Adobe Device Central,它是单独的程序,允许浏览各种不同设备及其需求。

(1) 在菜单栏选择"文件"→"打开"命令,在"打开文件"对话框中,选择"Lesson13/范例/start/移动发布"文件夹的yd.fla文件(文件名用英文命名以便顺利发布到Android手机),并单击"打开"按钮。在文档"属性"面板中,设置"目标"为AIR 23.0 for Android,如图13.26所示。

图　13.26

(2) 单击"发布设置"按钮，在弹出的对话框中单击"发布"按钮，如图 13.27 所示。

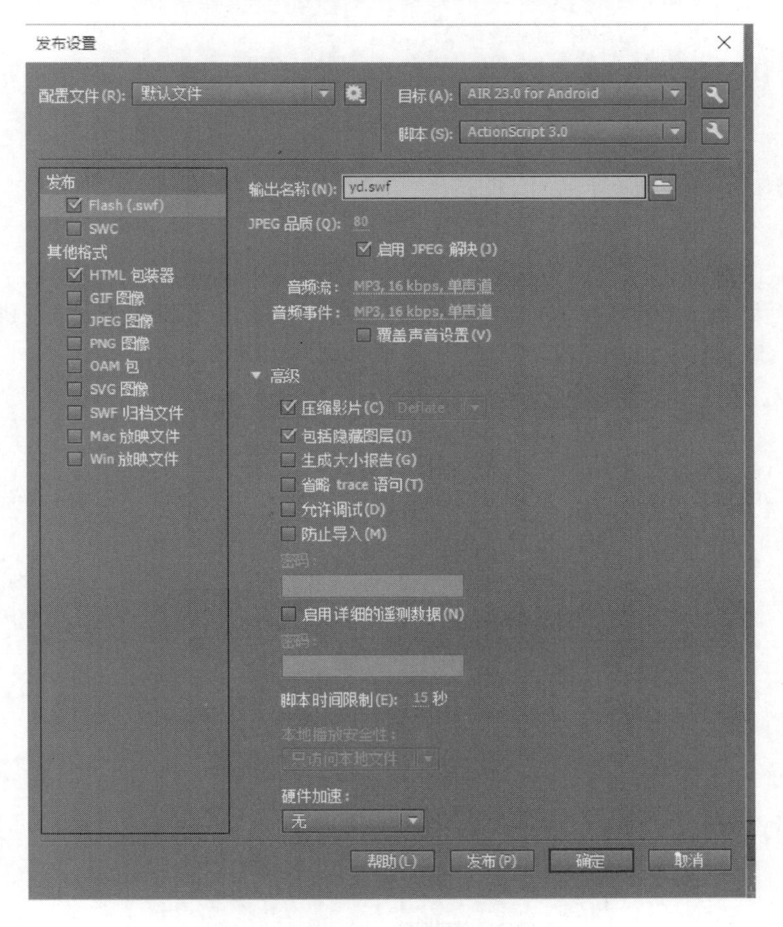

图　13.27

(3) 在弹出的"AIR for Android 设置"对话框中单击证书后面的"创建"按钮创建证书，如图 13.28 所示。

提示　证书创建操作过程同桌面发布相同。随后对"常规""图标""权限""语言"等选项根据自己需要进行相应设置。(在"常规"选项中"输出文件"的名称和"应用程序"的名称不能相同；在发布目录文件夹中如已存在 APK 文件，"输出文件"的名称最好用已有 APK 文件名称)。

创建自签名的数字证书

发布者名称：yd

组织单位：yd

组织名称：yd

国家或地区：CH

密码：••••••

确认密码：••••••

类型：2048-RSA

有效期：25 年

另存为：lesson13/范例/start/移动发布/yd.p12 浏览…

帮助 确定 取消

图 13.28

(4) 把华为(HuaWei)C8813 智能手机连接到计算机，在手机上选择“手机设置”→“开发人员选项”，然后打开“USB 调试”。手机界面如图 13.29 所示。

图 13.29

(5) 此时在“AIR for Android 设置”的“部署”选项卡中会出现手机的“设备序列号”，如图 13.30 所示。

(6) 参照图 13.30 的参数进行设置完毕后，单击“发布”按钮，出现如图 13.31 所示界面。

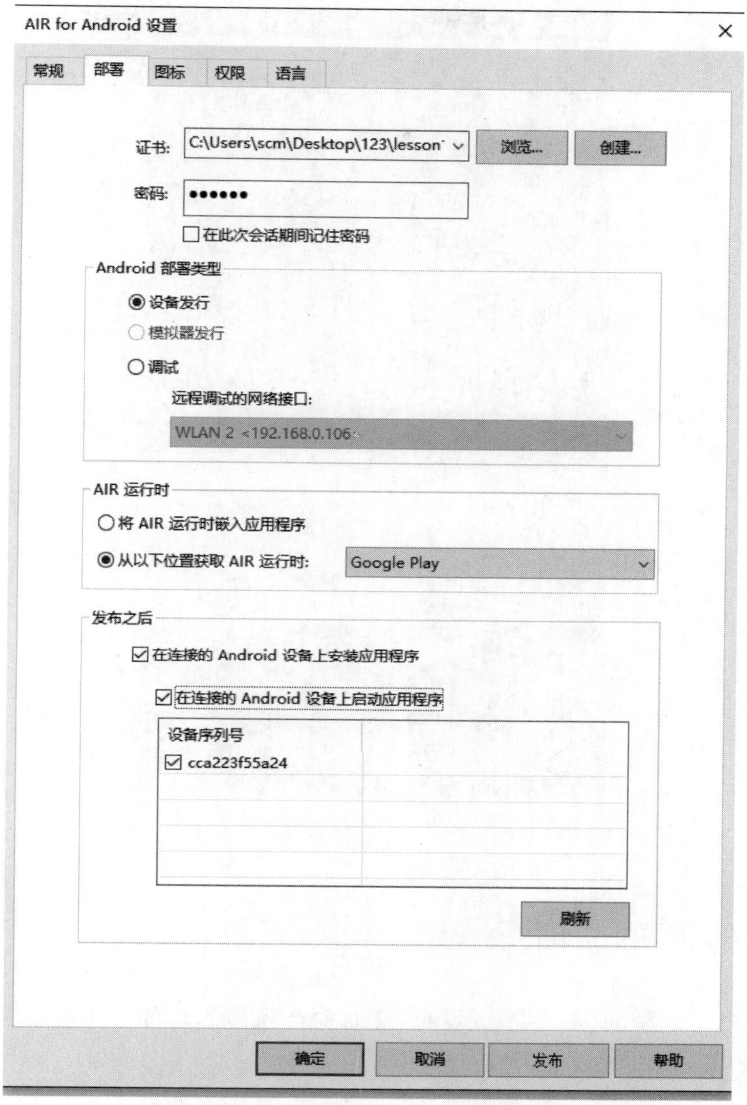

图 13.30

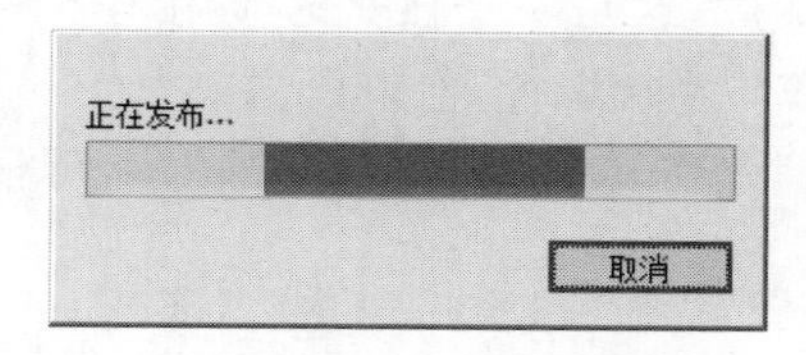

图 13.31

(7) 发布完成后，手机会打开已安装的程序，并且在手机里生成了应用程序图标。程序运行界面如图 13.32 所示。

图 13.32

13.5 其他发布选项

通过上述操作步骤，了解了 Web 发布、桌面发布和移动发布 3 种常用的发布方式。在 Animate 中，还有其他几种发布方式可以根据需要选择。

13.5.1 创建放映文件

可以把案例另存为放映文件，这是一个独立的应用程序，包括播放案例所需的所有文件。放映文件可以在任何环境中播放影片，但是数据较大。

选择"文件"→"发布设置"命令，在右侧"其他格式"中，可根据自身平台选择放映文件，如图 13.33 所示。

提示 1 若案例包括"TLF 文本"，则创建放映文件必须合并"文本布局 SWF"到该文件。"文本布局 SWF"包含支持新"TLF 文本"引擎所需的代码。

提示 2 Windows 放映文件和 Mac 放映文件的扩展名分别是.exe 和.app，双击 Windows 放映文件和 Mac 放映文件就能直接放映，也可以通过向 CD 或 DVD 之类的媒体来共享放映文件，还可以使用这些发布方法来结束自己创建的任何 Animate 项目。

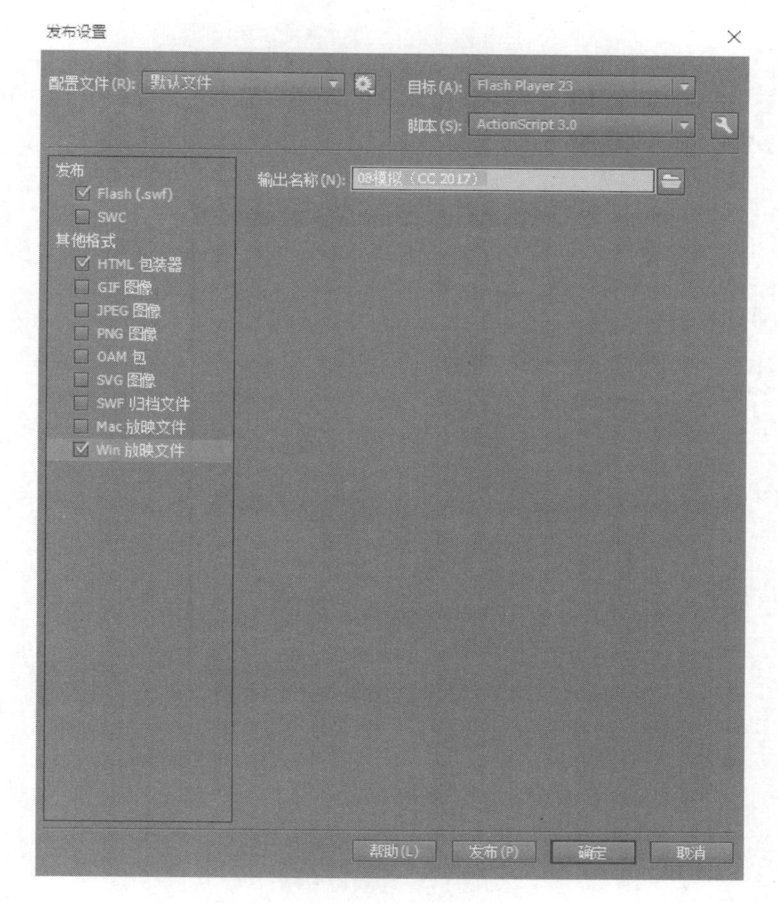

图 13.33

13.5.2 其他发布格式

一般情况下,Animate 默认的是为项目创建一个 SWF 文件和一个 HTML 文件。但是也可以进行更改,将案例中的某一帧的图像另存起来,并在没有 Flash Player 的计算机上播放它;也可以把影片中的帧导出成 GIF、JPEG 或 PNG 的格式。

选择“文件”→“发布设置”命令,在右侧“其他格式”中,根据要求选择其他的格式,如图 13.34 所示。选择“文件”→“发布”命令,Animate 将会自动把发布的影片发布到包含 Animate 文档的文件夹,此时文件夹将多了 GIF、PNC 和 JPEG 这 3 个文件。

图 13.34

13.5.3 清除发布缓存

在测试影片时,Animate 将会把过程中所有字体和声音的压缩副本置入发布缓存中,可以通过选择“控制”→“清除发布缓存”命令来清除这些缓存;也可以选择“控制”→“清除发布缓存并测试影片”命令,在清除缓存后再次测试影片,如图 13.35

所示。

提示 若没有清除缓存，则在再次测试影片时(若字体和声音没有改变)，Animate 将会借助已缓存的内容加速 SWF 文件的导出过程。

图 13.35

作业

一、模拟练习

打开 Lesson13→“模拟”→ Complete→“10 模拟 complete(CC 2017).fla”文件，根据本章所学知识，进行自定义发布。模拟练习资料已完整提供，获取方式见“前言”。

二、理论题

1. 本章主要讲了哪几种发布方法？
2. 桌面发布的好处有哪些？
3. 什么是放映文件？

参 考 文 献

[1] 崔敏.利用 Adobe Flash CS4 制作动画"春暖花开"[J].办公自动化，2014，(12):52-54,60.

[2] 黄宝智,汪辉进.探讨 Flash 动画在幼儿教学中的应用[J].现代职业教育，2017，(7):31.

[3] 范颖霞.揭开 Flash 的神秘"面纱",提高中职教学质量[J].现代职业教育，2016，(26):167.

[4] 袁江艳.广东省独立学院 Flash 教学探讨——以华立学院为例[J].文艺生活(艺术中国)，2014，(4):119-120.

[5] 王高行,王晓岗. Adobe Flash 课程教学改革——以江苏信息职业技术学院为例[J].明日风尚，2016，(21):132-133.

[6] 崔敏.利用 Adobe Flash CS4 制作旋转的立方体[J].办公自动化，2014，(22):58-59.

[7] 罗楠.数字出版的探索与实践——以数字出版产品《大耳娃智趣学习宝典》为例[J].出版科学，2017，25(1):84-87.

[8] Breitzer，Frith. Adobe Flashes Macromedia.(Adobe Systems'Adobe LiveMotion animation software)(Product Announcement)[J]. Macworld，2000 (5)

[9] 张晓景. HTML5 动画制作神器：Adobe Edge Animate CC 一本通[M].北京：电子工业出版社,2015.

[10] 杨根福. ADOBEANIMATECC 中文版基础教程[M].上海：上海交通大学出版社有限公司,2017.

[11] RussellChun. Adobe Animate CC 2017 中文版经典教程[M].杨煜泳,译.北京:人民邮电出版社社,2017.

[12] Russell Chun. Adobe Animate CC Classroom in a Book(2018 Release) [M]. San Jose：Adobe Press,2018.

图书资源支持

感谢您一直以来对清华版图书的支持和爱护。为了配合本书的使用，本书提供配套的资源，有需求的读者请扫描下方的“书圈”微信公众号二维码，在图书专区下载，也可以拨打电话或发送电子邮件咨询。

如果您在使用本书的过程中遇到了什么问题，或者有相关图书出版计划，也请您发邮件告诉我们，以便我们更好地为您服务。

资源下载、样书申请

书圈

我们的联系方式：

地　　址：北京市海淀区双清路学研大厦 A 座 701

邮　　编：100084

电　　话：010-83470236　010-83470237

资源下载：http://www.tup.com.cn

客服邮箱：2301891038@qq.com

QQ：2301891038（请写明您的单位和姓名）

扫一扫，获取最新目录

课　程　直　播

用微信扫一扫右边的二维码，即可关注清华大学出版社公众号“书圈”。